普通高等教育"十三五"规划教材

铸 造 工 艺 学

余 欢 编

机械工业出版社

本书是在总结作者多年从事铸造工艺学课程教学经验的基础上编写的，全书共六章：金属与铸型的相互作用、黏土型砂、有机黏结剂砂、浇注系统、冒口及冷铁、铸造工艺设计。

本书紧密结合航空工业铸造生产的特点，以铝、镁合金铸造为主，同时兼顾铸钢和铸铁的铸造工艺。

本书在内容上强调知识体系的逻辑性，尽可能反映最新科研成果，在叙述上由浅入深，注重理论联系实际。

本书可作为以铝、镁等轻合金铸造为主的普通高等院校材料成形及控制工程专业铸造方向的教材，也可供其他高等院校铸造专业师生和从事铸造专业工作的科研、生产和工程技术人员参考。

图书在版编目（CIP）数据

铸造工艺学/余欢编. —北京：机械工业出版社，2018.12（2023.7 重印）
普通高等教育"十三五"规划教材
ISBN 978-7-111-62116-4

Ⅰ.①铸… Ⅱ.①余… Ⅲ.①铸造-工艺学-高等学校-教材 Ⅳ.①TG24

中国版本图书馆 CIP 数据核字（2019）第 037025 号

机械工业出版社（北京市百万庄大街22号 邮政编码100037）
策划编辑：丁昕祯　责任编辑：丁昕祯
责任校对：刘雅娜　封面设计：张　静
责任印制：常天培
固安县铭成印刷有限公司印刷
2023年7月第1版第4次印刷
184mm×260mm・15.5 印张・376千字
标准书号：ISBN 978-7-111-62116-4
定价：43.00元

凡购本书，如有缺页、倒页、脱页，由本社发行部调换

电话服务	网络服务
服务咨询热线：010-88379833	机 工 官 网：www.cmpbook.com
读者购书热线：010-88379649	机 工 官 博：weibo.com/cmp1952
	教育服务网：www.cmpedu.com
封面无防伪标均为盗版	金 书 网：www.golden-book.com

前　言

自从教育部 1997 年开展第四次高等学校专业目录调整以来,材料成形及控制工程专业的人才培养出现了不同的发展趋势:一是以研究型大学为主,按大类培养,以培养材料科学与工程大类专业人才为主,强调宽口径、厚基础,不再培养原来传统的铸、锻、焊专业工程技术人才;二是以在专业目录调整之前开设铸造等传统专业的教学研究型大学为主,这些学校已长期形成了铸、锻、焊等传统专业办学模式,因此在大类专业培养的基础上,继续按专业方向培养;三是一些新建本科院校,所建材料成型及控制工程专业无传统专业积淀与痕迹,在向应用型人才培养转型过程中,需要进一步理清办学的专业方向,夯实专业应用基础,因此需要在铸造工艺方面加强课程建设。

同时,随着工业化进程的推进,铸造行业蓬勃发展,铸造企业如雨后春笋不断涌现,许多新入行的铸造工程技术人员需要更专更深的专业知识。随着国家环保和节能政策的持续推进,铝、镁合金不仅是航空航天工业的行业需求,也是汽车、机械、新能源等诸多行业的战略选择,铝、镁等轻合金铸造呈现出广阔的需求背景,掌握铝、镁合金铸造专业知识成为铸造专业人才培养的重要方向。

本书正是在这样的双重背景下编写的,本书主要针对材料成形及控制工程专业铸造专业方向的高等学校学生学习的需要,同时可供从事铸造专业工作的科研、生产和工程技术人员参考。

铸造工艺学是材料成形及控制工程铸造专业方向的专业核心课程之一,是铸造专业技术人才必须具备的专业知识。它的主要任务是系统地向学生讲授铸造生产中最基本、应用也最广泛的砂型铸造方法的工艺原理和基本知识,让学生能了解和掌握液态金属与铸型材料的相互作用以及有关缺陷产生的机理及防治措施、造型与制芯材料、浇注系统设计、冒口及冷铁设计、铸造工艺方案设计、铸造工艺参数选择、砂芯设计等知识,使学生具备中等复杂铸件的铸造工艺设计的基本能力,为砂型铸造工艺和相关工艺装备设计打下良好的知识基础。

本书紧密结合航空工业铸造生产的特点,以铝、镁合金铸造为主,同时兼顾铸钢和铸铁的铸造工艺。本书力求以行业需求为导向,以航空企业实际产品铸造工艺设计为典型案例,引入本学科最新科研成果、国家标准和行业标准,突出分析问题、解决问题能力的培养。本书吸收了由林再学、张延威合编的《轻合金砂型铸造》、曲卫涛主编的《铸造工艺学》和王文清、李魁盛主编的《铸造工艺学》等三本教材的精华,还汲取了许多其他已出版的《铸造工艺学》等教材的重要知识点。谨向上述教材作者致以深切的谢意!

本书由南昌航空大学余欢教授编写,感谢南昌航空大学严青松教授、卢百平教授给予的帮助。在本书编写过程中还得到了有关企业和个人的许多帮助和支持,在此一并表示衷心的感谢!

由于编者水平有限,本书难免有不足甚至不当之处,恳请读者批评指正。

编　者

目 录

前言
绪论 ·· 1
  0.1 铸造生产的概念、特点及其重要性 ··· 1
  0.2 我国铸造技术的发展 ·· 2
  0.3 砂型铸造方法的分类及发展 ·· 5
  0.4 本课程的内容及要求 ·· 7
第1章 金属与铸型的相互作用 ·· 8
  1.1 概述 ·· 8
  1.2 金属与铸型的热作用 ·· 9
    1.2.1 金属对铸型的加热及铸件的冷却 ·· 9
    1.2.2 铸型湿分的迁移和强度变化 ··· 11
    1.2.3 铸型体积的变化 ·· 14
    1.2.4 夹砂 ·· 16
  1.3 金属与铸型的机械作用 ··· 20
    1.3.1 金属液对铸型表面的冲刷作用 ··· 20
    1.3.2 金属液对铸型表面的动压力和静压力 ··· 20
    1.3.3 铸型的机械阻碍应力 ··· 21
  1.4 金属与铸型的化学和物理化学作用 ·· 21
    1.4.1 燃烧 ·· 22
    1.4.2 黏砂 ·· 23
    1.4.3 侵入性气孔 ··· 25
  1.5 铸渗现象 ··· 28
  习题 ·· 28
第2章 黏土型砂 ·· 29
  2.1 概述 ·· 29
  2.2 铸造用原砂 ··· 29
    2.2.1 石英质原砂 ··· 29
    2.2.2 非石英质原砂 ··· 30
    2.2.3 铸造用砂的基本要求 ··· 35
    2.2.4 铸造用砂的颗粒组成 ··· 37
    2.2.5 铸造用砂的颗粒形状 ··· 37
    2.2.6 铸造用砂的分类、表示方法 ··· 38

2.2.7 宝珠砂的应用* ………………………………………………………… 39
2.3 铸造用黏土 ……………………………………………………………… 41
　　2.3.1 黏土的矿物成分 ……………………………………………………… 41
　　2.3.2 黏土的矿物结构 ……………………………………………………… 42
　　2.3.3 黏土的黏结机理 ……………………………………………………… 45
　　2.3.4 黏土的受热变化 ……………………………………………………… 52
　　2.3.5 黏土的质量及种类的鉴别 …………………………………………… 52
　　2.3.6 黏土的合理使用 ……………………………………………………… 54
2.4 黏土型砂的性能及其影响因素 ………………………………………… 55
　　2.4.1 概述 …………………………………………………………………… 55
　　2.4.2 影响黏土型砂性能的主要因素 ……………………………………… 56
　　2.4.3 型砂的强度理论 ……………………………………………………… 56
　　2.4.4 黏土型砂的主要性能及主要影响因素 ……………………………… 58
习题 ………………………………………………………………………………… 66

第3章 有机黏结剂砂 ………………………………………………………… 67
3.1 概述 ……………………………………………………………………… 67
　　3.1.1 砂芯的作用 …………………………………………………………… 67
　　3.1.2 对砂芯的要求 ………………………………………………………… 67
　　3.1.3 砂芯的分级 …………………………………………………………… 68
　　3.1.4 砂芯黏结剂的分类 …………………………………………………… 69
　　3.1.5 砂芯黏结剂的选用 …………………………………………………… 70
　　3.1.6 制芯方法的类别及其发展 …………………………………………… 70
3.2 油砂和合脂砂 …………………………………………………………… 71
　　3.2.1 植物油及油砂 ………………………………………………………… 71
　　3.2.2 合脂砂 ………………………………………………………………… 77
3.3 合成树脂砂 ……………………………………………………………… 80
　　3.3.1 壳芯（型）砂 ………………………………………………………… 80
　　3.3.2 热芯盒法树脂砂 ……………………………………………………… 85
　　3.3.3 温芯盒法 ……………………………………………………………… 89
　　3.3.4 自硬冷芯盒法树脂砂 ………………………………………………… 90
　　3.3.5 气硬冷芯盒法树脂砂 ………………………………………………… 99
习题 ………………………………………………………………………………… 104

第4章 浇注系统 ……………………………………………………………… 105
4.1 概述 ……………………………………………………………………… 105
　　4.1.1 液态金属在浇注时的特性 …………………………………………… 105
　　4.1.2 对浇注系统的要求 …………………………………………………… 106
4.2 液态金属在浇注系统中的流动情况 …………………………………… 107
　　4.2.1 液态金属在浇口杯中的流动情况 …………………………………… 107
　　4.2.2 液态金属在直浇道中的流动情况 …………………………………… 111

          4.2.3　液态金属在横浇道中的流动情况 …………………………………………… 114
          4.2.4　液态金属在内浇道中的流动情况 …………………………………………… 122
    4.3　浇注系统的类型及应用范围 ………………………………………………………… 122
          4.3.1　按金属液引入铸件型腔的位置分类 ………………………………………… 122
          4.3.2　按浇注系统各单元截面面积的比例分类 …………………………………… 128
    4.4　液态金属引入位置的选择 …………………………………………………………… 129
          4.4.1　概述 ………………………………………………………………………… 129
          4.4.2　选择液态金属引入位置的原则 ……………………………………………… 130
    4.5　浇注系统的截面尺寸计算 …………………………………………………………… 132
          4.5.1　按流体力学近似计算——奥赞公式 ………………………………………… 132
          4.5.2　反推法确定浇注系统截面尺寸 ……………………………………………… 140
          4.5.3　缝隙式浇注系统的设计 ……………………………………………………… 142
          4.5.4　浇口杯尺寸的确定 …………………………………………………………… 144
    4.6　浇注系统大孔出流理论及设计 ……………………………………………………… 144
          4.6.1　浇注系统截面比与内浇道出流速度的关系 ………………………………… 145
          4.6.2　浇口杯、直浇道、横浇道、内浇道四单元浇注系统大孔出流研究 ………… 148
    习题 …………………………………………………………………………………………… 154

第5章　冒口及冷铁 ……………………………………………………………………… 155
    5.1　概述 …………………………………………………………………………………… 155
    5.2　冒口的作用、种类及对它的要求 …………………………………………………… 155
          5.2.1　冒口的作用 …………………………………………………………………… 156
          5.2.2　对冒口设计的要求 …………………………………………………………… 156
          5.2.3　冒口的种类 …………………………………………………………………… 157
    5.3　冒口位置的选择 ……………………………………………………………………… 159
          5.3.1　冒口的补缩原理 ……………………………………………………………… 160
          5.3.2　冒口位置的选择 ……………………………………………………………… 165
    5.4　冒口尺寸的计算 ……………………………………………………………………… 167
          5.4.1　比例法 ………………………………………………………………………… 167
          5.4.2　公式计算法 …………………………………………………………………… 171
          5.4.3　模数法 ………………………………………………………………………… 173
          5.4.4　三次方程法 …………………………………………………………………… 174
          5.4.5　补缩液量法 …………………………………………………………………… 174
          5.4.6　评定冒口补缩作用的方法 …………………………………………………… 175
    5.5　铸铁件实用冒口 ……………………………………………………………………… 177
          5.5.1　铸铁的体收缩 ………………………………………………………………… 177
          5.5.2　实用冒口设计法 ……………………………………………………………… 177
          5.5.3　铸铁件的均衡凝固技术 ……………………………………………………… 180
    5.6　特种冒口 ……………………………………………………………………………… 184
          5.6.1　提高冒口补缩效率的方法 …………………………………………………… 184
          5.6.2　易割冒口 ……………………………………………………………………… 187

5.7 冷铁及铸筋 ··· 188
5.7.1 冷铁的作用 ··· 189
5.7.2 冷铁材料 ·· 191
5.7.3 冷铁的设计 ··· 191
5.7.4 铸筋 ·· 196
习题 ··· 196

第6章 铸造工艺设计 ·· 197
6.1 概述 ·· 197
6.1.1 设计依据 ·· 197
6.1.2 铸造工艺设计的内容与程序 ··· 198
6.1.3 铸件的试制工作 ··· 198
6.2 产品零件的铸造工艺性分析 ··· 199
6.2.1 零件技术要求的铸造工艺性分析 ···································· 199
6.2.2 铸件结构工艺性分析 ·· 200
6.3 铸造工艺方法的选择 ·· 210
6.3.1 铸造方法的选择 ··· 210
6.3.2 砂型铸造方法的选择 ··· 213
6.4 铸件浇注位置和分型面的选择 ·· 214
6.4.1 选择铸件浇注位置的主要原则 ····································· 214
6.4.2 铸型分型面的选择 ·· 216
6.5 铸件机械加工初基准和划线基准的选择 ································· 219
6.6 铸造工艺设计的主要参数 ·· 221
6.6.1 铸件机械加工余量 ·· 221
6.6.2 铸件工艺余量 ·· 222
6.6.3 工艺补正量 ··· 223
6.6.4 铸造斜度 ·· 224
6.6.5 铸件线收缩率 ·· 225
6.7 砂芯设计 ··· 225
6.7.1 确定砂芯形状、个数 ·· 225
6.7.2 芯头的设计 ··· 226
6.8 铸型通气方法和砂型内框尺寸 ·· 230
6.8.1 铸型的通气 ··· 230
6.8.2 砂箱内框尺寸的确定 ··· 230
6.9 铸造工艺技术文件的绘制 ·· 231
6.9.1 铸造工艺图的绘制 ·· 231
6.9.2 铸件图的绘制 ·· 231
6.9.3 铸型装配图的绘制 ·· 234
6.9.4 铸造工艺规程和工艺卡的编制 ······································· 234
习题 ··· 237

参考文献 ·· 238

绪论

0.1 铸造生产的概念、特点及其重要性

铸造是将金属或合金熔化，在大气、特殊气体保护或真空等环境下，通过重力、压力、离心力、电磁力等外场单独或耦合作用，将金属熔体充填到预先制备好的铸型型腔中，凝固后获得具有一定形状、尺寸和性能铸件的方法。铸造成形本质上属液态金属材料质量不变的成形过程。所铸出的金属制品称为铸件。绝大多数铸件用作毛坯，需要经机械加工后才能成为各种机器零件；少数铸件达到使用的尺寸精度和表面粗糙度要求时，可作为成品或零件而直接使用。

铸造生产具有以下特点：

(1) 适用范围广

1) 合金方面。可供铸造用的金属（合金）种类十分广泛。常用的有：铸铁，铸钢，铝、镁、铜、锌及合金，还有钛、镍、钴等合金。对于脆性金属或合金，铸造是唯一可行的加工方法。在生产中以铸铁件应用最广，约占铸件总产量的70%以上。

最新研究表明，不能塑性加工和机械加工的非金属材料也能用铸造的方法液态成形。

2) 尺寸大小方面。铸造法几乎不受零件尺寸大小、厚薄和复杂程度的限制。

① 壁厚。最薄0.2mm，最厚1m。

② 长度。最短几个毫米，最长十几米。

3) 质量　铸件质量最小的只有几克，最大可达500多t。

例如，1977年，联邦德国铸造了257t的铸件，浇冒口123t，共浇380t钢液。我国沈阳重型机械厂也浇注了129t的机架铸件。

株洲南方航空工业有限责任公司生产的附件机匣，最大尺寸为：$\phi 935mm \times 610mm$，总质量为115kg，共安放456块冷铁，冷铁质量是铸件质量的几倍。

我国三峡电站水轮机转轮直径达10m，净质量为438t。若不采用铸造成形，其他工艺则难以实现制造。

4) 形状。铸件形状无论是外形还是内腔，可以从最简单到几乎任意复杂程度，其形状的复杂程度原则上不受限制。

(2) 铸件的尺寸精度高　一般情况下，铸件比锻件、焊接件尺寸精确，可节约大量金属材料和机械加工工时。

(3) 成本低廉　在一般机器生产中，铸件约占总质量的40%~80%，而成本只占25%~

30%。成本低廉的原因：①容易实现机械化生产；②可大量利用废、旧金属料；③与锻件相比，其动力消耗小；④尺寸精度高，加工余量小，节约加工工时和金属。

铸造生产在国民经济中占有极其重要的地位。从铸件在机械产品中所占的比重可看出其重要性，例如：在机床、内燃机、重型机器中，铸件占 70%～90%；在风机、压缩机中占 60%～80%；在拖拉机中占 50%～70%；在农业机械中占 40%～70%；在汽车中占 20%～30%。在现代工业中也有很大程度的应用，如计算机、摩托车、家用电器、国防工业，甚至在玩具中都有广泛应用。

砂型铸造在航空工业中所占比例没有那么高，但仍是航空工业毛坯生产的一种重要方法，飞机上很多零件，如机匣（传动、压缩、尾部）、框架、轮毂、舱门等都是砂型铸件。

（4）铸造存在问题与不足

1）铸件尺寸均一性差；尺寸精度和表面粗糙度也还有所欠缺，铸件尺寸精度普遍比发达国家低 1～3 级，表面粗糙度也比发达国家差 1～2 级，如发动机铸铁材质缸体的粗糙度值 Ra，我国为 $25～100\mu m$，发达国家为 $Ra 12.5～25\mu m$。

2）金属利用率与压力加工和粉末冶金相比还较低。

3）内在质量不如锻件。

4）工作环境差，粉尘多，温度高，劳动强度大，能耗高；我国铸造行业的能耗占机械工业总耗能的 25%～30%，能源平均利用率为 17%，能耗约为铸造发达国家的 2 倍；我国每生产 1t 合格铸铁件的能耗为 550～700kg 标准煤，而发达国家为 300～400kg 标准煤，铸件生产过程中材料和能源的投入占产值的 55%～70%。

5）生产率低。

0.2 我国铸造技术的发展

根据出土文物考证和历史文献记载，铸造具有悠久的历史，远在 5000 多年以前，人类就铸造出了简单的铜斧头。我国的铸造历史也有 5000 年的历史，是世界上较早掌握铸造技术的文明古国之一。

按照历史学家的划分，人类进程可分为石器时代、青铜器时代和铁器时代三个阶段，以后又演进出化学材料时代、复合材料时代、纳米材料时代等。人类使用石器几乎经历了 300 万年，进步很慢。自从掌握了金属熔炼和铸造技术后，只用了几千年便改变了人类的历史面貌。5000 年的铸造技术史大致可分为两个大的发展阶段：前 2000 多年是以青铜铸造为主，后 2000 多年是以铸铁为主。

1. 青铜铸造

我国的铸造技术开始于夏朝初期，即偃师二里头文化早期。到了晚商和西周，青铜铸造得到了蓬勃发展，此时为青铜器鼎盛时期，铸造出许多有名的铸件，如 875kg 的司母戊方鼎（图 0-1）、四羊方尊、龙虎尊、莲鹤方壶等，从而形成了灿烂的青铜文化，所谓"钟鸣鼎食"是当时贵族权

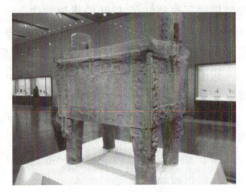

图 0-1 司母戊方鼎

势和地位的写照。

1978年，湖北省随县出土的曾侯乙墓青铜器质量超过10t，是青铜铸件的代表作。其中一套64件的编钟，分八组，包括辅件在内用铜达5t。钟面铸有变体龙文和花卉文饰，有的细如发丝，钟上铸有错金铭文2800多字，标记音名、音律。每钟发两音，一为正鼓音，一为右鼓音，只要准确敲击标音部位，就能发出与铭文相符的两音。每钟均可旋宫转调。钟架上层为音色清脆的纽钟，中层为音色嘹亮的甬钟，下层为音色浑厚的甬钟。整套编钟音域宽达5个半八度，可演奏各类名曲，音律准确和谐，音色优美动听。铸造工艺水平极高，是我国古代青铜铸造的代表作（图0-2），这套编钟是距今2400年前的战国初期铸造的。

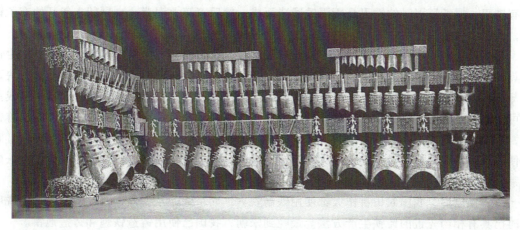

图0-2　编钟

现存于北京大钟寺的明永乐大钟（图0-3），铸于明永乐19年（公元1421年）明成祖朱棣迁都北京时，距今已有500多年历史，钟体高6.9m，外径3.3m，内径2.9m，质量为46.5t。据考证，钟体铸型为泥范，芯分七段。先铸成钟纽，然后再使其与钟体铸接为一体。对其化学成分分析的结果为：$w(Cu)=80.54\%$，$w(Sn)=16.4\%$，$w(Pb)=1.12\%$及微量的Zn、Fe、Si、Mg、Ca等。大钟发出的声音深沉、圆润、洪亮，余音尾声达2min以上。明清时因人为在钟下挖有一直径4m，深40cm的石池，使该钟传声距离竟达20多公里。钟声一响，北京方圆百里都能听到。

据考证，我国古代的钟、鼎、尊等文物，有的是用失蜡法铸造的。明代宋应星著《天工开物》中记述了工艺过程，"凡造万均钟和铸鼎法同，掘坑深丈几尺，燥筑其中如房舍……干燥之后以牛油和黄蜡（油蜡质量比8∶2），……然后雕镂书文物象丝发成就，然后春筛绝细土与炭末为泥，涂墁以渐而加厚至数寸……外施火力炙化其中油蜡，……中既空净，则议熔铜……"。即：蜡料由牛油和黄蜡调制，油蜡质量比为8∶2，涂于已干燥的坯模（泥芯）上，约数寸厚，墁平并雕镂书文、物象。于蜡料上再逐层涂敷经过春、筛的细泥粉与炭粉调成的

图0-3　永乐大钟

泥糊，至数寸厚。待蜡料内外的泥芯和铸型干透，内外施慢火烘烤，使蜡料熔出、烧净，于是钟、鼎或尊的型腔即成。

从以上几个古代青铜铸件上，不难看出我国古代铸造工艺的水平。而在铸铁方面，我国也是较早发明并应用的国家之一。

2. 铸铁技术

我国在公元前6世纪就发明了生铁和铸铁技术，比欧洲早1800多年，并完成了由低温固态还原法（块炼法）向高温液态冶炼的过渡。我国早在2500多年前（公元前513年）就铸出270kg的铸铁刑鼎。世界上公认中国是最早应用铸铁的国家之一，我国商朝制造的铜钺具有铁刃，据考证那时的铁刃是用陨铁锻造而成，然后镶铸上铜背。自周朝末年开始有了铸铁，铁制农具发展很快。

到战国中期，在农具、兵器等方面，铸铁逐渐代替了青铜。为了满足生产力发展对生铁工具的大量需要，发明了金属型铸造（古称铁范）法。由于金属型与泥型相比，具有快速冷却的特点，而容易获得亚稳态白口铸铁组织，铸件经过石墨化退火或脱碳退火就可制成黑心可锻铸铁或白心可锻铸铁，1957年在长沙出土的战国铁铲和1975年在洛阳出土的空首铁锛，经金相鉴定，其石墨呈团絮状，前者是典型的黑心可锻铸铁，后者是白心可锻铸铁。它们便是利用铁范铸造并经热处理退火后制造出来的。而过去，人们普遍认为可锻铸铁是法国人莱翁缪尔于1722年发明的。

秦、汉以后，我国农田耕作大都使用铁制农具，如耕地的犁，锄、镰、锛、锹等。说明当时已具有相当先进的铸铁生产方法。最晚到宋朝，我国已使用铸造铁炮和铸造地雷。

尤其令人惊奇的是，1978年河南巩义市发现的西汉铁䦆（镢）具有球状石墨组织。经检定，其球化率相当于机械行业标准一类A级，在偏光下具有典型的放射状组织。现代球铁是对铁液进行球化处理后直接获得铸态球状石墨的。这项技术于1947年由英国人莫洛研制成功。但中国的铸造匠师早在公元前1世纪就已发明和掌握了铸铁强韧化技术。

隋唐以后，社会经济有了进一步发展，铸造技术向大型和特大型铸件发展。河北沧州的大铁狮就是一例，其高5m多，长近6m，重19.3t，是公元9世纪五代后周时期铸造的（见图0-4）。著名的当阳铁塔（图0-5），由13层叠成，高17.9m，重38t，铸于北宋淳熙年间。这些都可以说明我国古代铸铁技术水平。

图0-4　沧州铁狮

图0-5　当阳铁塔

我国铸造历史悠久，灿烂的铸造技术对经济、文化的发展有重大影响，日常用语中的许多词汇如"模范""范围""就范""陶冶""陶铸""铸成大错""大器晚成"等，也都来自古代铸造术语。

我国古代铸造技术居世界先进行列。由于过长的封建社会影响了科学技术的发展。中华人民共和国成立60多年来，我国已有近百所高等院校设立了铸造专业（或材料成型及控制工程专业（铸造方向）），使我国成为培养铸造领域高等工程技术人才最多的国家之一，建立了雄厚的铸造工业基础。2016年，我国铸件的产量为4720万 t，为机床、汽车、拖拉机、机车、飞机、船舶、动力、冶金、化工和重型机器制造业等提供各种铸件。近几年来，我国已铸出约 315t 的大型厚板轧机的铸钢机架，260t 的大型铸铁钢锭模，还铸出了 30×10^4 kW 水轮机子（净质量为438t）等形状复杂、尺寸要求严格的铸件，其尺寸精度达到国际电工会议规定的标准。这些均标志着我国铸造技术水平正在接近国际水平。近年来，许多铸件已进入国际市场，专业铸造研究所和大学的科研工作蓬勃开展，如采用计算机模拟大型铸件的凝固过程的研究和试验、大型铸件铸造工艺的计算机辅助设计、金属过滤技术和水力模拟技术的研究和应用等，反映出我国铸造工艺水平正在日益提高。我国的铸造工业潜力很大，资源丰富，通过全体铸造工作者的努力，铸造业将会对国民经济建设和社会发展做出应有的贡献。

现在，铸造已成为现代科学技术三大支柱之一的材料科学技术的一个重要组成部分。现代科学技术在各个领域的突破，促进了铸造技术的飞速发展。铸造技术也越来越多地与其他工业技术相互渗透和结合，新工艺和新方法不断涌现。

0.3 砂型铸造方法的分类及发展

根据不同分类标准，砂型铸造有不同的分类方法。

(1) 按铸造合金的种类分　可分为铸钢铸造、铸铁铸造、铝合金铸造、镁合金铸造、铜合金铸造等。

(2) 按型砂的干湿分　可分为湿型铸造、干型铸造、表面干型铸造等。

(3) 按维持铸型的方法分　可分为砂箱造型铸造和地坑造型铸造。

(4) 按获得铸型型腔的方法分

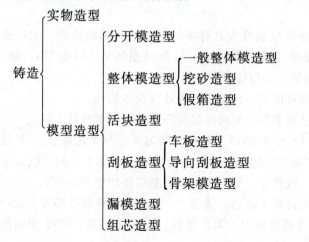

(5) 按浇注时铸型重叠数量分 可分为单箱造型、两箱造型、三箱造型、叠箱造型、劈箱造型等。

(6) 按形成铸型的方法分

1) 普通黏土砂造型（第一代）。最早的普通黏土砂铸造是手工造型铸造，20世纪40~50年代出现了普通机器造型，并很快在发达国家普及。20世纪60~80年代，为进一步提高劳动生产率，逐步向自动化和半自动化发展，广泛采用高压造型、射压造型。机器造型的新发展，摆脱了传统的机械压实、震实、或抛砂等紧实方式，利用气体压力，以正压直接作用在型砂上进行紧实，如气冲造型，一次紧实，无需补压、紧实均匀、型腔表面紧实度可达95%。

2) 化学方法造型（第二代）。黏土砂强度低，水分高，有时必须要烘干。为此，到20世纪40年代末出现了化学法造型。该工艺最早采用水玻璃砂，用水玻璃代替黏土，吹入CO_2气体，使铸型硬化，不用烘干，节省能源，改善劳动条件。我国于20世纪50年代开始推广该工艺，以后又发展了流态砂和自硬砂，但水玻璃砂溃散性差，难以清理。此后，又发展了树脂砂，并大量采用，开始为壳芯法，后又有热芯盒法、冷芯盒法、温芯盒法和气硬砂等。

优点：铸型质量好、节约能源。

缺点：成本高、环境污染。

3) 物理方法造型（第三代）。

① 实型造型（F法）。1958年，美国发明了利用聚苯乙烯泡沫塑料模（气化模）造型的实型造型法（Full Mold）。

优点：造型过程简单，无须拔模和分模分型，铸件尺寸偏差小。

缺点：模样只使用一次即被消耗，污染空气、铸件表面粗糙度大。舂砂时模样有可能发生变形。

② 磁型造型（M法）。1968年，当时的西德出现了磁型铸造。造型时，采用铁丸代替原砂，并采用泡沫聚苯乙烯塑料模，利用磁场力紧实铸型，浇注凝固后，断电，铁丸散开。

优点：具有F法的优点，无硅尘危害；造型材料稍加处理即可复用，因此占地面积小；劳动强度减轻。

缺点：除具有F法的缺点外，复杂件难以成形；铁丸易生锈，灰尘毒性更大；需专门的磁型机且需固定位置，灵活性差。

③ 真空密封造型（V法）。该法是将模板改成具有抽气箱和抽气孔的结构，实心变空心，在铸型表面涂一层EVA（乙烯-醋酸乙烯共聚物塑料）膜（预热到50~60℃），抽气、放置砂箱（与模板之间橡胶密封）、填砂、造型抽真空、气模浇注。

优点：不用任何黏结剂和水，原砂可回用，污染少，砂处理设备简化。

缺点：造型操作较复杂，造型机械要求高，塑料薄膜成形性和伸长率有限。

④ 实型真空密封造型（FV法）。FV法于1973年出现，实为F法与V法结合。FV法吸取了F、M、V三种方法的长处，气化模产生的烟气、粉尘被抽走，净化了车间空气，改善了劳动条件，容易组成机械化流水线，投资小。但不能用于大型铸件的生产。

后来又发展了干型气化模铸造，只需将干砂填在铸型中，将气化模包裹住即可，经一种三维微震造型机震实后，即可浇注。再震松铸型，取出铸件，干砂可回用。1989年在德国杜塞尔多夫进行的第56届国际铸造年会上受到好评。

从总的趋势看,第一代造型法已由手工造型发展为机器造型、高压造型;第二代造型法中,冷硬树脂砂已有较大发展,且仍有很大潜力;第三代造型法,竞相争艳,层出不穷,仍有发展空间。

0.4 本课程的内容及要求

铸造工艺学是主要专业课之一,学习本课程时应特别注意理论联系实际,以便为今后开发新的造型材料,研究新的铸造工艺方法和拟定合理的铸造工艺方案,奠定良好的基础。

(1) 本课程主要内容

1) 金属-铸型界面相互作用的基本机理、规律及其对铸件质量的影响。

2) 型(芯)砂用原材料的基本性能及其对型(芯)砂性能的影响,型(芯)砂性能及其对铸件质量影响的基本规律,型(芯)砂的配制及其性能控制和检测的基本原理。

3) 铸造工艺及工装设计中重点讲述铸造工艺方案的确定,浇注系统和冒口的设计、计算,铸造工艺设计的基本知识。

(2) 本课程的要求　铸造工艺学是铸造专业的一门主要专业课,其基本要求如下:

1) 了解金属-铸型界面相互作用的机理和基本规律;掌握由于金属-铸型界面作用形成的铸件主要缺陷的产生机理和防止途径,初步具备分析、解决这类缺陷问题的能力。

2) 熟悉黏土型砂必须具备的性能要求,原材料的基本规格及其作用;了解主要化学黏结剂型(芯)砂的特点、硬化机理、应用范围及存在问题的基本解决途径。

3) 掌握型(芯)砂基本性能检测的技能,初步具备分析和解决型砂有关问题的能力。

4) 基本掌握浇冒口的作用及其原理,具有正确设计浇冒口系统的初步能力。

5) 熟悉铸造工艺设计的基本内容、原则、方法和步骤;掌握铸造工艺设计的基本技能。

第 1 章

金属与铸型的相互作用

1.1 概述

普通型砂是由原砂、黏土和水等按一定比例混制成的，其结构示意图如图 1-1 所示。原砂是型砂的骨架，黏土是黏结剂，它被水润湿后，在砂粒表面会形成一层黏土薄膜，把松散的砂粒黏结在一起，使型砂具有一定的工艺性能。在被黏土膜包围的砂粒之间，有一定的空隙，它使型砂具有一定的透气性。

已有的研究表明，砂型是一种微孔-多孔隙体系，或者毛细管-多孔隙体系。

液态金属在浇注、凝固、冷却过程中会和铸型发生热的、机械的、化学和物理化学的相互作用。

液态金属对铸型加热，使铸型温度升高；而铸型吸收金属的热量，使金属冷却、凝固，这是金属与铸型相互的热作用。

在充填铸型的过程中，液态金属对铸型产生冲击，在金属的凝固、冷却过程中，金属的体积发生收缩，对铸型产生作用力，而铸型对金属的冲击与收缩加以阻碍，这是金属与铸型相互的机械作用。

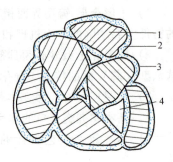

图 1-1 型砂结构示意图
1—原砂 2—黏结剂
3—附加物 4—孔隙

浇注后，液态金属与型腔中及砂粒空隙中的空气发生反应，或者与铸型材料发生反应，生成新的反应物，这是金属与铸型相互的化学和物理化学作用。

如上所述，液态金属与铸型的相互作用有热作用、机械作用、化学和物理化学作用。这三种作用是紧密联系、互相交叉作用的。热作用是其他两种作用的基础，且它们的作用是随热作用的剧烈程度不同而变化的，金属对铸型的加热越剧烈，则其他两种作用也就越严重。

液态金属与铸型接触后，铸型内发生了一系列的变化，出现了温度、湿度和气体压力的动态变化，使受热后的铸型性质与常温下的铸型性质有很大的不同。在上述三种作用下，铸型产生了各种伴生现象。主要有：

1) 在热作用下，型腔表面层的水分向铸型里层迁移；有机物燃烧或升华；化合物分解（如硼酸受热后，经过几次脱水，最后分解为硼酐）；石英砂粒发生同质异构转变；型壁发生膨胀与收缩；型壁强度发生变化等。

2) 在机械作用下，液态金属对铸型冲击、冲刷使型腔胀大，砂芯变形等。

3）在化学和物理化学作用下，金属产生氧化与燃烧反应；铸型材料与金属或金属氧化物发生化学反应、黏结，造型材料发气等。

这些伴生现象的发生，必将对液态金属产生影响，在不利的情况下，将使铸件产生夹砂、砂眼、裂纹、燃烧和侵入性气孔等各种缺陷。因此，必须对金属与铸型的相互作用及各种伴生现象进行研究。

研究金属与铸型的相互作用的目的如下：

1）较好地掌握与相互作用有关的各种铸造缺陷的形成机理，从而能有效防止缺陷的产生，提高铸件的质量。

2）利用相互作用有利的一面，改善铸件质量，创造出新的工艺方法。

相互作用现象尚未被完全认识，已认识的部分也有待于进一步深入，这是一个正在不断发展的铸造技术科学的领域。

1.2 金属与铸型的热作用

1.2.1 金属对铸型的加热及铸件的冷却

浇注前，铸型的温度一般为室温，金属的温度为浇注温度。由于液态金属与铸型之间存在很大的温度差，浇注后，两者会发生剧烈的热交换。液态金属通过热传导、热辐射和对流的方式，将热量传递给铸型，使铸型温度不断升高。而铸型吸收了铸件的热量，使铸件的温度不断降低。当铸型型腔表面温度与铸件表面温度达到基本平衡时，铸型也会冷却，如图1-2所示。

研究液态金属对铸型的加热，实质上就是研究发生在铸件与铸型中的传热与传质现象，即主要研究在不同时间内铸型各点温度变化的情况，以及铸型在不同时间内所吸收的热量。研究方法有解析计算法、模拟法（电模拟和水力模拟）和试验法等。

1. 解析计算法

液态金属浇入铸型后，铸型吸收金属的热量，使型壁内不同点的温度先后升高。金属液的温度逐渐降低，随后凝固、冷却。在铸件和铸型中不同点的温度是随时间的变化而变化的。即使在同一点上，其温度

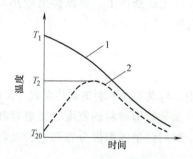

图1-2 铸型的加热与铸件的冷却曲线

1—铸件 2—铸型

也会随时间的变化而不断地变化。因此，铸件与铸型的热交换是一个不稳定的导热问题。要从理论上准确描述铸型被加热的过程是一个非常复杂的问题。到目前为止，还没有一个既有严格的科学根据，又便于应用的办法。这是因为影响液态金属对铸型加热的因素太多，理论计算时，要将所有的因素都考虑进去是不可能的。但如果考虑到将有些因素加以简化或忽略不计，所引起的误差并不大，而这样却给理论计算带来了很大的方便，运用解析计算法也是可行的。因此，运用解析计算法研究铸型温度场时，一般做下列假设：

1）铸型与铸件的接触面是一个平面。

2）铸型与铸件在界面上的温度是相同的。

3）铸型与铸件平面都是半无限大的，即只考虑一维方向的热传导。
4）在整个过程中，铸型材料的各热物理参数不随温度变化而变化。
5）不论在铸件还是铸型中都不发生吸热及放热反应。
6）浇注时，液态金属对型腔中空气的加热以及因对流、热传导造成的热量损失不予考虑。

根据上述近似假定，可把铸件对铸型的加热看作一维不稳定的温度场，即为一维传热问题，设朝铸型方向为 x 正方向，列出其傅里叶导热微分方程，经过一系列复杂的数学推导，可得出铸型中各点的温度与时间的关系为

$$T_2 = T_F + (T_{20} - T_F) \mathrm{erf}\left(\frac{x}{2\sqrt{\alpha_2 \tau}}\right) \tag{1-1}$$

式中，x 为铸型中某点至型腔表面的距离（m）；T_2 为铸型中距型腔表面为 x 处的温度（℃）；T_{20} 为铸型的初始温度（℃）；T_F 为金属-铸型界面温度（℃）；τ 为铸型被加热的时间（h）；$\mathrm{erf}\left(\frac{x}{2\sqrt{\alpha_2 \tau}}\right)$ 为误差函数；α_2 为铸型材料的热扩散率（m²/s），$\alpha_2 = \frac{\lambda_2}{c_2 \rho_2}$；$\lambda_2$ 为铸型材料的热导率 [W/(m·℃)]；c_2 为铸型材料的比热容 [J/(kg·℃)]；ρ_2 为铸型材料的密度（kg/m³）。

在砂型铸造中，铸型可视为绝热铸型，铸型界面温度近似为液态金属温度，$T_F = T_1$。式(1-1) 可演变为

$$T_2 = T_{20} + (T_1 - T_{20})\left[1 - \mathrm{erf}\left(\frac{x}{2\sqrt{\alpha_2 \tau}}\right)\right] \tag{1-2}$$

在上述条件下，根据铸型吸热与铸件放热的热平衡方程式，可得出铸型所吸收的热量 Q 为

$$Q = \frac{2b_2}{\sqrt{\pi}}(T_1 - T_{20})S\sqrt{\tau} \tag{1-3}$$

式中，b_2 为铸型材料的蓄热系数 [J/(m²·s^{1/2}·℃)]；$b_2 = \sqrt{c_2 \rho_2 \lambda_2}$；$S$ 为铸型的面积（m²）。

如果铸型材料的密度、比热容和热导率已知，根据式（1-2）及式（1-3），就可求出在某一瞬间铸型的温度分布和它所吸收的热量。

2. 试验法

用直接测温的方法来了解铸型受热后型壁中各点温度变化的情况，是目前应用最广泛的方法。其实质是在距型腔表面不同距离的铸型中放置热电偶，液态金属注入型腔后，就能立刻测量和记录铸型各点温度变化的情况。

图 1-3 和图 1-4 所示分别为在干型和湿型中浇注 $w(\mathrm{Cu}) = 30\%$ 的铝合金、直径为 12.7cm 的铸件时，铸型中各点的温度变化曲线。从图中可以看出：

1）浇注后，铸型内表面温度迅速接近液态金属的温度，但此时，铸型其他部分仍然处于相当低的温度。

2）砂型不同深度的各点在同一时刻有很大的温度差，越靠近型腔表面，温度越高，而离型腔表面越远，温度越低，温差随时间延长而逐渐减小。

3）干型表面层的温度比湿型高。

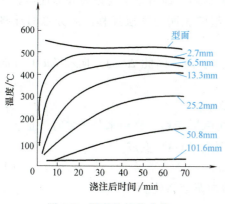

图 1-3 干型的加热曲线

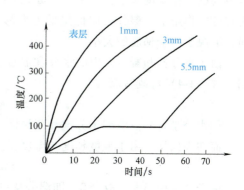

图 1-4 湿型受热时温度变化曲线

造成上述结果的原因是型砂的导热性能差，浇注时表面型砂不能迅速地把热量传递到内部，大量的热量聚集在型腔表面层，使表面温度迅速升高。表面层在瞬间被完全烘干，表面层的水分迅速蒸发成水蒸气向铸型深处逸散。由于砂型是毛细管-多孔隙体系，水蒸气通过砂型中的孔隙向型内扩散，随之向砂型内温度低处凝聚，而凝聚的水在压力差和表面张力的附加压力作用下进一步由高温处向低温处迁移。这种迁移将表面一部分热量传递到型内。随着时间推移，铸型中温差逐渐减小。对于湿型，由于湿型的热容量比干型大（大 1.5~2 倍），湿型要多吸收一部分热量用于水分的蒸发和迁移。另外，由于水分蒸发时产生了较大的蒸汽压力，增加了铸型的热导率，能够较快地把型腔表面层的热量传递到铸型内部。

1.2.2 铸型湿分的迁移和强度变化

1. 湿分迁移

湿分是水分和水蒸气的总称。湿分迁移是指铸型中水分和水蒸气从型腔表面层向铸型内部迁移的现象。

2. 湿分迁移的方向

浇注时，铸型被迅速加热，加热程度随着距型腔表面远近而不同，表面层温度高，里层温度低，水分及水蒸气除部分变成蒸汽从明冒口、冒气孔逸出外，其余大部分都向铸型内层迁移。

前已论述，表面层产生的水蒸气向铸型里层逸散，而由于铸型导热性很差，里层温度尚低于 100℃，水蒸气在砂粒间隙（可看作毛细管）凝聚，凝聚到一定程度，达到饱和。在砂粒间隙凝聚的水分在表面张力作用下，按照 A.B. 雷科夫原则移动，即砂型中各层水分移动密度由各层的湿度差和温度差决定，可用式（1-4）表示。

$$i = -k\rho_0(\Delta u \pm \delta \Delta t) \tag{1-4}$$

式中，i 为总的湿分流动密度（kg/m^3）；ρ_0 为绝对干燥材料的密度；Δu 为湿度差；Δt 为温度差；k 为因材料的湿度和温度不同而变化的等温系数；δ 为热湿度传导系数。

当温度梯度方向和湿度梯度的方向一致时 $\delta \Delta t$ 前面取正值，相反取负值。k 前负号，设从湿分高向湿分低处流为负。

湿分迁移的方向，主要取决于湿度梯度和温度梯度。在一般情况下，这两个梯度的作用是不同的。在湿度梯度作用下，湿分是向减少的方向移动，即由里层向型腔表面迁移。在温度梯度的作用下，湿分是向低温的方向移动，即由型腔表面向里层迁移。湿分总的迁移方向，取决于两个梯度的大小。

由于水分饱和凝聚区中的水分和温度都比更深层要高，因此 Δt 的方向和 Δu 的方向相同。式（1-4）可改写成

$$i = -k\rho_0(\Delta u + \delta \Delta t) \tag{1-5}$$

即水分是背着热源和水分饱和凝聚区，逐渐向更深层迁移，直到水分正常时为止。

而在表面层，由于温度梯度与湿度梯度相反，则式（1-4）变成

$$i = k\rho_0(\delta \Delta t - \Delta u) \tag{1-6}$$

由于 $\delta \Delta t$ 相当大，故 $i>0$，即湿分从湿度低处流向湿度高处。

3. 湿分迁移导致铸型湿度、温度和强度的变化

在浇注后某一瞬间，湿砂型中湿分、温度和强度的分布如图 1-5 所示，可把型壁分成四个区域（部分）。

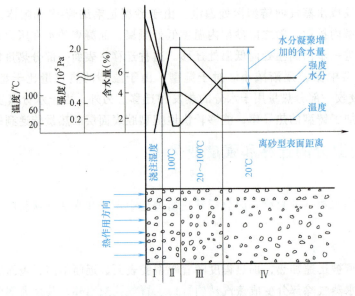

图 1-5　浇注后某一瞬间砂型水分的分布

Ⅰ—完全烘干区　Ⅱ—水分饱和凝聚区　Ⅲ—水分不饱和凝聚区　Ⅳ—正常区

1）第一区域——干燥区，又称完全烘干区。这个区是从型腔界面到铸型中温度为 100℃处，如图 1-5 中的Ⅰ段所示。该区的温度高于 100℃，自由水分都被蒸发，大部分吸附水和部分结构水也被去除。有机物燃烧，有些化合物分解，产生大量气体，所以该区又称为发气区，其蒸汽压很高。在不利的条件下，气体可能侵入液态金属中，使铸件产生气孔等缺陷。

干燥区的厚度与浇注温度、铸件大小、铸件厚度和浇注后的时间有关，一般来说，浇注温度越高，铸件越大，厚度越厚，干燥区的厚度越厚。在一定的范围内，浇注后的时间越长，干燥区的厚度越厚。一般对铝镁合金铸件来说，浇注后 1min 左右，干燥区的厚度约 3~6mm。

这个区的特点是"三高一少",即温度高、强度高、水蒸气压高,水分少。

2)第二区域——**水分饱和凝聚区**。它是铸型温度为100℃的区域,如图1-5中的Ⅱ段。型内的水分蒸发在干燥区和本区的界面上发生,此界面称为**蒸发界面**。蒸汽通过多孔隙砂型(低于100℃)时凝聚下来并将铸型加热至100℃,通过本区域的蒸汽在未饱和凝聚区中冷凝下来,并放出热量,又将其加热至100℃,水分又向低于100℃区域迁移。如此不断扩大该区域,其含水量也大大增加,所以这个区域的水分可高达10%~15%,为正常的2~3倍。由于不断加热,水分不断向里迁移,蒸发界面也不断向里层移动,以至使整个水分饱和凝聚区不断向里层移动。

由于该区域的水分过高,在砂粒间甚至出现了自由水,砂粒之间的滑移阻力大大下降,从而使型砂的强度大为降低,一般只有正常区强度的 $\frac{1}{10} \sim \frac{1}{3}$。这时的强度(由于温度在100℃)称为热湿强度,常用"热湿拉强度"表示。热湿拉强度极限比常温拉伸强度极限低得多,砂型容易发生表层与里层脱离的现象,即产生夹砂缺陷。此时,这些多余的水分堵塞了砂粒间的孔隙,使型砂的透气性大大降低,干燥区所产生的气体不能迅速排除,提高了界面上的气体剩余压力。在不利的条件下,有可能侵入液态金属中,使铸件产生气孔缺陷。

这个区的特点是"一高两低":湿分高、强度低、透气性低。

3)第三区域——**水分不饱和凝聚区**,又称过渡区。它是水分饱和凝聚区与正常区的过渡区,是从铸型温度为100℃至室温的区域(假定铸型浇注前为室温),如图1-5中的Ⅲ段所示。这个区域的湿度、温度和强度都是变化的,随着离开饱和凝聚区,越靠里,湿度和温度越低,强度则越高,直至达到正常值。在这个区域,这三者都是由不正常向正常过渡。

水分饱和凝聚区与水分不饱和凝聚区的界面,称为**凝聚界面**。试验表明,由于凝聚现象伴随着放热,当温度达到100℃,凝聚区域继续向前移动。饱和凝聚区的一个显著特点是随着铸件凝固,其位置和厚度随蒸发界面和凝聚界面的变化而变化。由于凝聚界面的移动速度比蒸发界面的移动速度快,所以水分饱和凝聚区将随着它离开型腔表面而不断加厚。也就是说,开始水分饱和凝聚区靠近型腔表面,以后不断向内层移动并不断加厚,表面干燥区也不断加厚。

4)第四区域——**正常区**。它是从铸型温度为室温至砂箱壁处,如图1-5中的Ⅳ段所示。这个区因未受液态金属热作用的影响,其温度和水分都保持正常的状态。

随着热作用时间的延续,型壁中的四个区域是不断变化的,干燥区在一定的时间内将不断地扩大,水分凝聚区将不断地向型壁的深处推进。因此,上述区域的大小,位置随着时间的延续在不断地变化着。必须指出,当液态金属表面尚未凝固成硬壳之前,干燥区与水分凝聚区的大小及位置对铸件质量有很大的影响。但当液态金属表面已经凝固并具有足够的强度后,湿分迁移对铸件质量的影响就不明显了。

4. 注意事项

根据湿分迁移理论,在铸型工艺方面应注意以下几个问题:

(1) **扎通气孔** 在造型取模前,为防止表面层水蒸气向里层传递受阻,从而导致蒸汽压升高,气体向液态金属侵入,上砂箱应扎通气孔,深度应透过水分凝聚区,即快到模型表面,同时,要防止扎坏模型的工作表面,通气孔直径为5~8mm。砂型孔隙尺寸多为20~30μm,这样使干燥区(发气区)所产生的气体能进入通气孔逸出型外,降低铸件产生侵入性气孔的可能。如果通气孔扎得太浅，没有穿透水分凝聚区，那么干燥区所产生的气体仍将被水分凝聚区所阻碍，就无法进入通气孔逸出型外。

(2) 采用面砂和背砂　为防止铸件产生缺陷，造型时，最好采用两种型砂。在型腔表面层应采用含水量少、强度高、颗粒较细的型砂，我们称之为面砂，相对地在里层的称为背砂。背砂采用颗粒较粗、透气性较好的型砂，这样在浇注时，面层的含水量少，所产生的水蒸气就少，而背砂层的透气性好，能迅速地把水蒸气、气体排出型外，使金属与铸型界面处的气体剩余压力大为降低，从而减少了气体侵入金属液内的可能。同时，由于型腔表面层质量好、强度高，水分饱和凝聚区的热湿强度也会相应提高，不易产生夹砂缺陷。

(3) 采用干型或表面干型　在铸造大型铸件时，可采用干型或表面干型（即用加热的方法除去型腔表面层水分）。

由于铸件大时，凝固时间长，金属与铸型相互作用剧烈，产生的气体多，金属压力大。如采用普通湿型浇注，即使采用面砂和背砂，仍可能产生夹砂、胀砂、气孔等缺陷。如果采用干型铸造，即事先将铸型于350～400℃进行烘干，可使干强度比湿强度提高5～10倍，透气率提高50%，可降低产生夹砂、胀砂、气孔等缺陷的可能性。当然，干型要烘干，需花费很多人力，加大能源损耗，还会污染环境，而且干型退让性差。一般航空企业生产铝镁合金铸件使用较少，而多采用表面干型。

表面干型因事先烘干表面层，型腔表面层的水分少，浇注时湿分迁移少，凝聚区水分增加不多，其热湿强度较高。同时，因表面层烘干，强度高，能支撑金属压力。随着时间推移，发气区扩大到未烘干区域，开始产生较多的气体，但此时铸件表面已凝固结壳，能顶住气体的侵入。因此可以防止铸件产生气孔、夹砂、胀砂等缺陷。

型腔表面干燥层的厚度应适当，如果厚度太大，既浪费了能源，又延长了生产周期。如果厚度太小，效果不好，达不到应有的目的。合适的表面烘干层的厚度应该是，在铸件表面尚未凝固成足以抵抗气体侵入的硬壳（凝固层）时，型壁中被加热到100℃以上的发气区范围应小于表面烘干层的厚度。当铸件表面已凝固成足以抵抗气体侵入的硬壳后，发气区的范围才扩大到型壁中尚未烘干的部分。这样，就有可能防止侵入性气孔的发生。

采用干型可以减少铸型的湿度和提高铸型的强度，这是毫无疑问的。但绝不是说，干型铸造时，就没有湿分迁移现象。由于铸型和砂芯的烘干温度都较低，只去除自由水、吸附水及少量组成水。在浇注时，由于砂芯中的有机物燃烧，黏土矿物中的组成水析出，还会产生相当数量的气体和水蒸气，照样会引起湿分迁移。因此，在干型的型壁中也可能存在上述四个区域及其变化过程。当然，由于干型在浇注前含水量比湿型少，所以水分凝聚区的含水量将比湿型少得多。但是，如果铸型和砂芯没有烘干，或者烘干以后又再返潮，那么，在浇注时也可能产生高水分、低透气性的水分饱和凝聚区。

1.2.3　铸型体积的变化

原砂和黏土是型砂的主要组成部分，它们在受热过程中，体积都将发生变化。表现为原砂的膨胀和黏土的失水干缩。

1. 原砂的膨胀

受热后，原砂的体积将发生膨胀。其原因主要有两个方面：①因温度升高而产生热膨胀，为受热均匀膨胀；②因温度升高发生相变（β-石英发生同质异构变化）而产生的体积膨胀。

原砂的矿物组成主要是石英,它的基本结构单位是硅氧四面体,四个氧原子位于四面体的顶端,硅原子位于四面体的中心,每个四面体又和周围的四面体共用顶端的氧原子,即每个硅原子与四个氧原子相连,如此向空间无限伸展。β 石英的连接如图 1-6 所示。石英在不同的温度下有以下几种同质异构体:α-石英和 β-石英;α-鳞石英、β-鳞石英和 γ-鳞石英;α-方石英和 β-方石英等。其同质异构的转变很复杂,如图 1-7 所示。

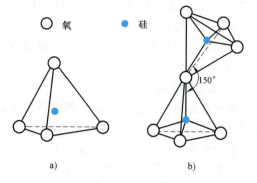

图 1-6 硅氧四面体和 β-石英四面体的连接

a) 硅氧四面体 b) β-石英四面体的连接

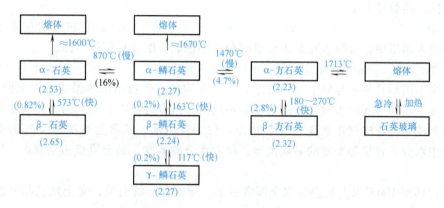

图 1-7 石英的同质异构变化

横向的转变为同级转变,即在不同类型晶型间发生转变,这种转变必须使硅氧骨架中的 Si-O-Si 键断开后重新键合,转变过程需很大能量,速度也慢,又称慢转变,也称重构转变。纵向转变为同类转变,即在同一类型晶型中,在高低温晶型间发生的转变,这种转变不必断开和重新键合硅氧键,只需将原来骨架上的硅氧四面体稍作扭动,作一些位移,即可完成。这种转变需要的能量低,速度也较快,故称为快转变,又称位移转变。同级转变必须加热较长时间,且加入矿化剂才能进行。所谓矿化剂是指能活化晶体的晶格,加速晶型的转变的物质,如钨酸钠。

天然石英为 β-石英,随着加热温度的升高,体积不断膨胀,当加热至 573℃ 时,β-石英就转变为 α-石英。这个转变很迅速,只要加热温度到达转变点,全部 β-石英就会立即转变为 α-石英。如果再冷却到 573℃ 以下,α-石英又转变为 β-石英。因此,在自然界中很难找到天然的 α-石英。温度升高至 870℃,并有强的矿化剂(如钨酸钠 $NaWO_4 \cdot 2H_2O$)的作用下,将一部分的 α-石英转变为 α-鳞石英。加热至 1470℃ 时,α-鳞石英将转变为 α-方石英。但要注意,这种转变是有条件的,即必须有强的矿化剂作用,并经过长时间的高温加热才有可能进行。当加热温度高于 1713℃ 时,α-方石英全部熔化为熔体,急冷后成为非晶体的石英玻璃。

在浇注时,铸型被加热的时间较短,整个铸型的温度也不高,同时又缺乏矿化剂。因此,从 α-石英转变为 α-鳞石英和 α-方石英是难以进行的。对铸造来说,必须考虑的是在

573℃，由 β-石英转变为 α-石英时的体积膨胀问题，它是快转变。一旦加入到 573℃，相变立即发生，同时伴有体积膨胀，体积膨胀为 0.82%。虽然这时的体积膨胀率不到 1%，但由于这个转变是突然产生的，因此，它将影响铸件的尺寸精度，并可能使铸件产生夹砂、胀砂等缺陷。

2. 黏土的干缩

黏土在加热烘干过程中，体积也将发生变化。其变化情况与黏土的种类和水分在黏土中的存在形式有关。

水分在黏土中的存在形式有以下几种：

(1) 矿物组成水　包括结构水、结晶水和晶层水等三种。结构水是以 H^+ 和 OH^- 的形式存在于矿物的结晶格架的一定位置上，它有一定的数量。结晶水是以水分子 H_2O 的形式存在于矿物结晶格架的一定位置上，其也有一定的数量。晶层水是以水分子 H_2O 的形式存在于晶层之间，其数量不定。

(2) 吸附水　一般指黏土胶团中的外吸附层和扩散层中的水。它被吸附在黏土质点表面上，不进入晶格中，吸附水与黏土质点的结合不像矿物组成水那样牢固。

(3) 自由水　一般指远离黏土质点而机械混入的水。

黏土中不同形式的水与黏土质点的结合力是不同的，矿物组成水最牢固，吸附水次之，自由水最差。不同形式的水被除去的温度是不同的，结合得越牢，失水的温度就越高。

润湿后的黏土在空气中放置，便会风干，失去自由水。其数量取决于空气的温度、湿度、黏土中水分的含量和型砂的紧实度等。随着水分的蒸发，黏土质点相互靠近，体积产生收缩。

黏土加热到 100℃ 以上就会失去全部自由水。随着水分的去除，黏土质点相互靠近，出现收缩。

由于晶体结构的差异，高岭石和蒙脱石的含水形式、数量有较大差异。

高岭石在低温加热时因脱水较少，收缩并不明显。蒙脱石在低温加热时脱水多，收缩明显，尤其是在 100~200℃ 时，会失去了大量的吸附水和晶层水，因此产生了显著的收缩。继续加热到一定的温度，黏土就开始失去结构水。根据对黏土矿物进行差热分析的结果，高岭石失去结构水的温度为 400~700℃。蒙脱石加热到 550~750℃ 时，失去结构水，但这时的体积变化并不最明显。

由上可见，蒙脱石与高岭石在加热过程中，体积变化有明显的不同。高岭石的主要收缩发生在较高的温度范围；而蒙脱石的主要收缩则发生在较低的温度（100~200℃）范围内。

总之，型砂在加热时的膨胀可分为两个阶段。当石英砂的膨胀能被黏土的收缩所抵消，或者说当石英砂粒间相互移动的阻力小于砂型外部的阻力时，仅减少砂粒之间的空隙，并不能引起铸型尺寸的变化，这个阶段称为 **显微膨胀**。当砂粒间的间隙难以减小，或者砂粒间的相互移动的阻力大于砂型外部的阻力时，将使铸型尺寸发生变化，这个阶段称为 **宏观膨胀**。铸件的很多缺陷，如裂纹、夹砂和尺寸不符等主要是由型砂的宏观膨胀造成的。

为了减少型砂受热后的膨胀，可在型砂中加入一些在高温时能够收缩或燃烧的物质，或采用粒度分散的原砂；或适当减低铸型的紧实度等，都可以减少铸型的宏观膨胀。

1.2.4　夹砂

夹砂又叫包砂、结疤和鼠尾等，是铸件常见的一种表面缺陷，特别是在用湿型铸造厚大的平板类铸件时，更容易出现。它是由于在铸件表面还没有凝固或凝固壳强度很低时，砂型表面膨胀发生拱起和裂纹而造成的。一般将夹砂分为夹砂结疤和鼠尾两种形式。

1) 夹砂结疤。金属液进入裂纹把拱起的砂型表层包在铸件内，就成为夹砂结疤。它的特点是在铸件表面上有局部凸出的形状不规则的金属瘤状或片状物，在它的下面有一层型砂。如图 1-8a 所示。

2) 鼠尾。型腔下表面层在金属液热作用下发生翘起，使铸件形成鼠尾缺陷。它的特点是在铸件表面出现浅的方向性凹槽或不规则的折痕，无金属瘤状物，形状似老鼠尾巴，故称鼠尾，通常沿下型内浇口正前方产生，如图 1-8b 所示。

夹砂损坏了铸件表面，影响了铸件的精度，增加了清理铸件的劳动量，应加以防止。为此应先明确其形成机理。

1. 夹砂的形成机理及影响因素

国外早在 20 世纪 20 年代就开始研究夹砂产生的机理，如 W. A. Richards。1951—1962 年对夹砂产生机理的研究比较热门。

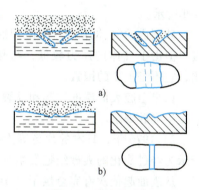

图 1-8 夹砂的形成
a) 夹砂结疤 b) 鼠尾

对于夹砂的形成原因，过去有不同的见解。对型砂高温性能和湿分迁移现象进行深入研究之后，有了比较一致的看法。

1) 砂型表面层因热膨胀产生的热应力超出了水分饱和凝聚区的强度，图 1-9 所示为夹砂形成示意图。

型腔表面层在液态金属的热作用下，水分向里层迁移，使凝聚区的水分急增，强度降低。与此同时，型腔表面层的温度很快升高。但由于型砂的导热性能差，不能迅速地将热量传递到里层去，造成表面层与里层之间存在很大的温度差，产生了热应力。

型腔表面层的石英砂受热后发生相变，由 β-石英转变为 α-石英，体积突然膨胀。而里层的石英砂还没有达到相变温度，阻碍表面层的膨胀，由此产生了相变应力。

在热应力和相变应力的作用下，尤其是在相变应力的作用下，型腔表面层产生了压应力。当压应力超

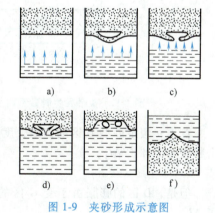

图 1-9 夹砂形成示意图

过某一数值时，表面层便脱离里层而拱起来，如图 1-9b 所示。拱起的薄砂层可能由于黏土的高温失水而干缩，或由于气体压力的作用而开裂，如图 1-9c 所示。如果在薄砂层刚刚开裂时，液态金属马上升上来，把开裂的薄砂层压回到原来的位置，在铸件表面就不会产生夹砂。

如果薄砂层开裂后，上升的液态金属不能使薄砂层闭合，金属液就流入裂缝并留在里面，产生第一种形式的夹砂。

型腔表面层产生夹砂时的应力示意图如图 1-10 所示。在上砂箱 A、B 间的砂型部分，表

面层的热应力 F_1 为 A、B 两端的阻力 F_2 和表面层与里层之间的摩擦阻力 F_3 相平衡。当 $F_1 > F_2 + F_3$ 时，表面层将拱起并开裂，使铸件产生夹砂缺陷。

如果里层的水分很高，热湿拉强度很低，则表面层将容易拱起并开裂，使铸件产生夹砂缺陷。如果下箱的型腔表面局部仅拱起而不开裂，则产生鼠尾缺陷，如图 1-9f 所示。

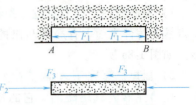

图 1-10 上箱砂型表面层产生夹砂时应力示意图

砂型内的气体压力，将使型腔表面产生分层和开裂，但由于气体的压力较低，与热应力及相变应力相比，它不是主要的因素。

如果型腔表面层的拱起和开裂，发生在铸件已凝固且具有足够强度的硬壳层之后，则不会发生夹砂缺陷。

2) 1976 年，日本的片岛等人提出由水分凝聚区引起的夹砂结疤缺陷的机理，图 1-11 所示为经过简化的夹砂结疤发生时铸型内应力状态的模式。如前所述，金属液急剧加热湿型时，从表面起依次有完全烘干区 D、水分凝聚区 M 和水分未受影响的原来湿砂型区 G 等。其中 M 区温度为 100℃ 至室温的范围，比 D 区温度低，因此热膨胀可以忽略，而 G 区仍保持室温，没有变化。一方面 D 区加热到高温时，横向的整体膨胀由于受到 G 区的限制而成为受限膨胀。因此，D 区及 G 区内产生压缩应力，而且该应力对 M 区起着剪切的作用。因此 M 区内发生滑移，产生裂纹。一旦有了裂纹，该表面层容易从铸型本体分离出来，而成为夹砂结疤的起因。

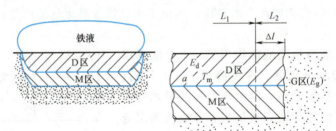

图 1-11 夹砂发生时砂型内的状态（D 区为完全烘干区，M 区为水分凝聚区）

首先，假定砂型 D 区的初始长度为 L_1，膨胀系数为 α，平均温度为 T_m，则 D 区横向自由膨胀时应伸长 Δl_1，

$$\Delta l_1 = \alpha T_m L_1 \tag{1-7}$$

但是，D 区的膨胀由于受 G 区的限制，因此在 D 区产生压缩应力 σ，又使 D 区收缩了 Δl_2，

$$\Delta l_2 = \frac{\sigma}{E_d} L_1 \tag{1-8}$$

式中，E_d 为 D 区高温时的弹性模量。这样，D 区实际伸长 Δl

$$\Delta l = \Delta l_1 - \Delta l_2 = \alpha T_m L_1 - \frac{\sigma}{E_d} L_1 \tag{1-9}$$

Δl 即为 G 区的缩短量。当 G 区的长度为 L_2 时

$$\Delta l = \frac{\sigma}{E_g} L_2 \tag{1-10}$$

式中，E_g 为湿型砂常温弹性模量。因而有

$$\alpha T_m L_1 - \frac{\sigma}{E_d} L_1 = \frac{\sigma}{E_g} L_2$$

D 区的压缩应力 σ 及 D 区的伸长量 Δl 可以表示为

$$\sigma = \frac{\alpha T_m}{\dfrac{1}{E_d} + \dfrac{L_2}{E_g L_1}} \tag{1-11}$$

$$\Delta l = \frac{\alpha T_m L_1}{1 + \dfrac{E_g L_1}{E_d L_2}} \tag{1-12}$$

热膨胀率 ε_1 为

$$\varepsilon_1 = \frac{\Delta l}{L_1} = \frac{\alpha T_m}{1 + \dfrac{E_g L_1}{E_d L_2}} \tag{1-13}$$

因此，湿型中干型区内的压缩应力 σ 和膨胀率（热变形率）ε_1 由它的 α、T_m、E_g 及 E_d 决定。砂型的热膨胀率引起干燥层的热应力，并使水分凝聚区发生变形。

水分凝聚区发生开裂的条件有：①干砂层的膨胀应力超出水分凝聚区的强度；②干燥层的膨胀量超出水分凝聚层的变形量。

2. 防止夹砂类缺陷的措施

从夹砂的形成机理看，预防夹砂产生的途径主要有：减少型砂受热引起的膨胀，提高型砂的热湿拉强度和防止型砂表面拱起与开裂。具体措施如下：

（1）造型材料方面　正确选用和配制型砂是防止夹砂产生的主要措施。

选用 SiO_2 含量少的石英-长石砂作为原砂。由于 SiO_2 少，减少了石英同质异构转变产生的膨胀，膨胀系数小，从而减小了应力，降低了产生夹砂的可能性。重、大铸件采用热膨胀系数小、没有相变、热扩散率和蓄热系数高的特种砂作原砂，如铬矿石、镁砂、锆砂、电熔刚玉、石墨等。

选用粒度分散的原砂（最好分布在相邻的五个筛上）。由于颗粒大小不同，受热条件不一，相变时间不同，有利于减少相变应力。

选用热湿拉强度高、热压应力低的膨润土，增加膨润土的加入量，提高型砂的抗夹砂能力。尽量采用钠基膨润土或经活化处理的钙基膨润土，以提高型砂热湿拉强度。

浇注铸铁时，在型砂中加入煤粉、重油、木屑等能减少热压应力，提高型砂的热湿拉强度。同时因煤粉在 400℃ 以上发生裂解、升华，析出光亮碳层，不易被金属及金属氧化物湿润，对防止黏砂有突出作用。

尽可能降低型砂的含水量，保证一定的混砂时间，混好的型砂经过调匀和松砂，对提高型砂热湿拉强度有利，对保持型砂性能稳定和防止夹砂都有促进作用。

当然，采用水玻璃砂、石灰石水玻璃砂、树脂砂，都能有效地防止夹砂产生。

（2）铸造工艺方面　春砂应力求均匀，避免局部过硬或过松。过硬会使砂粒间隙小，热应力大；太松会造成黏砂、冲砂。

在上型表面、浇口附近等易产生夹砂的地方应多扎气眼以减少气体压力，使水分凝聚区

向里扩散迁移，扩大水分凝聚区，水分凝聚不集中，减缓型砂热湿拉强度的下降；还可烘干砂型表面，提高表面强度。

避免大平面在水平位置浇注，应将其垂直或倾斜浇注。

浇注系统应能使金属液平稳进入型腔；内浇口应均匀分布，防止局部过热，浇口阻流面积适当增大。适当降低浇注温度，提高浇注速度，有足够的型内液面上升速度。浇注时间应小于砂型临界受热时间。

（3）铸件结构方面　尽量避免大平面，铸造圆角要合适。不同形状的型腔，其抗夹砂的能力是不同的，凹面形状抗夹砂能力最好，平面形状次之、凸面形状最差。工艺设计时，应对凸面形状的型腔采取必要的措施，凸出部分尽量放置在下部，或插钉子加固，以防止夹砂产生。

1.3　金属与铸型的机械作用

浇注时铸型受到金属液的冲刷和冲击，型壁承受金属液的静压力和动压力，铸件在凝固、冷却收缩时受到铸型的阻碍而产生内应力。在不利的情况下，铸件将产生砂眼、冲砂、掉砂、抬箱、裂纹等缺陷。

1.3.1　金属液对铸型表面的冲刷作用

金属液沿铸型表面流动时对铸型表面有摩擦力，如果摩擦力超出在浇注温度下砂型表面层砂粒间的黏结力，砂粒将被冲出，造成铸件表面局部粗糙、冲砂、砂眼等缺陷。

金属液对铸型表面的冲刷作用，主要取决于金属的浇注温度和浇注速度、铸型的表面强度和高温强度。浇注温度越高，速度越快，则冲刷作用越强。如果浇注温度低，液态金属与铸型表面接触后，很快形成硬壳，金属液在壳内流动不与砂型接触，故能减轻冲刷作用。铸型的表面强度和高温强度越高，则抗冲刷作用的性能就越好。提高砂型的紧实度、表面强度，采用表面干型、水玻璃砂型、树脂砂型和涂料等，都能提高铸型表面的抗冲刷作用。

1.3.2　金属液对铸型表面的动压力和静压力

液态金属浇入铸型中，在铸件没有凝成足够的硬壳前，型壁受到金属液的静压强为

$$p_{静} = \rho g h \tag{1-14}$$

式中，ρ 为金属液的密度；g 为重力加速度；h 为金属压头的高度。

$p_{静}$ 随 h 增大而增大，h 在浇注终了时达到最大值。

浇注时，型壁表面受到金属液的动压力

$$P_{动} = F v \rho v = F \rho v^2 \tag{1-15}$$

$$p_{动} = \frac{P_{动}}{F} = \rho v^2$$

在忽略金属流动阻力的条件下

$$v^2 = 2gh$$

所以

$$p_{动} = 2\rho g h = 2 p_{静} \tag{1-16}$$

式中，$P_{动}$ 为金属液对铸型表面的动压力；F 为金属液截面面积；v 为金属液的流速；$p_{动}$ 为

金属液对铸型表面的动压强。

从公式（1-16）可以看出，在金属压头相同的条件下，$p_{动} \approx 2p_{静}$。

在开始浇注时直浇口的底部、对着内浇口的型（芯）壁、浇注终了时的型腔表面等处常受到金属液的动压力。如金属液的动压强超出砂型的表面强度，砂型表面将被冲坏，使铸件造成砂眼、多肉等缺陷。

在液态金属静压力和动压力的作用下，会产生型壁移动、盖箱抬起、砂芯漂浮，从而使铸件产生胀砂、多肉、披缝等铸造缺陷。如果产生的浮力过大，砂芯会发生变形和破坏，使铸件偏心以至报废。

在铝合金、镁合金铸造中，静压力和动压力较小。而在黑色金属大中型铸件生产中，静压力和动压力所产生的型壁移动、盖箱抬起等现象则比较严重，应引起足够重视。

1.3.3　铸型的机械阻碍应力

液态金属全部凝固并冷却至弹性状态以后，仍然继续收缩。如受到铸型或砂芯等的阻碍，就会产生应力。这种应力称为机械阻碍应力，它是一种临时应力。

对于断面厚度均匀的圆筒形铸件，冷却至弹性状态温度时，若砂芯的退让性差，就会在铸件内引起机械阻碍应力，其值如下：

$$\sigma = E(\varepsilon - K) \times 10^5 \tag{1-17}$$

式中，E 为金属的弹性模数（Pa）；ε 为圆筒铸件自由收缩时的收缩率（%）；K 为砂芯的退让性（%）。

当砂芯的退让性极好时，$K = \varepsilon$，则 $\sigma = 0$，铸件收缩不受阻碍，是自由收缩，不会产生机械阻碍应力。

当砂芯的退让性很差时，$K = 0$，则 $\sigma = E\varepsilon$，达到最大值，铸件将产生机械阻碍应力。

铸造应力是热应力、相变应力和机械阻碍应力三者的代数和。这三者有时互相抵消，有时互相叠加。当机械阻碍应力与热应力同时作用并超过当时金属的强度极限时，便产生冷裂缺陷。

1.4　金属与铸型的化学和物理化学作用

金属与铸型表面的化学和物理化学作用有：

（1）金属液与铸型中的气体或铸型材料发生化学作用　如轻合金铸造中，铝、镁合金与铸型的化学作用，镁合金的燃烧等。

（2）造型材料融入铸件表面　铸造合金与砂粒间隙中的氧结合，在液态金属表面形成一薄层熔融的氧化膜，这层金属氧化物与砂粒、黏土互相结合，在铸件表面形成"黏砂"层。

（3）造型材料发气　气体侵入金属液形成气孔，金属液从铸型中吸收气体。

（4）金属液渗入砂粒间隙，形成机械黏砂。

（5）造型材料的熔解及铸件表面合金化。

金属液与铸型的物理化学作用，在不利的情况下，铸型会产生燃烧、气孔、黏砂等缺陷。但也可以利用铸型表面涂料中的合金元素，使铸件表面合金化，提高铸件表面质量。

1.4.1 燃烧

燃烧是镁合金铸件常见的缺陷之一。含镁量高的铝合金铸件有时也会出现燃烧现象。

1. 燃烧缺陷产生的机理

镁的化学性质很活泼，仅次于 K、Na、Ca，在常温下就能和氧反应，与 H_2、N_2、H_2O 等作用，但不剧烈。而液态的镁及其合金能和 O_2、H_2O、N_2、SiO_2 产生剧烈的化学反应：

$$2Mg+O_2 = 2MgO+610700kJ$$

$$3Mg+N_2 = Mg_3N_2+48500kJ$$

$$Mg+H_2O = MgO+H_2\uparrow +324000kJ$$

当温度高时，Mg 还会与铸型中的 SiO_2 发生反应

$$4Mg+SiO_2 = Mg_2Si+2MgO+Q$$

发生上述反应的结果，生成氧化镁、镁的氮化物、镁的硅化物，析出游离状态的氢，同时放出大量的热量。由于生成的 MgO 是一种导热性能差、内部疏松的氧化物，它覆盖在镁合金表面，使反应时释放出来的大量热量，不能迅速地散发出去，从而使反应界面上的温度迅速提高。温度的提高又加速镁的氧化，加剧镁的燃烧，使反应界面上的温度越来越高，最终会导致燃烧，最高温度可达 2850℃，并发出闪耀的白光和弥漫的浓烟。

有时还因为水分突然汽化，体积膨胀数千倍，同时因反应所放出的 H_2 与 O_2 迅速反应，将导致猛烈的爆炸发生。

2. 燃烧缺陷的特征

1) 铸件表面上有分散的或成群的孔穴。在吹砂、氧化处理之前，孔穴内填满灰色的氧化镁粉末，在吹砂、氧化处理后，孔穴呈清洁而粗糙的表面。

2) 铸件表面上有黑色或灰色的连续的氧化皱纹，并带有氧化镁粉末的白色斑点，吹砂、氧化处理后，呈灰褐色。

3) 铸件表面上出现大小不同的金属燃烧产物的菌状瘤疤。

燃烧缺陷常发生在铸件受热严重、保护剂烧损比较厉害的地方，经常发生的部位有：

ⅰ) 铸件上的厚大部位；

ⅱ) 内浇道附近，特别是内浇道的对面；

ⅲ) 冒口根部。

燃烧缺陷出现的部位附近，往往会出现缩松缺陷。

3. 防止燃烧的措施

产生燃烧的内在因素是由于液态的镁合金易与 O_2、N_2、H_2O 等发生剧烈的反应；而外界原因是在浇注、凝固过程中给燃烧提供了条件，所以防止燃烧主要是断绝镁与空气、H_2O 和 N_2 的接触。在实际生产中常采取以下措施：

1) 降低型砂含水量，一般小于 5.5%，对于中大件，采用表面干型，型砂必须纯净，不得含有草根、煤屑等有机物。

2) 在型砂中加入必要的防燃附加物，目前一般是加入 3%~4%（质量分数，后同）的烷基磺酸钠（含烷基磺酸钠 28% 的水溶液），并加入 1.5%~2.5% 的硼酸。

3）**造型时，增加透气性**。在容易燃烧部位开冷却筋，放置冷铁。增加内浇道数量，使镁合金液分散引入铸型，避免热量集中。

4）**熔化时，在镁合金液中加入少量的铍**（0.001%～0.002%，质量分数），以减少镁合金的燃烧倾向。浇注时，适当降低浇注温度，缩短浇注时间。

1.4.2 黏砂

黏砂是铸钢、铸铁件生产中常见的铸造缺陷之一。铸件部分或整个表面黏附着一层型砂或型砂与金属氧化物形成的化合物称为黏砂。黏砂大多发生在铸件的厚壁部分、浇冒口附近、内角、凹槽、小的铸孔等部位，通常铸钢比铸铁件黏砂严重，湿型铸造比干型严重。黏砂清理困难，有时需用风铲清除，严重时甚至可能使铸件报废。

根据砂层黏结在铸件表面的黏结物质的性质，黏砂可分为：机械黏砂——金属渗入到砂粒间孔隙，将砂粒固定在铸件表面；化学黏砂——金属或金属氧化物和造型材料形成化合物，将砂层黏结在铸件表面。

1. 机械黏砂（金属渗入）

如金属渗入深度小于砂粒半径，并不发生黏砂，只是表面过于粗糙。当金属渗入深度大于砂粒半径，便发生机械黏砂。渗入深度越深，清理就越困难。

（1）机械黏砂的形成机理　液态金属渗入砂粒间隙的过程和一般液体在毛细管中上升或下降相似，但过程要更复杂，原因有：金属液随温度降低而黏度增大，金属液与孔隙中的气体发生反应而使润湿条件发生变化等。

金属液渗入砂粒间孔隙就会形成机械黏砂，金属液渗入砂粒间孔隙的条件为

$$P_{金} \geq P_{气} - P_{毛} - P_{型} \tag{1-18}$$

式中，$P_{金}$ 为铸型中金属液的压力（包括静压力和动压力）；$P_{气}$ 为砂型孔隙中气体的反压力；$P_{型}$ 为型腔内气体的压力；$P_{毛}$ 为毛细压力，从有关物理知识可知 $P_{毛} = \dfrac{2\sigma\cos\theta}{r}$，$\sigma$ 为液态金属的表面张力；r 为砂粒孔隙的半径；θ 为液态金属对砂粒孔隙的润湿角。

（2）影响机械黏砂的因素

1）金属液的静压力和动压力始终是促使液态金属向砂粒间的孔隙渗入的主要因素。在金属液润湿砂粒的情况下，$P_{静}$ 越大，渗入深度越大，机械黏砂越严重。因此高大铸件下部容易形成机械黏砂。

2）$P_{气}$ 是孔隙中气体对金属液的反压力，始终阻碍金属液的渗入。但生产中很少用提高 $P_{气}$ 的方法来防止机械黏砂。

在大多数情况下，铸件有明冒口或出气冒口，$P_{型}$ 的影响可以忽略不计。

3）金属液与造型材料的润湿性对金属渗入有很大影响。如金属液能润湿造型材料，润湿角 $\theta < 90°$，$\cos\theta$ 为正值，$P_{毛}$ 为正值，则毛细压力促使液态金属渗入砂粒间隙。如金属液不润湿造型材料，$\theta > 90°$，$\cos\theta$ 为负值，$P_{毛}$ 为负值，则毛细压力阻止金属液渗入砂粒间隙。润湿角 θ 的大小主要取决于金属液与造型材料的性质，但金属液的成分和氧化程度、接触气氛的性质、接触时间等对其也有很大影响。金属液与造型材料的润湿角 θ 可由实验测出。对于一定成分的金属液和一定材料的铸型，润湿角 θ 和表面张力 σ 是一定的，不可能用改变 θ 和 σ 来改变毛细压力。

4）砂型表面砂粒空隙的大小对金属液渗入有很大影响，减小砂粒间空隙半径，可减少金属液的渗入。

5）影响金属液保持液态的时间和流动能力的因素，如：金属液的密度、比热容、凝固潜热和黏度，铸型的蓄热能力等都会对机械黏砂产生影响。保持液态时间长且金属液黏度小，会导致黏砂严重。如果铸型蓄热系数高，则不易产生黏砂。

(3) 防止机械黏砂的措施

1）**采用细砂，提高铸型紧实度**，铸型表面刷涂料，使铸型表面孔隙减小，毛细阻力加大，金属液渗入难，有利于防止黏砂。

2）**铸铁件型砂采用煤粉砂**。煤粉在400℃以上发生裂解、升华，析出光亮碳层。光亮碳包覆在砂粒表面，由于光亮碳不被金属及金属氧化物湿润，对防黏砂有突出作用。

3）**降低浇注温度，使金属液渗流能力下降，有利于减少黏砂**。

4）**加入重油**。重油是石油加工产品的残渣，使用时用柴油1∶1或3∶2稀释。它能形成碳膜，包围砂粒，并堵塞孔隙，防止金属液渗入。

5）**采用非石英质原砂或涂料**。如铬铁矿砂、镁砂、锆砂等，蓄热系数高，与金属液润湿性差，但价格贵，常制成涂料使用。

2. 化学黏砂

化学黏砂主要发生在**铸钢**和**铸铁件**上，黏结物质为金属氧化物和造型材料形成的化合物，黏砂层的厚度比机械黏砂大。**化学黏砂层去除的难易程度，主要决定于黏砂层的性质以及黏砂层与铸件表面的结合强度**，与黏砂层厚度的关系不大。有时化学黏砂层很厚，却很容易清理，甚至在铸件冷却时能自动剥落。

(1) 形成机理

1）化学黏砂层的形成。钢液或铁液在浇注时与铸型气体中的氧、二氧化碳、水蒸气等发生化学作用生成氧化亚铁（FeO）。在高温和氧不足的情况下，FeO是稳定的，其与SiO_2润湿角$\theta=21°$（<90°）。在铸钢浇注温度下，FeO为液态并能润湿石英，渗入砂粒间隙，与砂或黏土中的SiO_2相作用生成液态硅酸亚铁，其熔点为1205℃，常称为低熔点化合物，化学反应式为：

$$2FeO+SiO_2 \Longrightarrow Fe_2SiO_4 \quad （硅酸亚铁）$$

FeO与Fe_2SiO_4的共晶温度为1177℃。

熔融硅酸盐及其共晶物也会润湿石英砂，在毛细压力的作用下，能渗入砂粒间隙，增加了金属渗入深度，形成黏砂层。

2）化学黏砂层与铸件表面熔接。分析黏砂层断面的化学成分，紧靠铸件表面的是一薄层金属氧化物，其后为低熔点化合物（图1-12），当氧化物层的厚度达到或超过某一个临界值时，黏砂层就容易从铸件上清除，反之就不易清除。这个临界值即氧化物薄层的临界厚度。其大小约为100μm。因此，为了防止化学黏砂，应增加氧化物厚度，使之超过临界厚度。

而硅酸亚铁等低熔点化合物，在一定条件下会牢固黏附金属氧化物，使铸件产生化学黏砂。如果低熔点化

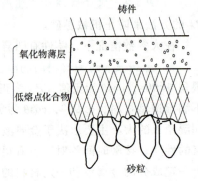

图1-12 黏砂层断面示意图

合物冷凝后是结晶体,将使结合力增大,黏砂难以清理。

即使金属氧化物能牢固地黏附在铸件表面,但是如果低熔点化合物冷凝后为玻璃体而不是结晶体,由于其性质与金属氧化物和砂粒晶体相差很远,也不会同铸件表面的氧化物黏连而发生黏砂。即黏砂层中如有一定数量的玻璃体低熔点化合物,结合力不大,铸件就不易黏砂,可以获得光洁的铸件。有的资料认为,当黏砂层中含有 15%~20% 的玻璃体后,就可以避免化学黏砂。

(2) 防止措施

可从防止形成黏砂层和降低黏砂层与铸件表面的结合力两方面入手。

1) **防止形成化学黏砂层**。防止金属氧化,避免金属氧化物与型砂起化学作用。具体措施有:将金属液脱氧,适当降低浇注温度;在型砂中加入能快速形成还原性气氛的附加物如煤粉、重油、沥青、有机黏结剂等;采用涂料、高质量的石英砂(w_{SiO_2}>98%)和膨润土;生产耐热钢、不锈钢等高合金钢铸件和大型铸件时,采用锆砂、镁砂、铬铁矿砂、刚玉砂等特殊耐火材料制备型砂或涂料。

2) **降低化学黏砂层与铸件表面的结合力**。在型砂中加入适量(3%~5%)氧化铁粉;注意选用合适的原砂。某些原砂,如郑庵砂、六合红砂等均能得到表面光洁的铸铁件,铸件表面容易清理。

1.4.3 侵入性气孔

气孔是铸型或金属液中的气体在金属液中形成的气泡,未能浮出而留在铸件内的一种常见的铸造缺陷。

由于气体的来源和形成过程不同,铸件的气孔可分为析出性气孔、反应性气孔和侵入性气孔三种。前两种气孔,已分别在铸件形成理论和合金熔炼课程中作详细介绍,此处不再赘述。本课程主要讨论侵入性气孔。

1. 侵入性气孔的特征

侵入性气孔是湿型铸造时最常发生的缺陷之一,具有以下特征:①体积较大;②呈梨形、圆形、扁圆形;③常在铸件皮下、浇注位置的上部发现;④气孔的内壁光滑,表面有金属或氧化皮膜的光色泽,与砂眼、渣孔等缺陷很容易区别。

侵入性气孔主要由砂型、砂芯在浇注时产生的气体侵入金属液中造成的。

铝合金铸件的侵入性气孔,喷砂后进行外观检查时即可发现。镁合金铸件则往往经过氧化处理才能发现。隐藏在铸件内部的气孔,只有通过 X 射线检查,以及在铸件进行机械加工时才能发现。

2. 侵入性气孔的形成机理

砂型在金属液热作用下发生水分蒸发、有机物燃烧或挥发、碳酸盐分解以及金属液与砂型产生化学作用,均可使金属液和砂型界面上气体的压力增加。当气体的压力大于在金属液中形成气泡所必须克服的阻力后,气体就会侵入金属液形成气泡(图 1-13)。

在均匀的金属液中,气泡体积变化所做的功和表面能的增量平衡,即

$$PdV = \sigma dS \tag{1-19}$$

式中,$P = P_气 - P_静 - P_型$;$P_气$ 为气泡内气体压力;$P_静$ 为作用在气泡表面的金属静压力;$P_型$ 为

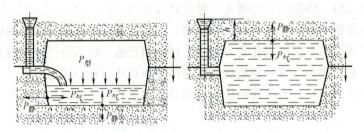

图 1-13 金属液和砂型界面上气体侵入金属液的条件

作用在液面上的型内气体压力；dV 为气泡体积的增量。设气泡为球形，则 $V=\frac{4}{3}\pi r^3$，$dV=4\pi r^2 dr$，r 为气泡的半径；σ 为金属液的表面张力；dS 为气泡表面积的增量，$S=4\pi r^2$，则 $dS=8\pi r dr$，代入式（1-19），故有 $4\pi r^2 dr(P_{气}-P_{静}-P_{型})=8\pi\sigma r dr$。

得 $$P_{气}=\frac{2\sigma}{r}+P_{静}+P_{型} \qquad (1\text{-}20)$$

或 $$P_{气}=P_{阻}+P_{静}+P_{型} \qquad (1\text{-}21)$$

金属液和铸型界面上气体的压力 $P_{气}$ 必须大于 $\left(\frac{2\sigma}{r}+P_{静}+P_{型}\right)$ 后，气体才能侵入金属液从而产生气泡。下面对式（1-20）中的各项进行分析：

(1) $\frac{2\sigma}{r}$ 或称 $P_{阻}$　为形成气泡必须克服的因金属液表面张力引起的毛细管附加压力，当 r 很小时，$\frac{2\sigma}{r}$ 很大。如钢液 $\sigma=1.5\text{N/m}$，当 $r=0.01\mu\text{m}$ 时，$\frac{2\sigma}{r}=300\text{MPa}$，故在均匀的金属液中形成气泡几乎是不可能的。在金属液和砂型界面上，砂粒间孔隙（相当于毛细管）中的气体，能成为气泡核心。当砂粒间空隙的直径为 20~100μm 时，$\frac{2\sigma}{r}$ 仅为 0.3~0.06MPa。孔的直径进一步增大，$\frac{2\sigma}{r}$ 则会进一步减小，在铸造条件下砂型中的气体就容易侵入金属液。

(2) $P_{静}$　在金属液与铸型表面接触到形成气泡核心的这段时间内，型内金属液已上升了一定高度 h，所以 $P_{静}=\gamma h=\rho g h$。浇注时，$P_{静}$ 随金属液在型内的上升高度而变化，浇注终了时 h 等于气泡至浇口杯液面的高度。

(3) $P_{型}$　作用在金属液面上的型内气体压力，在有明冒口时 $P_{型}$ 为大气压力。

(4) $P_{气}$　砂型表面层的发气量大、发气速度快、砂型透气性低、水分饱和凝聚区离铸件表面近、砂型出气孔位置不当和数量少等，都使界面的气体压力 $P_{气}$ 增高。

这个值要仔细考虑，一方面，为了防止气孔，型砂的发气性要低；另一方面，从防止黏砂的角度考虑，又要加入重油、煤粉等发气性物质，希望在金属液与铸型之间形成气膜或气垫层和光亮碳层，以防止黏砂。如何才能获得既不发生气孔，又无黏砂缺陷的铸件呢？从理论上讲只要满足：

$$1\text{atm}<P_{气}<P_{阻}+P_{静}+P_{型}$$

就可以获得无侵入性气孔、无黏砂的铸件。

$P_{气}$ 值不仅与型砂发气物质的总发气量有关，更重要的还与发气温度及发气速度有关。

因此，$P_气$最大值的出现时间不同，数值不同，会得到不同的结果。图1-14是型砂发气量和发气速度对形成侵入性气孔影响的示意图，图中1-14a表示型砂发气速度较快（发气早而快）时的情况，例如水分含量稍多的煤粉砂；图1-14b表示发气速度较慢的情况，例如水分含量正常的煤粉砂。由图1-14a可见，水分稍多时就出现形成侵入性气孔的危险区，此时$P_气>P_静+P_阻+P_型$。由图1-14b可知，由于水分正常，煤粉发气较慢，发气量较少。从浇注开始到铸件表面凝固结壳的整个过程中，$P_气<P_静+P_阻+P_型$，所以不形成侵入气孔。

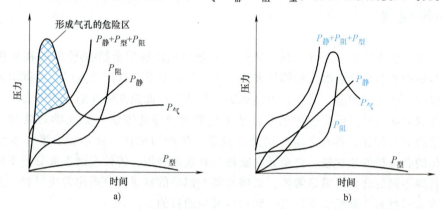

图1-14 型砂发气量和发气速度对形成侵入性气孔的影响
a）砂型发气速度较快时 b）砂型发气速度较慢时

气泡侵入金属液后，溶解在金属液中的气体会向气泡内扩散而使气泡长大。如气泡没有上浮就已凝固，就在侵入处形成梨形气孔。小孔端的位置表明气体的来源。在金属液温度高和黏度小的情况下，气泡能从金属液内逸出或浮入冒口，则铸件并不产生气孔。如铸件表面的凝固壳强度很低，表面气泡虽不能侵入，但使铸件表面发省局部变形而留下凹坑，就出现表面气孔。

3. 防止侵入性气孔的措施

防止侵入性气孔的措施主要从①减少气泡内气体压力$P_气$；②增大气体侵入金属液的阻力；③使气泡能从铸件金属液中尽快浮出等方面操作。

(1) 减少砂型（芯）的发气量和发气速度

① 严格控制型砂中的含水量于低限；起模、修型时尽量不刷水。
② 采用发气量低的黏结剂或加入物并控制其加入量。
③ 采用表面干型；砂芯要烘干，避免已烘干的砂型（芯）返潮；冷铁表面涂油不能过多，并须烘干烘透。
④ 型砂中不得混入煤屑、草根等有机物。
⑤ 型砂中的硫黄、硼酸等附加物应混合均匀。

(2) 保证砂型（芯）具有良好的透气性，使浇注时产生的气体容易从砂型（芯）内排出

① 选用粒度合适和含泥量低的原砂；紧实度不宜过高；采用面砂与背砂；保证背砂有足够的透气性；控制黏土加入量。
② 砂型多扎出气孔，可用薄壁或空心的砂芯；砂芯工作条件恶劣、排气比较困难时必须多设通气孔，对于断面小、形状复杂的砂芯，可用蜡线做出通气孔。

(3) **增大气体侵入金属液的阻力 $P_{阻}$** 在砂型表面刷涂料，减少砂型表面孔隙的直径，使 $2\sigma/r$ 增大；采用低透气性的涂料层，阻止气体进入型腔，但涂料层的发气性必须小，以免造成气孔。

(4) **气泡能从金属液中尽快浮出** 适当提高浇注温度和浇注速度、避免浇注时型腔中有大的水平面、设置明冒口等。

1.5 铸渗现象

铸渗现象又称为铸件表面合金化。铸件表面合金化是利用金属-铸型间的相互作用使铸型表面涂料层中的合金元素渗入到铸件表面形成一层合金层。这层合金层，根据渗入合金的特性，可以改善铸件的耐磨、耐热、耐蚀或其他性能，从而提高铸件的使用寿命。

这种铸渗方法与已经广泛使用的非铸造途径的表面强化方法（如化学热处理、金属喷镀、表面堆焊等）相比，具有无需专用处理设备、生产周期短、成本低、零件不变形等优点。与整体的合金铸件相比较，合金元素能得到有效地利用，铸件表面各部分的不同性能要求可通过铸渗不同的合金来满足需要，而铸件其他部分的材质仍可采用常规材料。这样既可以节约贵重金属材料、降低成本，又达到物尽其用的目的。

铸渗的应用范围很广，铸铁件、铸钢件、铜合金、铝合金铸件等都可以采用此法来改善其工作性能。例如苏联用对铸铁件表面渗铬的办法使矿山用的水力旋流器（HT180）排出套管的寿命延长1~2倍，混碾机叶片的寿命延长2~2.5倍。又如中国武汉钢铁集团焦化厂火架车用的铸铁板（HT200），质量90kg，原来的使用寿命只有1个月左右，表面渗铬以后其使用寿命超过到9个月。另外，还可以在镍基合金中渗入形核催化剂（铝酸钴），使铸件表层晶粒细化以提高镍基合金的耐疲劳、抗冲击性能，渗硫以改善钢的切削加工性能。

由此可见，铸渗法是一项经济实惠而又不难实现的方法，值得大力开发。

这种方法的机理，一般认为是：金属液浇注后，涂料层产生孔隙，使金属液渗入，导致涂料层中的合金元素熔化，然后二者互相渗透，在涂料层溶剂的帮助下，实现合金化，凝固后结合牢固。

习 题

1. 金属与铸型的相互作用有哪些？原因何在？
2. 何谓湿分迁移？试分析湿分迁移与温度梯度和湿度梯度的关系。
3. 铸型内湿分迁移会形成哪几个不同区域？各有何特点？
4. 水分在黏土中的存在形式有哪些？它们的失水温度是多少？
5. 简述夹砂产生的原因以及防止产生夹砂缺陷的措施。
6. 产生机械黏砂和化学黏砂的原因是什么？两者区别何在？
7. 镁合金燃烧缺陷的防止措施有哪些？
8. 分析侵入性气孔产生的条件，满足该条件是否一定会产生侵入性气孔？

第 2 章 黏土型砂

2.1 概述

尽管现在采用水玻璃、树脂和其他材料作为黏结剂的型砂及芯砂越来越多，但以黏土作为黏结剂的黏土型砂仍然占有重要地位。目前世界上砂型铸件质量仍占80%左右，我国砂型铸件约占85%。型砂是由原砂、黏土、附加物及水按一定配比制成的。其中原砂是骨料，黏土为黏结剂。经过混碾后，黏土、附加物和水混合成浆，包覆在砂粒表面形成一层黏结膜。黏结膜的黏结力决定型砂的强度、韧性、流动性，砂粒间的孔隙决定型砂的透气性。因此，为了制得性能合乎要求的型砂，必须考虑以下三方面的因素：

(1) 原材料的选择　选用高质量的原材料是能否制成高质量型砂的先决条件。

(2) 型砂配方　各种材料之间要有一个合理的配合比例。

(3) 混制工艺　目的在于使各种材料分布均匀，并使黏土膜完整地包覆在砂粒表面上，型砂应质地松散无团块。

为此，先明确几个概念。

原砂：用来制造型砂及芯砂的砂子，称为造型用砂，简称原砂。

型砂：由原砂、黏土、水和附加物按一定比例混制而成，用来造型的混合物，称为型砂。

芯砂：由原砂、黏结剂、水和附加物按一定比例混制而成，用来制备砂芯的混合物，称为芯砂。

2.2 铸造用原砂

2.2.1 石英质原砂

铸造生产中使用量最大的原砂是以石英为主要矿物成分的天然硅砂，这是因为天然硅砂资源丰富，分布极广，易于开采，价格低廉，能满足铸造多数情况的要求。

天然硅砂是由火成岩风化形成的。火成岩中的花岗岩是由石英、长石、黑云母等矿物颗粒组成的，经过长期风化作用后，花岗岩中的石英由于化学性质稳定且比较坚硬，风化时成分不变，仅被破碎成细粒。而花岗岩中的长石、云母，一部分通过化学风化变成黏土，另一部分未被化学风化，混在砂子中。所以一般来说，砂中除了主要成分石英外，还混有一些长石、云母和黏土矿物等夹杂物。

风化后的产物或就地储存,或经过水力、风力的搬运,远离原处沉积,就地储存的砂矿称为山砂,含泥分较多,粒形比较不规则,例如江苏六合红砂、河北唐山红砂等。经过水力搬运的砂称为海砂、湖砂或河砂。经风力搬运的砂称为风积砂。河砂、湖砂、海砂经过水流的冲洗和分选,含泥量很少,颗粒形状较圆,颗粒大小比较均匀,例如河北北戴河砂、广东新会砂、福建东山砂均为海砂;江西都昌砂、星子砂为湖砂;上海吴淞砂、河南郑庵砂为河砂;内蒙古通辽市大林、通辽市的伊胡塔、甘旗卡等处的砂子为风积砂,其颗粒形状更圆整而均匀。

除了细小颗粒状的天然硅砂外,石英质原砂还有其他两种存在形式:石英砂岩和石英岩。沉积的石英颗粒被胶体的二氧化硅或氧化铁、碳酸钙等物胶结成块状,称为石英砂岩。如果沉积的石英砂粒在地壳高温高压作用下,经过变质而形成坚固整体的岩石则称为石英岩。这种石英岩通常SiO_2含量很高,质地也极为坚硬。经过人工破碎、筛分后就可得到"人造硅砂"(或称为人造石英砂),这种砂粒形状呈尖角形。例如湖南衡阳、辽宁盖县等地所生产的人造硅砂。

2.2.2 非石英质原砂

非石英质原砂是指矿物组成中不含或只含少量游离SiO_2的原砂。虽然硅砂来源广,价格低,能满足一般铸铁、铸钢和有色合金铸件生产的要求而得到广泛应用,但是硅砂还存在一些缺点和不足,如:热胀系数比较大,而且在573℃时其体积会因相变而产生突然膨胀;热扩散率(表示物体使其内部各点的温度趋于一致的能力,如果大,则物体内各点的温差小)比较低,蓄热系数(表示原砂的冷却能力,如果高,则加快铸型内部铸件的凝固和冷却速度)比较低;容易与铁的氧化物起作用等。这些都会对铸型与金属的界面反应造成不良影响。在生产高合金钢铸件或大型铸钢件时,使用硅砂配制的型砂,铸件容易发生黏砂缺陷,使铸件的清理十分困难。清砂过程中,工人长期吸入硅石粉尘易患硅肺病。

为了改善劳动条件,预防硅肺病,提高铸件表面质量,在铸钢生产中已逐渐采用一些非石英质原砂来配制无机和有机化学黏结剂型砂、芯砂或涂料。这些材料与硅砂相比,大多数都具有较高的耐火度、热导率、热扩散率和蓄热系数,热胀系数低而且膨胀均匀,无体积突变,与金属氧化物的反应能力低等优点,能得到表面质量高的铸件并改善清砂劳动条件。但这些材料中有的价格较高,有的比较稀缺,故应合理选用。目前可用的非石英质原砂有锆砂、铬铁矿砂、镁砂、橄榄石砂、石灰石砂、刚玉砂、铝矾土砂、碳素砂等等。

1. 锆砂(亦称锆英砂)

锆砂的主要矿物是锆英石($ZrSiO_4$),结构类型为岛状,属四方晶系,外观为无色的锥柱形细颗粒,因存在铁的化合物,故一般呈棕色、黄褐色或淡黄色,颗粒形状为圆形和多角形。锆砂的密度为$4.4 \sim 4.7 g/cm^3$,莫氏硬度为$7 \sim 8$,其熔点随所含杂质的不同而在$2038 \sim 2420℃$间波动。1540℃时,它开始分解为ZrO_2和SiO_2玻璃体,而SiO_2的熔点较低,因此锆砂的烧结点与熔点之间有一个较宽的温度区间。

锆砂的热胀性比硅砂、镁橄榄石砂、铬铁矿等材料的热胀性都小,只是硅砂的$1/3 \sim 1/6$(图2-1),能避免铸件产生夹砂结疤类缺陷;其热导率和蓄热系数、密度都比石英砂高很多,其热导率比硅砂约高两倍多,因此相应的铸件冷却凝固速度快,金属组织细化,铸件的力学性能得到提高；热化学稳定性高，几乎不被熔融金属或金属氧化物浸润，有利于阻止金属液浸入铸型孔隙，可防止化学黏砂、减少机械黏砂缺陷。

澳大利亚出口的锆砂约占全世界需求量的一半多。我国锆砂资源也比较丰富，主要分布在海南、广东、山东、福建等沿海地区，其中尤其以海南资源最为丰富。锆砂的生产通常是根据其伴生矿物而有所差别，有的是为了获得金红石而将锆砂作为副产物，一般是先通过密度差（重选）除去硅砂及脉石矿物，磁选除去钛铁矿、石榴石、独居石，电选除去金红石等来进行选矿。表 2-1 是锆砂矿所含的矿物及其性能。

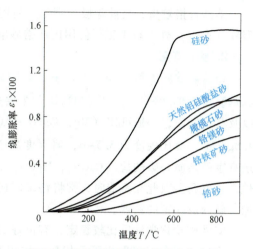

图 2-1 几种原砂材料的热膨胀性比较

表 2-1 矿物性能

矿物	性能		
	密度/(g/cm³)	磁性	导电性
硅砂	2.6	无	无
钛铁矿	4.2~4.4	强	有
锆砂	4.5~4.7	无	无
金红石	4.2	无	强
独居石	—	轻微	无

根据国家专业标准《铸造用锆砂》（JB/T 9223—1999）规定，按其化学成分分为四个等级（见表2-2）。按粒度大小分为三组：中细砂（目数为15）、细砂（目数为10）、特细砂（目数为07），各组砂子粒度集中率应不小于75%。不过，从目前国内外已有锆砂资源看，很少有 0.212mm 的砂，大都偏细，较粗的也只集中在 0.150mm 筛，因此生产上要得到粒度为 0.212mm、0.150mm、0.106mm 三筛的中细砂（目数为15），相当困难。

表 2-2 锆砂按化学成分分级（质量分数，%）

分类等级	(Zr·Hf)O₂	SiO_2	TiO_2	Fe_2O_3	P_2O_3	Al_2O_3
1	≥66	≤33	≤0.30	≤0.15	≤0.20	≤0.30
2	≥66	≤33	≤1.00	≤0.25	≤0.20	≤0.80
3	≥63	≤33.5	≤2.50	≤0.50	≤0.25	≤1.00
4	≥60	≤34	≤3.50	≤0.80	≤0.35	≤1.20

我国部分国产锆砂 α、β 的放射性比卫生部规定稍高些。锆砂产生放射性主要是因为锆砂中混杂独居石，独居石中含有放射性物质 ThO_2。锆砂纯度越低，独居石含量就越高，放射性强度就越大。所以应当加强选矿工作，提高锆砂纯度，或者在使用过程中采取适当防护措施，以消除放射性的影响。

锆砂价格较贵,目前除极个别工厂使用进口锆砂作为合金钢铸件和大型铸钢件厚壁处用型砂(面砂)外,较多工厂使用国产锆砂磨粉制成抗黏砂涂料、涂膏。

2. 铬铁矿砂

铬铁矿砂属于铬尖晶石类,主要矿物组成为铬铁矿 $FeCrO_4$、镁铬铁矿 $(Mg,Fe)Cr_2O_4$ 和铝镁铬铁矿 $(Fe,Mg)(Cr,Al)_2O_4$,主要是 Cr_2O_3,其次是 MgO、FeO、Al_2O_3 和少量 SiO_2 以及其他杂质,一般可用 $(Mg,Fe)O\cdot(Cr,Al,Fe)_2O_3$ 来表示。铬铁矿砂的密度为 $4.0\sim4.8g/cm^3$,莫氏硬度为 $5.5\sim6$,耐火度高于 $1900℃$,但含有杂质时会降低其耐火度,其中最有害的杂质是碳酸盐($CaCO_3$、$MgCO_3$),它与高温金属液接触时会分解出 CO_2,而使铸件产生气孔。因此在铸造时,常将铬镁矿在 $900\sim950℃$ 焙烧,使其中的碳酸盐分解,然后再加工破碎成一定的粒度。

铬铁矿砂化学性质比较稳定,有很好的抗碱性渣作用,不与氧化铁等起化学反应,比镁砂更为优越。在 $1700℃$ 以下无相变,体积基本上稳定。热导率比硅砂大数倍,有良好的激冷作用。在金属液浇注过程中,其本身发生固相烧结,因此有助于防止金属液的渗透,其抵抗钢液渗透的能力高于锆砂、镁橄榄石砂或细硅砂,具有不润湿性。但是铬铁矿砂也有一些不利之处,与锆砂相比,热膨胀率几乎是锆砂的 2 倍,粒形也不如锆砂圆整;略偏碱性,其耗酸值大于锆砂,用于酸硬化树脂砂时要多加硬化剂。

我国铬铁矿产量不多,主要依靠从国外进口。在铸造生产中,铬铁矿砂主要用来配制成面砂,用于厚大铸钢件和各种合金钢铸件(特别是它们的局部热节处),或用来制成涂料。

3. 镁砂

镁砂的主要成分是 MgO,它是菱镁矿 $(MgCO_3)$ 在 $1500\sim1650℃$ 高温下锻烧使 MgO 重新结晶、烧结再经破碎分选而获得的。菱镁矿在 $800\sim950℃$ 低温锻烧所得到的氧化镁的化学活性很大,不能用于铸造生产。纯氧化镁的熔点为 $2800℃$,由于镁砂中含有 SiO_2、CaO、Fe_2O_3 等杂质,故其熔点一般低于 $2000℃$,约为 $1840℃$。镁砂的蓄热系数约为硅砂的 1.5 倍;热膨胀率比石英砂小,没有因相变而引起的体积突然变化。

镁砂属碱性耐火材料,不与氧化铁或氧化锰发生化学作用,因而常用作高锰钢型砂或涂料。高锰钢大型铸件在应用普通硅砂时,由于砂中的 SiO_2 可能与铸件中的 MnO 发生化学作用,生成一系列的低熔点化合物,如熔点为 $1270℃$ 的 $MnO\cdot SiO_2$,熔点为 $1320℃$ 的 $2MnO\cdot SiO_2$ 和熔点为 $1200℃$ 的 $3MnO\cdot SiO_2$,从而使铸件表面发生严重黏砂。

镁砂外观呈深褐色,密度为 $2.9\sim3.1g/cm^3$,莫氏硬度为 $4\sim4.5$。

我国辽宁省大石桥市有丰富的高品位菱镁矿,号称"镁都",闻名中外。所供应的镁砂成分见表 2-3。

表 2-3 镁砂的成分

等级	MgO(%)	CaO(%)	SiO₂(%)	耐火度/℃	烧减率(%)
1	≥90	≤4	≤4	>1900	≤0.6
2	≥85	≤6	≤5	>1900	≤0.6

4. 橄榄石砂

橄榄石 $[(Mg,Fe)_2SiO_4]$ 砂是由含镁橄榄石 (Mg_2SiO_4) 的橄榄石制成。通常与铁橄榄石（Fe_2SiO_4）形成固溶体（图2-2），纯镁橄榄石的熔点为1870℃，而铁橄榄石的熔点仅1205℃，在铸造用橄榄石砂中常含有5%～10%（质量分数）的铁橄榄石，使该砂的熔点大约为1600～1760℃。橄榄石砂的烧结点约为1200℃，比硅砂低，但它不会被金属液润湿，具有化学惰性，因此认为其耐火性还是好的。当与钢液接触时，其砂粒表面熔化烧结，形成致密层，可防止铸件黏砂及毛刺脉纹。

橄榄石砂外观呈灰绿色或淡绿色，密度为3.2～3.6g/cm³，堆积密度为1.6～1.7g/cm³，莫氏硬度为6.5～7.5。

橄榄石的岩层中通常存在其他杂质矿物，诸如蛇纹石（含水硅酸镁）、绿泥石、蛭石、云母、滑石等。如果不去除这些杂质，铸件易产生针孔、麻点缺陷。

加热时镁橄榄石砂从50℃直到熔化温度均无晶形转变，热膨胀值比石英砂低，而且膨胀缓慢均匀（见图2-1）。因此在高温浇注时不易产生夹砂结疤等铸造缺陷。

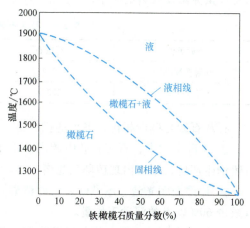

图2-2 镁橄榄石状态图

用镁橄榄石砂代替石英砂生产高锰钢铸件，可以防止黏砂缺陷产生，也可避免工人接触对身体有害的硅粉尘。

我国陕西商南、湖北宜昌均出产镁橄榄石砂。我国机械行业标准JB/T 6895—1993《铸造用镁橄榄石》规定，铸造用镁橄榄石按物理化学性能分为3级（表2-4），按粒度分为5级（表2-5）。

表2-4 铸造用镁橄榄石砂按物理化学性能分级

等级	MgO(%)	SiO_2(%)	Fe_2O_3(%)	LOI(%)	含水量(%)	含泥量(%)	耐火度/℃
1	≥47	≤40	≤10	≤1.5	≤0.5	≤0.5	≥1690
2	≥44	≤42	≤10	≤3	≤0.5	≤0.5	≥1690
3	≥42	≤44	≤10	≤3	≤1.0	≤0.5	≥1600

表2-5 铸造用镁橄榄石砂按其粒度分级

分组代号 \ 筛孔尺寸/mm	0.850	0.600	0.425	0.300	0.212	0.150	0.108	0.075	0.053
42	≤15		≥75			≤10			
30		≤15		≥75			≤10		
21			≤15		≥75			≤10	
15				≤15		≥75			≤10
10					≤15		≥75		≤10

5. 石灰石砂

石灰石砂是将天然石灰石经过机械破碎、筛选后配制而成的。其主要化学成分是$CaCO_3$，为白色或灰白色的多角形颗粒。

石灰石砂按原料的矿物组成划分,可分为石灰石型、白云石型[又称镁质石灰石,化学式为 $CaMg(CO_3)_2$]和大理石型(它与石灰石或大理石在化学成分上无法区分,仅结晶状态不同),其热解温度和分解后所产生的发气量见表2-6。白云石在800℃左右会出现第一次热解,分解成 MgO、CO_2 和 $CaCO_3$。温度继续升高,$CaCO_3$ 的热解接着发生。其第一次热解的发气量为总发气量的一半。

表2-6 石灰石砂的热解温度和发气量

原砂类型	石灰石	大理石	白云石
热解温度/℃	914	921	795~921
总发气量/(mL/g)	222.4	222.4	120.7~241.5

石灰石砂与硅砂相比,突出的优点是:

① **无硅尘危害**,石灰石砂中游离 SiO_2 的质量分数为2%左右。各工厂改用石灰石砂进行铸钢生产后,不再出现矽肺病患者。

② **铸件表面光洁、不黏砂,同时清砂容易**,能大大减轻清砂工人的劳动强度,一般可以减少60%以上的清砂工作量。

③ **钢液充型能力强**。浇注试验表明,钢液在石灰石砂型试样中的流动长度要比在硅砂试样中长2~3倍。采用石灰石砂浇注的铸钢件棱角清晰。因此可以通过降低浇注温度,提高铸件内在质量,浇注薄壁或结构复杂铸件时效果更为显著。

④ **铸件组织致密**。碳酸钙的分解为吸热反应,使铸件表层在凝固阶段的冷却速度远比使用石英砂型要快,这可使铸件得到较为致密的表面金属层。

⑤ **资源丰富**。

但是石灰石砂也存在一些明显的弱点,如:硬度低,莫氏硬度只有3左右,在混砂和造型(芯)过程中易粉碎,易使型(芯)砂性能恶化;在浇注时石灰石易分解($CaCO_3 \Longrightarrow CaO+CO_2$),并与钢液作用,易引起型壁位移,使铸件产生缩沉;也使铸件易出现气孔、蚓裂等缺陷,对混砂、造型(芯)工人的技术要求也高等,从而限制了其使用范围。

1970年,常州戚墅堰机车车辆厂首先在铸钢生产中试用石灰石砂,后来在全国较多铸钢件生产工厂中推广采用。石灰石砂主要用来配制水玻璃砂,也可用于湿型砂和干型砂。随着铸钢生产对铸件质量要求越来越高,加上树脂砂的推广应用,石灰石砂正面临着严重的挑战,许多市场已被树脂砂取代。

铸造用石灰石砂按大小可分为五组(15、21、30、42、60),各组砂子粒度集中率应大于85%。关于化学成分,则分为四级:1级、2级的 w_{CaO} 分别≥52%和50%,w_{SiO_2}<2%,w_{MgO}<2%。

6. 刚玉砂

刚玉砂的主要矿物成分为六方晶系的 $\alpha\text{-}Al_2O_3$。多用工业氧化铝($\gamma\text{-}Al_2O_3$)经电弧炉2000~2400℃熔融再结晶而成,故又称电熔刚玉。通常含 Al_2O_3 为99%(质量分数),为白色结晶。耐火度2050℃,热胀系数很小,体积稳定。对酸和碱性材料都具有很高的化学抵抗性。由于价格昂贵,只用于配制质量要求极高的铸件用的砂型涂料或熔模铸造型壳面层涂料。

以铝矾土为原料,经电弧炉熔制成的棕色刚玉中含 Al_2O_3 只有90%~95%(质量分数),

适合一般使用,而且价格低廉。

7. 熟料砂

在高温(1200~1500℃)下焙烧过的硬质黏土(如铝矾土或高岭土)或废耐火黏土砖破碎并分选制作的砂叫做熟料砂。熟料的主要矿物成分为莫来石($3Al_2O_3 \cdot 2SiO_2$),焙烧后的熟料为多孔性材料。

熟料的耐火度随 Al_2O_3 含量和焙烧温度的增高而提高。当 Al_2O_3 含量达71.8%(质量分数)时,其耐火度>1800℃。Fe_2O_3、CaO 等杂质会显著地影响其耐火度。铝矾土熟料根据其 Al_2O_3 和有害杂质含量分为三级,见表2-7。

表2-7 高铝矾土熟料规格

分组代号	化学成分(质量分数,%)					灼减率 (%)	耐火度
	Al_2O_3	Fe_2O_3	TiO_2	CaO+MgO	K_2O+Na_2O		
85	≥85	≤1.0	≤4.0	≤0.8	≤0.5	≤0.5	>1770℃
80	≥80	≤1.5	≤5.0	≤0.8	≤0.7	≤0.5	
70	≥70	≤2.0	≤5.0	≤1.0	≤0.7	≤0.5	

耐火熟料的优点是热胀系数小,耐火度较高,与铁及氧化物的浸润性都比石英低,而且价格比锆砂、铬矿砂、镁橄榄石砂、镁砂等材料都低。山东、河南、贵州等地均有丰富矿藏。

8. 碳素砂

主要是指焦炭碴(冲天炉打炉后未烧掉的焦炭)、废石墨电极、废石墨坩埚破碎筛选出的颗粒以及石墨等材料。它们的特性是呈中性,化学活性很低,不为铁液所浸润,耐火度高,热导性好,热容量高,热胀系数低(约为石英砂的1/3)。以上特点有利于防止铸铁件产生夹砂结疤和黏砂等铸件缺陷。

由于碳质材料的热导率和热容量比一般砂型要高得多,因此有很大激冷作用,可提高铸件组织的致密性和铸铁的硬度。有些机床铸造厂采用焦炭粒代替石英砂配制面砂,或者使用石墨砖于导轨部分的砂型,浇铸出的铸件具有良好的耐磨性能。

2.2.3 铸造用砂的基本要求

1. 铸造用砂的热物理性能要求

铸造用砂的热物理性能一般包括比热、导热性、蓄热特性和热膨胀性等。其中蓄热特性和热膨胀性是影响铸件质量的主要性能。蓄热特性常以蓄热系数 b 表示,即 $b=\sqrt{c\rho\lambda}$。

铸造用砂的蓄热特性对铸件凝固有着重要的影响,蓄热系数越大,吸收的热量越多,铸件的冷却速度越快,铸件的结晶组织越细。表2-8为不同耐火材料制成的型壳中铸件的凝固时间及其蓄热系数。

表2-8 不同耐火材料的蓄热系数和制成铸件在型壳中的凝固时间

耐火材料	型壳初始温度 /℃	蓄热系数 /($J/m^2 \cdot ℃ \cdot s^{1/2}$)	凝固时间 /s
锆砂	20	1115.2	54
石英砂	20	836.4	100
石英玻璃	20	627.3	200

铸造用砂的热膨胀性是影响铸件尺寸精度、引起铸件产生夹砂等缺陷的重要因素。铸造用砂的热膨胀性主要取决于其化学及矿物组成和所处的温度。不同的铸造用砂的线膨胀率也不相同,而且,随着温度的变化,每一种铸造用砂的线膨胀率的变化也是不同的。图 2-1 所示为常用耐火材料的线膨胀率随温度变化的规律。表 2-9 为常用耐火材料的热物理性能。

表 2-9 常用耐火材料的热物理性能

耐火材料	熔点/℃	化学性质	密度/(kg/m³)	线膨胀系数/(×10⁻⁶/℃)	热导率/(W/(m·℃))
石英(SiO_2)	1713	酸性	2700	16.0	0.38(400℃)
石英玻璃(SiO_2)	1713	酸性	2200	0.5	0.38(400℃)
电熔刚玉(Al_2O_3)	2050	两性	3800	8.6	0.30(400℃)
莫来石($3Al_2O_3 \cdot 2SiO_2$)	1810	两性	3160	4.5	0.29(400℃)
硅线石($Al_2O_3 \cdot SiO_2$)	1545	弱酸性	3250	3.2~6.0	—
锆砂($ZrO_2 \cdot SiO_2$)	2420	弱酸性	4600~4700	5.5	0.50(1200℃)
氧化镁(MgO)	2800	碱性	3570	13.5	0.70(1200℃)
氧化锆(ZrO_2)	2690		5730	5.1	—

2. 铸造用砂的耐火度及最低共熔点

耐火度和熔点这两个概念都与耐火材料由固态转变为液态有关,表征耐火材料抵抗高温的能力,但两者的概念和意义并不相同。熔点指的是纯物质的结晶相与其液相处于平衡状态下的温度。耐火材料一般具有多相的特征,还存在着少量杂质,故没有固定不变的熔点,熔融是在一定温度范围内进行的,在这个温度范围内液相和固相同时存在。耐火材料开始出现液相的温度(即最低共熔点)一般比较低,这是由于耐火材料作为一种多相系,在其中形成了低熔点化合物所致。例如,纯石英(SiO_2)的熔点为 1713℃,而其与氧化铁形成的低熔点化合物 $2FeO \cdot SiO_2$ 的熔点仅为 1205℃。

3. 铸造用砂的热稳定性与热化学稳定性

热稳定性又称抗热冲击性,是指耐火材料抵抗温度急剧变化而不开裂的性能。在浇注过程中,与液态金属接触的那一部分耐火材料,受到急剧热冲击,温度迅速上升,体积膨胀,有些材料还会发生相变;而远离液态金属的那一部分耐火材料,温度较低,膨胀量少,从而会导致铸型变形或产生裂纹。使用中要求铸造用砂能抵抗温度的急剧变化而不开裂,即有较好的热稳定性。

在高温液态金属的热作用下,铸造用砂应具有良好的热化学稳定性,不与液态金属及氧化物发生反应,不与黏结剂的氧化物形成低熔点的共熔物。否则,将使铸件产生黏砂、麻点等缺陷。例如,采用石英砂和石英粉、水玻璃涂料制成的型壳,在耐火材料中的氧化铁及碱性氧化物 CaO、K_2O、Na_2O 等有害杂质的含量不超过允许范围时,浇注中小型碳钢件一般不会产生严重的黏砂。但如果用上述耐火材料来浇注高锰钢铸件时,将会产生严重的化学黏砂。这是由于原砂中的 SiO_2 会与锰的氧化物 MnO 形成低熔点化合物,如 $MnO \cdot SiO_2$ 的熔点仅为 1270℃,$2MnO \cdot SiO_2$ 的熔点为 1320℃。此外,采用石英砂铸型浇注镍、铬合金钢铸件如 ZG1Cr13,经常产生麻点,而采用锆砂或刚玉砂就可以克服这种缺陷。

4. 铸造用砂的含泥量

原砂中颗粒直径小于 0.02mm 部分所占的质量分数称为原砂的含泥量。砂和黏土都是由岩石风化成的，在自然界中，两者常混杂在一起，采用化学分析法很难将两者区分开，一般是根据两者的基本特征—颗粒大小加以区分。在铸造中，把颗粒直径大于 0.02mm 的叫做砂，小于 0.02mm 的称为泥。当两者混杂在一起时，则根据两者的相对含量来区分，如果其中颗粒小于 0.02mm 的质量分数小于 50% 称为砂，大于 50% 则称为泥。

原砂的含泥量对型砂的强度、透气性和耐火度等性能都有很大的影响。原砂中所含的泥往往有相当一部分不是黏土矿物，其黏结性能比普通黏土差得多，使型砂性能降低。原砂的含泥量对使用有机黏结剂的芯砂和熔模铸造型壳性能的影响更为显著，含泥量越多，砂芯和型壳的强度及耐火度就越低。因此，对油砂、树脂砂以及熔模铸造型壳用的原砂，其含泥量最好控制在 0.3% 以下。目前，树脂砂一般采用水洗石英砂，熔模铸造中采用人造石英砂、电熔刚玉、锻烧高铝矾土等纯净耐火材料。

2.2.4 铸造用砂的颗粒组成

铸造用砂的颗粒组成包括颗粒的尺寸大小和不同尺寸大小颗粒之间的分布情况。原砂的颗粒组成对型砂的强度、透气性以及铸型的尺寸精度与表面质量都有很大的影响，是判断铸造用砂质量的重要性能指标之一。

铸造用砂的颗粒组成采用筛分法测定。GB/T 9442—2010 规定的筛孔尺寸与美国 ASTM 标准相同（见表 2-10）。

表 2-10 GB/T 9442—2010 规定的铸造用标准筛号与筛孔尺寸

序号	1	2	3	4	5	6	7	8	9	10	11	12
筛号	6	12	20	30	40	50	70	100	140	200	270	底盘
筛孔尺寸/mm	3.350	1.700	0.850	0.600	0.425	0.300	0.212	0.150	0.106	0.075	0.053	—

2.2.5 铸造用砂的颗粒形状

1. 粒形

砂粒可分为单粒砂和复合砂粒两种。复合砂粒是由许多小砂粒被氧化铁、二氧化硅或碳酸钙胶合成的，在高温作用下容易分裂为小砂粒，复用性差，所需的黏结剂用量较大，一般不适合作为铸造用砂。

单粒砂的颗粒形状可分为：

1) 圆形。颗粒呈圆形或接近圆形，没有突出的棱角，如图 2-3a 所示。
2) 多角形。颗粒呈多角形，且多为钝角，如图 2-3b 所示。
3) 尖角形。颗粒呈尖角形，且多为锐角，如图 2-3c 所示。

铸造用砂的颗粒形状与其矿物组成和形成过程有关。SiO_2 含量高的天然石英砂大多呈准圆形；河砂、湖砂及海砂由于在水力搬运的过程中相互摩擦，一般也呈圆形或准圆形；山砂和用石英岩破碎的人造石英砂大多呈尖角形或多角形。

2. 砂粒的比表面积及角形系数

每克砂粒的总表面积称为原砂的比表面积。它与原砂的颗粒组成、粒形及粒貌有关。颗

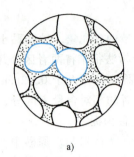 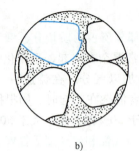 

图 2-3 原砂的颗粒形状
a) 圆形砂　b) 多角形砂　c) 尖角形砂

粒小的原砂的比表面积大；颗粒组成相同时，圆形的、表面光洁的原砂比表面积小。

角形系数（又称粒形系数）是原砂的实际比表面积与理论比表面积的比值，是反映原砂颗粒形状的一项指标。角形系数 E 为

$$E = \frac{S_S}{S_L} \tag{2-1}$$

式中，E 为角形系数；S_S 为原砂的实际比表面积（cm^2/g）；S_L 为原砂的理论比表面积，即相应理想球体的比表面积（cm^2/g）。

在等体积的各种几何体中，球形的比表面积最小，因此，采用粒形系数 E 来表示砂粒形状偏离圆球形的程度。若原砂为标准圆球形时，则 $E=1$，但实际上砂粒的形状总是不规则的，其比表面积总是大于理论比表面积，即 $E>1$。根据测定，一般圆形砂 $E=1.05\sim1.3$，多角形砂 $E=1.3\sim1.6$，尖角形砂 $E>1.6$。角形系数可采用吸附法或通气法比表面积测定仪测定。

2.2.6 铸造用砂的分类、表示方法

GB/T 9442—2010 根据铸造用砂的矿物组成、含泥量、颗粒组成和颗粒形状（角形系数）等指标，对石英砂进行了分类，并规定了表示方法。见表 2-11～表 2-13。

表 2-11　铸造用砂分级

分级代号	最小 SiO_2 含量(质量分数,%)	分级代号	最小 SiO_2 含量(质量分数,%)
98	98	85	85
96	96	80	80
93	93	75	75
90	90		

表 2-12　铸造用砂分类

分类代号	角形系数	形状	代号
15	≤1.15	圆形	○
30	≤1.30	椭圆形	○—□
45	≤1.45	钝角形	□
63	≤1.63	方角形	□—△
90	>1.63	尖角形	△

表 2-13　铸造用硅砂按含泥量分级

分级代号	最大含泥量(质量分数,%)	分级代号	最大含泥量(质量分数,%)
0.2	0.2	1.0	1.0
0.3	0.3	2.0	2.0
0.5	0.5		

铸造用硅砂的牌号表示如下：

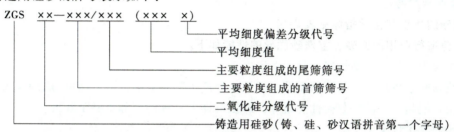

例如：ZGS 93-50/100（54A），表示该牌号硅砂中二氧化硅的质量分数最低为93%，主要粒度组成为三筛，首筛筛号为50，尾筛筛号为100，粒度的平均细度值为54，平均细度偏差为±2。

2.2.7　宝珠砂的应用*

原砂是配制型砂、芯砂所用的砂子，是型砂、芯砂的基本组成部分。原砂的化学成分和物理性能对型砂的工艺性能和所生产铸件的质量都有重要的影响。因此，选用合适的原砂，一直是铸造工作者非常关心的问题。

目前，铸造所用的原砂中，天然硅砂占有绝对优势。最为可取之处是储量丰富、价廉易得，这是其他原砂无法与之相比的。除此之外，还具有足够高的耐火度，能耐受绝大多数铸造合金浇注温度的作用；颗粒坚硬，能耐受造型时的舂压和旧砂再生时的冲击和摩擦；在接近熔点时仍能保持其形状的强度等，能适应铸造基本工况条件的一些特性，但其缺点也相当明显，主要有：

1) 热稳定性差，在573℃发生相变，伴有体积膨胀，是铸件产生膨胀缺陷的根源。

2) 高温条件下化学稳定性差，容易与 FeO 作用生成易熔的铁橄榄石，而导致铸件表面黏砂。

3) 破碎时产生的粉尘会使铸造工作人员容易患硅肺病。

4) 废弃物多，随着环保要求的日益提高，垃圾处理费用越来越大。

在对铸件质量的要求日益提高，对环保和清洁生产的规定日益严格的今天，"硅砂并非理想的原砂"已成为共识，寻求硅砂的代用材料已成为重要的研究课题。

铸造行业获得较广泛应用的非硅质砂主要有镁橄榄石砂、锆英砂和铬铁矿砂。锆英砂具有多种适于作铸造原砂的特性，是比较理想的造型材料，但是，锆英砂的储量不多，价格高，只在熔模精密铸造中使用较广。橄榄石砂和铬铁矿储量较多，价格也比锆英砂便宜，但两者都是由破碎矿石制得的，粒形不好，而且价格也比硅砂贵得多，目前都只用于某些铸钢件。

寻求硅砂代用品的另一途径是开发人工制造的颗粒材料。在这方面的研究，迄今已有

40 余年，近 10 多年来逐渐进入实际应用阶段，并受到铸造行业的重视。目前，人工制造的铸造原砂主要有碳粒砂、顽辉石砂、宝珠砂三类，宝珠砂是其中最为成熟的一种。

宝珠砂早先由美国的 Carb Ceramics 公司于 20 世纪 80 年代研制问世，商品名称为"Ceramacore"，是人工烧制的陶瓷球形颗粒，最初用于石油和天然气工业中作石油支撑剂。20 世纪 90 年代初，美国和日本先后将其应用于铸造行业，作为锆英砂的代替品。

宝珠砂的粒形为球形，其颗粒直径为 0.053~3.36mm。

1. 宝珠砂的特性

宝珠砂的物理和化学指标见表 2-14。

作为铸造行业用的原砂，宝珠砂优异的性能如下：

1) 颗粒为球形，流动性好，易于舂实。
2) 热膨胀系数小，用其配制型砂，铸件不会产生膨胀缺陷，这方面可与锆英砂媲美。
3) 用它配制的型砂的脱模性能很好，即使模样上有深的凹部也易于脱出。
4) 无矽粉尘危害。
5) 不易被金属液润湿，也不与金属氧化物作用，可消除黏砂缺陷。
6) 呈中性，各种酸、碱黏结剂均可使用。
7) 耐火度高，透气性好，易溃散，其莫来石相大大高于烧结产品，具有良好的耐火性能。
8) 回用再生性能好，性价比高。与铬铁矿砂、锆英砂相比，价格大大降低。同时，因粒形为球形，黏结剂的加入量明显减少；从而降低了生产成本并减少气体的散发量。黏结剂所产生的铸造缺陷也大大减少，从而提高了铸件的成品率。
9) 表面光滑，结构致密，使得黏结剂能均匀覆盖。
10) 热导率大，稳定性好，不龟裂。
11) 应用范围广，可应用于水玻璃砂、树脂砂、精密铸造及铜、铝件的喷砂清理。

表 2-14 宝珠砂的物理和化学性质

粒形	耐火度/℃	堆密度/(g/cm³)	真密度/(g/cm³)	1200℃热导率/[W/(m·K)]	膨胀系数(20~1000℃)	粒度	Al_2O_3（质量分数，%）	pH 值
球形	1900~2050	1.95~2.05	2.9	5.27	$6×10^{-6}$	6~320	75~85	7~8

2. 宝珠砂的应用

在美国，原先莫来陶粒主要用于消失模铸造工艺，例如，Citation 消失模铸造公司用陶粒作消失模填砂，效果很好。据报道，该厂认为采用陶粒后，造型所耗的能量大幅度减少，铸件尺寸精度得到明显改善，陶粒的耐用性极佳。

Ashland 公司很快认识到宝珠砂的各种优点，1997 年与 Carbo Ceramics 公司签署了排他性的销售协议。

近几年，日本开始将陶粒用于配制膨润土黏结的湿型砂，制造球墨铸件，并已得到满意的效果。

在我国，宝珠砂的应用虽然起步较晚，但发展迅速。

宝珠砂具有良好的适用性。目前铸造行业中所用的各种黏结剂，都可用于宝珠砂；用宝珠砂配制的型砂、芯砂，适用于任何造型工艺和制芯工艺；可用于制造铸铁件和各种有色合金铸件，无须涂刷涂料即可制造铸钢件。

由于宝珠砂的价格相对于石英砂而言，显得较贵，因而一些厂家将其与硅砂配合使用。在同样射砂条件下，砂芯的紧实度提高，从而使芯子的尺寸精度提高。而且，砂芯还可不刷涂料。

用混配砂制造球墨铸铁件时，因宝珠砂的热导率高，而且铸型的紧实度高，可减少甚至消除缩松缺陷。

美国一家铸造厂曾在生产条件下考核宝珠砂的耐用性。用碳粒配制黏土湿型砂，用振压造型机双面模板造型，型砂每天周转2~3次，每次混砂时只补加膨润土和水，不加砂。经8个月的验证，砂量未见减少，系统砂中宝珠砂的粒度组成也基本上没发生变化。

特别值得一提的是，宝珠砂表面非常光滑，旧砂再生时，只要轻微摩擦就可将砂粒表面的黏结膜脱除。对于用各种有机黏结剂的型砂、芯砂，再生工序耗能少，砂再生率高，会带来多方面的效益。

2.3 铸造用黏土

黏土是湿型砂的主要黏结剂。黏土被水湿润后具有黏结性和可塑性；烘干后硬结，具有干强度，而硬结的黏土加水后又能恢复黏结性和可塑性，因而具有较好的复用性。但如果烘烤温度过高，黏土被烧死或烧枯，就不能再加水恢复塑性。黏土资源丰富，价格低廉，应用广泛。

2.3.1 黏土的矿物成分

黏土主要是由细小结晶质的黏土矿物所组成的土状材料。黏土矿物的种类很多，按晶体结构可分为高岭石组［包括高岭石、珍珠陶土、地开石、埃洛石等］、蒙脱石组（包括蒙脱石、贝得石、绿脱石、皂石等）、伊利石组（包括伊利石、海绿石等）。各种黏土矿物主要是含水的铝硅酸盐，化学式可简写成：$mAl_2O_3 \cdot nSiO_2 \cdot xH_2O$。黏土是由各种含有铝硅酸盐矿物的岩石经过长期的风化、热液蚀变或沉积变质作用等生成的。

黏土在沉积过程中，常混杂有一些非黏土矿物，如石英、长石、云母等，以及少量有机物。只有其中的黏土矿物才是产生黏结能力的基本材料。非黏土矿物和有机杂质一般都不起黏结作用。

黏土与水混合后，其中所含的黏土矿物容易分散为细粒。直径大多数为 $1\sim2\mu m$。其他矿物的颗粒大部分大于 $2\mu m$。铸造上把直径小于 $20\mu m$ 的细粒称为"泥分"，泥分中不一定含有黏土矿物。

通常根据所含黏土矿物种类的不同将黏土分为普通黏土和膨润土两类。膨润土主要是由蒙脱石组矿物组成的，主要用于湿型铸造的型砂黏结剂，我国淳化、宣化、信阳、潍坊、凌源、黑山、怀德、长春等地都有较丰富的膨润土矿藏。

普通黏土主要含有高岭石或伊利石组矿物。我国沈阳、无锡、唐山、河南巩义市等地所出产的白泥、甘子土等都是以高岭石为主要矿物组成的普通黏土，常用作干型砂和修炉、修包材料的黏结剂。山东昌邑和武汉等地黏土的主要矿物成分是伊利石，用途与高岭石类黏土相同。

2.3.2 黏土的矿物结构

各种黏土之所以具有不同的性能，其基本原因是黏土矿物的结晶结构不同。

通过 X 射线衍射法研究，可以得知按照黏土矿物的晶层排列，有两层型、三层型等不同形式。黏土矿物的晶格中都包含两种基本结构单位：①硅氧四面体晶片：硅氧四面体是由一个硅 Si^{4+} 等距离地配上 4 个比它大得多的氧 O^{2-}（或氢氧离子）构成的，硅居于四面体的中心。每个硅氧四面体中的三个氧位于同一平面，称为底氧。另一个氧带负电荷称为顶氧，为活性氧。在层状结构中，每个四面体的三个底氧分别和相邻的三个硅氧四面体共用组成四面体群，在二维平面上排列成六角形的网格，连成无限延伸的整片（图 2-4）；②铝氧八面体晶片：由一个铝（或铁、镁）离子居于中心，6 个氧或氢氧等距离排列成八面体。八面体之间共棱相连形成八面体片，如图 2-5 所示。

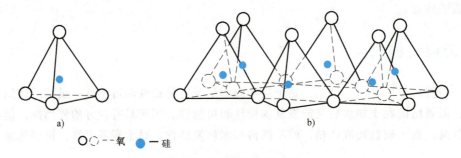

图 2-4 硅氧四面体示意图

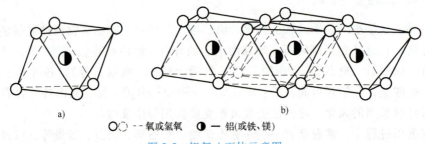

图 2-5 铝氧八面体示意图

1. 高岭石组黏土矿物

以高岭石为代表加以说明：

化学成分接近理想成分，其化学式为 $Al_2O_3 \cdot 2SiO_2 \cdot 2H_2O$，其中理想化学成分（质量分数）为 SiO_2 46.54%，Al_2O_3 39.5%，H_2O 13.96%。

（1）晶体结构　高岭石是 A+B 两层型结构的黏土矿物，它的每一个单位晶层是由一层硅氧四面体层和一层铝氧八面体层结合而成的。四面体层的顶端指向八面体，并和八面体共同占有一个氧。这种单位晶层在垂直方向（c 向）层层叠起，在水平方向（a 向、b 向）无限展开而构成高岭石的晶体（图 2-6）。在 c 轴上单位晶层的厚度是 0.72nm。

（2）结构特点

① c 轴方向相邻单位层为氧层与氢氧层相重叠，他们之间将形成氢键，故相邻结构单位层的结合比较牢固，因此高岭石形成比较粗大的晶体。

② 由于结合牢固，高岭石的结晶在水中不容易分散，颗粒较粗，水分子不易进入单位晶层之间，所以吸水膨润现象不明显、吸水率均较小。

③ 结构单位层所带电荷，按正负电荷计算各为 28，恰好平衡。

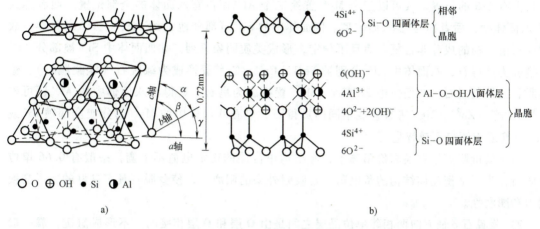

图 2-6 高岭石晶层结构示意图
a）结构图　b）展开图

2. 蒙脱石组黏土矿物

以蒙脱石为例说明：

化学式为 $Al_2O_3 \cdot 4SiO_2 \cdot H_2O \cdot nH_2O$（式中 nH_2O 是晶层水），其中，H_2O 为结构水。如果不计晶层水，理论上的化学成分（质量分数）为 SiO_2 66.7%，Al_2O_3 28.3%，H_2O 5%。

（1）晶体结构　蒙脱石是典型的 A+B+A 三层结构的黏土矿物。其单位晶层是由上下两层硅氧四面体，中间夹着一层铝氧八面体（图 2-7）。四面体的尖端指向单位晶层内部，四面体与八面体共同占有一个氧。晶层在水平方向（a 轴，b 轴）延伸，并在垂直方向（c 轴）层层叠置，构成晶体。

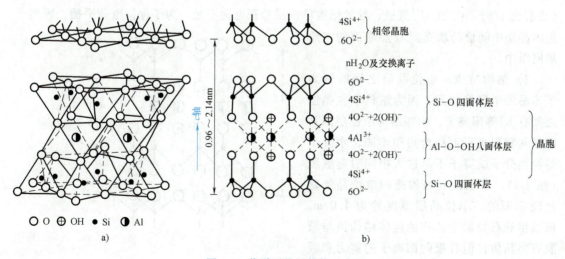

图 2-7 蒙脱石晶层结构示意图
a）结构图　b）展开图

（2）结构特点

1）蒙脱石黏土矿物八面体层中的 Al^{3+} 可部分或全部被 Fe^{3+}、Mg^{2+}、Zn^{2+}、Cr^{3+}、Li^+ 等置换，八面体层中 Al^{3+} 只占有可能占有位置的 2/3，故离子置换时可以一个对一个置换，而仍只占有 2/3 的位置，或可以三个 Mg^{2+} 置换二个 Al^{3+} 而占有八面体的全部位置。前者称为二-八面体型，后者称为三-八面体型。四面体中的 Si^{4+} 可部分地（约15%）被 Al^{3+} 置换。故蒙脱石组矿物的成分非常复杂而且不稳定，形成类质同象系列。如四面体中 Si^{4+} 被部分 Al^{3+} 置换成为贝得石，八面体中 Al^{3+} 分别被 Fe^{3+}、Cr^{3+}、Zn^{2+} 置换成为绿脱石（铁蒙脱石）、铬蒙脱石或锌蒙脱石。八面体中 $2Al^{3+}$ 被 $3Mg^{2+}$ 置换成为皂石。贝得石八面体中的 Al^{3+} 还可被 Fe^{3+}、Cr^{3+}、Zn^{2+}、Mg^{2+} 等置换成不同的贝得石，皂石八面体中的 Mg^{2+} 部分或全部被 Li^+ 或 Zn^{2+} 置换成为锂皂石或锌皂石。

由于低价阳离子置换高价阳离子，使结构单位层的正负电荷不平衡，一般有 0.66 单位负电荷，为了平衡晶体结构的负电荷，常吸附外来的阳离子，使蒙脱石具有良好的离子交换能力和膨润性。

2）蒙脱石 c 轴方向两相邻单位晶层之间是由 O 层和 O 层相接的，不形成氢键，靠一般分子间力相结合。因此蒙脱石的单位晶层之间结合力微弱，水分子和水溶液中的离子或其他极性分子容易进入单位晶层之间，使晶格沿 c 轴方向膨胀。所以，蒙脱石的单位晶层厚度可以变化，无层间水时单位晶层厚度为 0.96nm，而有层间水时可以增至 2.14nm。所以蒙脱石矿物在吸水后体积能显著膨胀。蒙脱石组黏土矿物结构单位之间结合不牢固，容易分离，在某些情况下，例如钠蒙脱石在多水的条件下，其晶体甚至能分离成单位晶层，所以这类黏土矿物的晶粒特别细小。

3. 伊利石组黏土矿物

1）晶体结构。伊利石也是 A+B+A 型三层结构的黏土矿物，其晶体结构大致与蒙脱石类似，也是由二层硅氧四面体，中间夹一层铝氧八面体所组成。不同的是伊利石的单位晶层之间有钾离子存在，恰巧填入 O 层表面的网眼中。这是由于伊利石 Si-O 四面体层中有 1/4（也有说1/6）Si^{4+} 被 Al^{3+} 置换，导致结构单位层的正电荷不足。为了保持电荷平衡，钾离子进入晶层中间恰巧填充到 O 层表面的六角形网眼中。

2）结构特点。单位晶层之间的钾离子不易发生置换作用，因为结构单位晶层之间有 K^+ 等阳离子，相邻结构单位层因共同吸附着阳离子而结合得很牢固，水分子等极性分子或离子不易进入中间引起膨胀（图 2-8），所以伊利石构造的单位晶层是比较牢固的，单位晶层厚度约为 1.0nm。所以伊利石类黏土矿物的晶体结构虽与蒙脱石类相仿，但其吸附阳离子的能力和吸水膨胀的能力都低于蒙脱石而与高岭石相近。

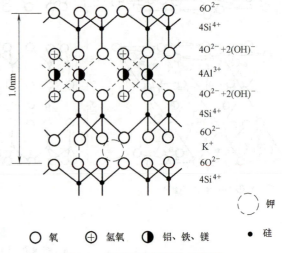

图 2-8 伊利石晶层结构示意图

2.3.3 黏土的黏结机理

1. 黏土的表面电荷和交换性阳离子

在电泳实验中，将两根电极插入黏土浆（溶液）中并接通电源，就会发现黏土粒子在电场作用下向正极移动。这表明黏土颗粒表面带有负电荷。

黏土颗粒表面之所以带有微弱的负电荷，一般认为可能是由下列原因造成的：

（1）晶体内部离子置换　成矿过程中，单位晶层内八面体的 Al^{3+} 部分地被 Mg^{2+}、Fe^{2+} 所置换，硅氧四面体的 Si^{4+} 被 Al^{3+} 所置换，这种低价阳离子置换高价阳离子，使单位晶层电荷不平衡，而呈现较大的负电性。这是蒙脱石和伊利石类矿物粒子带负电的主要原因。高岭石晶体中极少发生晶层内阳离子置换。

（2）破键　黏土片状结晶受到破坏，晶体边缘处的 Al-O、Si-O 离子键断裂造成不饱和键，而使晶体带有负电荷。破键的产生是高岭石类普通黏土颗粒带电的主要原因，蒙脱石类膨润土所带电荷中只有一小部分是由破键造成的。

（3）黏土颗粒表面外露的氢氧基上氢的置换　Si-O 四面体有未饱和的负氧离子，这对于高岭石是重要的，因为在底解理面的一边有整片的氢氧基。

为了使负电荷得到平衡，黏土矿物通常吸附一些阳离子，如 Ca^{2+}、Mg^{2+}、Na^+、K^+ 等。由破键和外露氢氧基而吸附的阳离子有可能被其他阳离子交换出来。蒙脱石的晶体内部离子置换主要发生在八面体层，所引起的电荷要经过较长的距离才能起作用，所以束缚力较弱，所吸附的阳离子有可能被其他阳离子交换出来。而伊利石的内部离子置换主要发生在四面体中，对钾离子的束缚力较强，因此实际上是不可交换的。黏土中能被交换出来的吸附的阳离子被称为可交换阳离子。

黏土中所含可交换阳离子的数量为阳离子交换容量。通常用氯化铵溶液处理黏土。黏土中可以交换的钾、钠、钙、镁等阳离子与交换液中的铵离子（NH^+）进行等当量交换，测定所消耗的铵离子量，即可计算出黏土中阳离子交换容量。采用原子吸收光谱可以测量出溶液中的可交换钾、钠、钙、镁量和盐基总量。在 pH = 7 时，100g 干黏土含有可交换阳离子的量（mol/n，其中 n 为该离子的价数），称作阳离子交换容量（Cation Exchange Capacity，简称 CEC）。

不同种类的黏土阳离子交换容量相差很大，高岭石的阳离子交换容量为 $(3 \sim 15) \times 10^{-3}$ mol/(100g 干土)；伊利石为 $(10 \sim 40) \times 10^{-3}$ mol/(100g 干土)；蒙脱石为 $(80 \sim 150) \times 10^{-3}$ mol/(100g 干土)。膨润土的阳离子交换容量主要取决于其中蒙脱石矿物的含量，通常在 $(60 \sim 100) \times 10^{-3}$ mol/(100g 干土) 范围内。

2. 黏土的胶体特性

胶体是固态、液态、气态物质所组成的高分散体系。

由一种或几种物质以细小微粒分散至另一种物质中所形成的体系称为分散体系。被分散的物质称为分散相；分散其他物质的介质，称为分散介质。分散体系的分散程度用分散相粒子的表面积 S 与其体积 V 的比值来表示，这个值也称为胶粒的比表面积 S_0，即

$$S_0 = \frac{S}{V} \tag{2-2}$$

对正方体，$S_0 = \dfrac{6L^2}{L^3} = \dfrac{6}{L}$；对球形，$S_0 = \dfrac{4\pi r^2}{\dfrac{4}{3}\pi r^3} = \dfrac{6}{d}$。

可见，粒子的比表面积与粒子的边长或直径成反比。

按照分散度的大小，可把分散体系分为下列几类：

1) 真溶液。分散相粒径小于1nm，为低分子-离子分散系。
2) 胶体。分散相粒径为1~100nm。
3) 悬浮体系。分散相粒径为100~10000nm。
4) 粗分散体系。分散相粒径大于10000nm。

黏土具有胶体的一系列特征：①表面带有较多电荷；②黏土溶液具有布朗运动；③黏土溶液显示丁铎尔效应；④颗粒小，具有很大的表面能。

3. 黏土-水体系

黏土加水后，会形成胶体-悬浮体的混合物，这是一种典型的胶体体系。通常称为黏土-水体系。其黏土胶团结构如图2-9所示。

带负电的黏土颗粒吸附极性水分子，使水分子定向排列在黏土胶核周围。随着与黏土颗粒表面距离的增大，水分子的分布也由多到少，直到负电荷电力线所不及处，即胶团扩散层的界面。由胶核表面到均匀液相内所产生的电位称为总电位。而由胶粒表面到均匀液相内的电位称为电动电位。电动电位的存在，使胶粒间产生斥力，从而阻止了黏土胶粒间的接近，使黏土胶体具有稳定性。如果在黏土胶体中加入电解质，使外吸附层中与胶粒相反电荷的离子增加，则扩散层变薄，引起电动电位降低。此时，如果胶粒热运动具有的能量足够克服电动电位所产生的斥力，胶粒便可互相接近、碰撞，聚积成较大的颗粒而沉降。

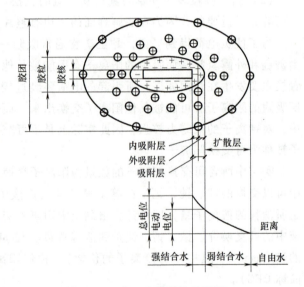

图2-9 黏土胶团结构示意图

被黏土吸附的水分子可以分为内外两层。在靠近黏土质点的内层，水分子提供氢键与黏土晶格表面相结合。氢键的形成改善了这一层水分子中电子的分布，使之又继续与第二层水分子相连接，不断重复，一直延伸到水分子的热运动足以克服上述键力为止。约3~10个水分子层，该层的水，称为强结合水，对应于胶团结构中的吸附层，水分子排列规则，不能移动，物理性质有显著改善，密度为1.3~1.5g/cm³，沸点比一般水高出30~50K。具有极大的黏滞性、弹性和剪切强度，在力学性质上与固体物质相近。吸附层与胶核构成胶粒。吸附层外面水分子被吸附的程度随着离开黏土质点的距离增大而减弱，直到电力线所不及处。这一层水为弱结合水，对应于胶团结构中的扩散层。弱结合水的物理性能介于强结合水与普通水之间。胶核、吸附层与扩散层构成胶团。扩散层之外，水分子已是自由水分子，其性质与普通水基本相近。也有人认为扩散层中的弱结合水是黏土表面上可交换阳离子与水发生水化作用，而与其相连的水分子形成水化膜的水分子。

黏土的结合水量一般与其阳离子交换量成正比。对于同一阳离子黏土来说，蒙脱石的结合水量要比高岭石大。高岭石的结合水量则取决于其粒度大小，粒子越细，破键越多，结合水量也越多。但蒙脱石的结合水量与粒度大小无关。

不同价离子的黏土结合水量与阳离子的水合半径和价数的比值（水合半径/价数）成正比，见表2-15。

表 2-15　金属离子的水合半径和牢固结合 O^{2-} 的结合能力

金属离子	水化膜中分子数	阳离子半径 /nm	水合半径 /nm	水合半径/价数	R-O 距离 d/nm	结合能力 F_1F_2/d
Li^+	7	0.078	0.37	0.37	0.505	0.20
Na^+	5	0.098	0.33	0.33	0.465	0.21
K^+	4	0.133	0.31	0.31	0.445	0.22
NH_4^+	4	0.143	0.30	0.30	0.435	0.23
Mg^{2+}	12	0.073	0.44	0.22	0.575	0.35
Ca^{2+}	10	0.106	0.42	0.21	0.555	0.36
Al^{3+}	6	0.057	0.185	0.062	0.320	0.94

即，黏土与 M^+ 的结合水量>黏土与 M^{2+} 的结合水量>黏土与 M^{3+} 的结合水量。同价离子中 Li-黏土>Na-黏土>K-黏土。具体结合水量由多到少（即形成水化膜的强弱）为：

Li^+、Na^+、K^+、NH_4^+、Mg^{2+}、Ca^{2+}、Al^{3+}

也有人认为，上述交换阳离子的价数和半径影响黏土结合水量，可以这样表述：可交换阳离子是以水化离子形式存在于黏土单位晶层底面附近。带负电的黏土颗粒吸附水化阳离子形成双电层（水化膜）。在黏土颗粒表面带负电量相近的情况下，吸附 Na^+ 时被平衡掉的电荷比吸附 Ca^{2+} 时少，所以 Na 蒙脱石在水介质中电动电位高，且该电位随距颗粒表面距离加大呈缓慢下降，可以延伸较远距离。而 Ca 蒙脱石电动电位随距颗粒表面距离加大呈急剧下降趋势，并且很快消失。所以 Na 蒙脱石比 Ca 蒙脱石的扩散层厚度大，结合水量自然就大。

4. 黏土的黏结机理

为了解释黏土的黏结力是怎样产生的，湿型砂中水分对黏结力为何有影响，黏土吸附的交换性阳离子的作用等现象，至今有种种不同的论述。

有人认为黏土产生黏结力的原因可以解释为：带负电的黏土颗粒将极性水分子吸引到自己周围，形成胶团的水化膜，依靠黏土颗粒间的公共水化膜，通过其中的水化阳离子所起的"桥"或键的作用，使黏土颗粒相互连接，如图 2-10 所示。在水化膜中处在吸附层的水分子被黏土质点表面吸附得很紧，而处于扩散层中的水分子较松，公共水化膜就是黏土胶粒间的公共扩散层。相邻的黏土胶粒表面都带有同样的负电荷，按理应该互相排斥，但由于存在于公共扩散层中阳离子的吸引作用，它们反而互相结合起来。很明显，黏土胶粒的扩散层越薄，这种吸引力就越强。若水分过低，则不能形成完整的水化膜；若水分过高，就会出现自由水。在这两种情况下，湿态黏结力都不大，只有在黏土和水量比例适宜时，才能获得最佳的湿态黏结力。一般说来，黏土颗粒所带电荷越多或黏土颗粒越细小，比表面积越大，则湿态黏结力越大。

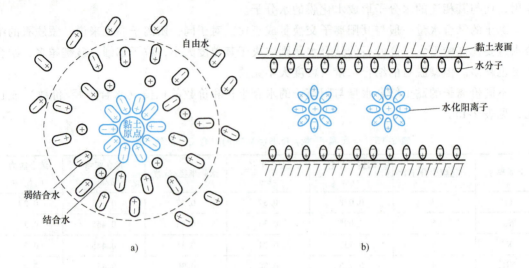

图 2-10 黏土颗粒间黏结力示意图
a) 黏土胶团示意图 b) 黏土胶团间黏结力示意图

黏土颗粒与砂粒之间的黏结则被解释为：砂粒因自然破碎及其在混碾过程中产生新的破碎面而带微弱负电，也能使极性水分子在其周围规则地定向排列。这样，黏土颗粒与砂粒之间的公共水化膜通过其中水化阳离子的"桥"或键的作用，使黏土砂获得湿态强度。

上述湿态黏结力的解释在水分较少时尚可以说得通，但当水多就解释不通了，因为形成胶团所需水分为2%~4%，性能最好。如水分上升到5%~8%时，按道理因自由水多了，强度应下降，但事实并非如此。

Patterson 和 Boenisch 对膨润土的湿态黏结力和热湿态黏结力做出独特的解释：一般湿型型砂用膨润土，其水与黏土的比例远未达到胶体状态下的水含量，黏土颗粒之间既有阳离子的"桥"连接，又有"表面连接"。直接吸附在膨润土颗粒表面的极性水分子彼此连接成六角网格结构，增加水分，逐渐发展成接二连三的水分子层。黏土颗粒就是靠这种网格水分子彼此连接，从而产生了湿态黏结力。这种极性水分子有规则排列网格的连接可称为"表面连接"。在没有吸附阳离子的情况下，这种连接也是可以存在的，连接力的大小主要受含水量多少的影响。"桥连接"发生于相邻黏土颗粒所吸附离子的水化膜之间，阳离子及其水化膜的作用就像一座"水桥"附加在黏土的表面连接上。只有当存在吸附阳离子时才可能产生这种"桥连接"，桥连接的强弱受离子种类影响，也受黏土与水的质量比的影响。实际上，黏土吸附阳离子的表面往往只占它整个表面很少的一部分，所以由于桥连接而产生的黏结力是较小的，而表面连接是形成湿态黏结力的主要原因。试验结果表明：型砂的最适宜干湿状态相当于黏土:水约为10:4（质量比，下同）。依靠表面连接的最大强度相当于约10:3.7，依靠桥连接的最大强度相当于约10:12（图 2-11），而湿强度为表面连接强度和桥连接强度之和。大约在黏土晶层之间进去三层水分子（厚度为 $3×0.25nm$）时表面连接形成的黏结力最大，此时吸附的阳离子可能已形成水化膜，然而还不能形成明显的桥连接强度，因而在图 2-12 中未表现出来。

水分进一步增加，极性水分子离黏土表面较远处的方向性逐渐变差，表面连接所产生的

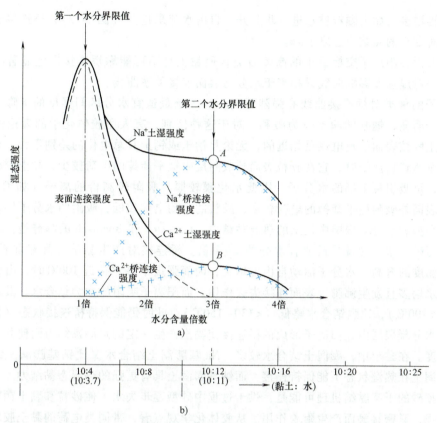

图 2-11 膨润土砂黏土微粒的表面连接和桥连接产生的湿态强度示意图

黏结力显著下降。阳离子的水化膜随水分的增加而逐步形成（图 2-12）。直到 3 倍最适宜水分时，阳离子水化膜达到了最佳水化状态。这时由于出现了自由水，表面连接不起作用。但桥连接所产生的"水桥"却起着最强的黏结作用。这时黏土的湿强度主要是靠交换性阳离子所形成的桥连接来起黏结作用。

最适宜水分倍数	1	2	3	4
室温	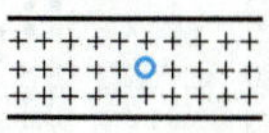	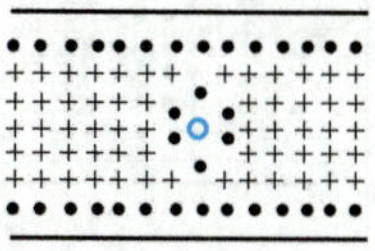	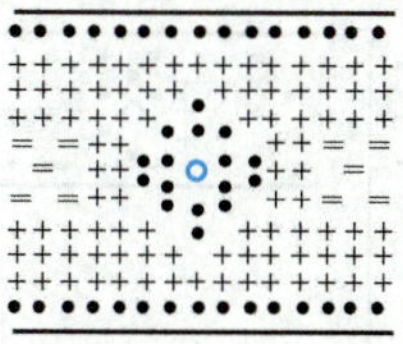	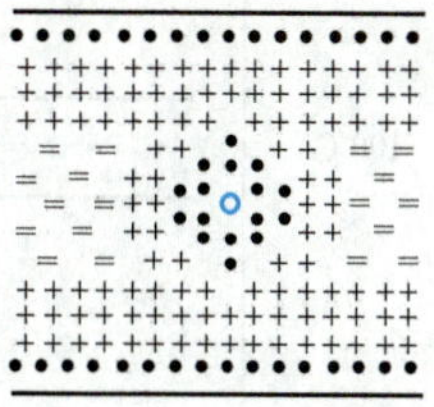
表面连接	强	弱	无	无
桥连接	无	弱	强	弱

图 2-12 不同水量时黏土微粒间水分子和吸附阳离子水化膜连接示意图
○—离子　●●●—强连接的水分子　+++—弱连接的水分子　＝＝＝—自由运动水分子

水分再增多,黏土颗粒被水进一步胀开,自由水越来越多(图2-12),桥连接也逐渐被削弱,这时黏土的黏结力急剧下降。

按此假说,阳离子交换量小的高岭石类普通黏土是不可能靠桥连接产生显著的黏结力的,其水分对湿强度影响曲线只相当于水分与表面连接关系曲线。

阳离子的种类对桥连接曲线有强烈影响。2~3倍最适宜水分区间强度的下降,以钙基膨润土最为明显,钠基膨润土较为缓和。对于这种区别,有人用胶体化学的理论做如下解释:膨润土胶核表面的负电性是相近的,无论是钠土或钙土其总电位的差别不大。当吸附的是低价(如Na^+)离子时,它在胶粒表面外吸附层中被平衡掉的电荷较少,黏土胶粒的电动电位较高,可吸引更多层的水分子,因此水化膜较厚。吸附较高价的离子(如Ca^{2+})时,它在胶粒表面外吸附层平衡掉的电荷较多,胶粒的电动电位较低,吸附的水分子层较少。

对于在型砂水分凝聚层中黏土的热湿黏结力,Patterson和Boeniseh的解释是:在水分凝聚层内,型砂的水分含量是最适宜水分的2~3倍。桥连接对产生黏结力具有重要的影响。随着型砂温度的升高,水分子活动自由度增大,因而强度下降。接近100℃时,由于水分凝聚,自由水增多且发生沸腾,表面连接失去作用,而阳离子吸附的水为结合水,其沸点比自由水高(>100℃),比强结合水略低(<130~150℃),此时仍能保持桥连接状态(图2-13)。因此,在水分凝聚层内,阳离子形成的桥连接使黏土产生一定的热湿黏结力而使其具有一定的热湿强度。在黏土中,膨润土结合水较多,Na基膨润土结合水又比钙基膨润土结合水更多,故膨润土在热湿状态下能保持连接,而钠基膨润土具有更强的热湿态黏结力。

黏土型砂的干态黏结机理可能是:烘干过程中砂型逐步失水,使砂粒和黏土颗粒本身之间相互靠拢,紧密接触而产生附着作用。从胶体化学观点看,带同类电荷的黏土胶粒间的公共水化膜,尤其是公共扩散层,在烘干过程中水分逐渐失去,促使其扩散层变薄。由于其中带异号电荷离子(如Ca^{2+}、Na^+等)的吸引,黏土颗粒间、黏土颗粒与砂粒之间就紧紧地结合起来。烘干继续进行,黏土颗粒的吸附水化膜进一步变薄,将黏土和砂粒紧紧地拉在一起而产生"干"强度。假如在较高温下长时烘烤,使黏土层间水完全除去,则黏土颗粒不再呈电性,颗粒间的静电斥力也同时消失。此时使黏土和砂连接在一起的力是分子间的引力。

最适宜水分倍数	1	2	3	4
100℃	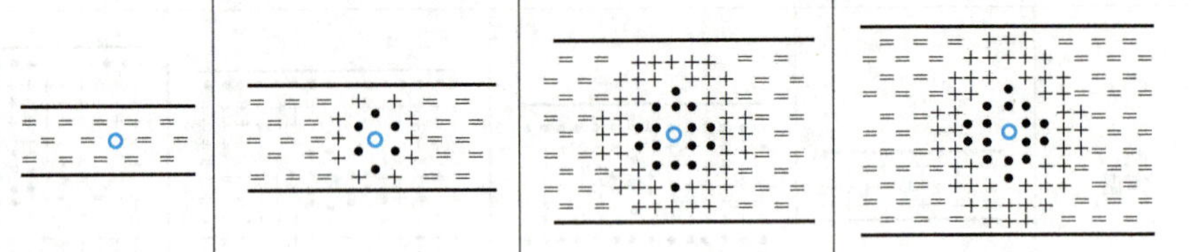			
表面连接	无	无	无	无
桥连接	无	弱	强	弱

图2-13 100℃时不同水量的黏土微粒表面间水分子和吸附阳离子水化膜连接示意图
○—离子 ●●●—强连接的水分子 +++—弱连接的水分子 ===自由运动水分子

5. 影响黏土黏结性能的主要因素

就黏土本身,影响黏结性能的主要因素有:

（1）**黏土矿物成分** 黏土颗粒表面的吸附能力随黏土的比表面积增大而增大。蒙脱石类黏土矿物的比表面积达 $50\sim300m^2/g$，高岭石类黏土矿物的比表面积为 $1\sim10m^2/g$，伊利石类黏土矿物的比表面积为 $10\sim40m^2/g$。而膨润土的主要矿物成分为蒙脱石类黏土矿物，故湿态黏结力大。一般膨润土的黏结力比普通黏土高 2~3 倍，在达到同样湿强度时，膨润土的加入量只需普通黏土的 1/2~1/3。

（2）**可交换阳离子容量和成分** 可交换阳离子容量越大，其黏结力越强。因水化阳离子起"桥"连接作用，而湿态强度是表面连接和"桥"连接作用的共同结果。高岭石的阳离子交换容量为 $3\sim15m\ mol/(100g\ 干土)$；蒙脱石为 $80\sim150m\ mol/(100g\ 干土)$；伊利石为 $10\sim40m\ mol/(100g\ 干土)$。

可交换阳离子的成分对膨润土性能产生影响的原因有：

① 吸附阳离子的价数高，把黏土颗粒维系在一起的倾向大，使黏土颗粒的分散度减小。

② 高价阳离子与黏土颗粒表面之间的静电吸引力大，使吸附水层的厚度减小，容易出现自由水。

③ 温度升高，分子的活动能力增强，使可交换阳离子容量降低。降低程度和吸附阳离子的成分有关，随着温度升高，Na^+ 的吸附量降低较小，而 Ca^{2+} 的吸附量降低较大。

④ 可交换阳离子能影响水化层中水分子排列的完善性。

一般说来，低价阳离子比高价阳离子对黏土黏结性更有利。

6. 黏土的活化处理

根据蒙脱石矿物吸附阳离子的成分，膨润土可分为钙基膨润土和钠基膨润土两种。因为膨润土主要吸附 Ca^{2+} 和 Na^+。过去认为，如果黏土颗粒吸附的主要是 Ca^{2+}，就称为钙基膨润土，黏土颗粒所吸附的主要是 Na^+，就称为钠基膨润土。但这只是定性规定，实际中不好操作，没有定量标准。JB/T 9227—2013 规定，铸造用膨润土依据 Na^+ 阳离子交换容量和交换性阳离子含量，按 $\dfrac{\sum Na^+ + \sum K^+}{\sum Ca^{2+} + \sum Mg^{2+}}$ 的值分为两类，≥1 为 Na 膨润土，代号 Na；<1 为钙基膨润土，代号 Ca。钠基膨润土分为天然钠基膨润土和人工钠化膨润土，代号前加 R。

钠基膨润土（简称 Na 土）和钙基膨润土（简称 Ca 土）主要的性能差别有：

1) Na 土的分散度比 Ca 土高，Na 土加入水后，分离成小于 $0.5\mu m$ 微粒的达 88%，而 Ca 土只有 35%。

2) Na 土的膨润值比 Ca 土高，Na 土的膨润值大于 $36cm^3$，Ca 土膨润值小于 $30cm^3$。

3) Na 土的过湿强度和热湿拉强度比 Ca 土高，即 Na 土对水分和温度的敏感性低。

上述差别的原因，普遍认为是胶体中电动电位差不同导致扩散层厚度不同引起的。

Na 土和 Ca 土的工艺性能的比较，详见表 2-16。

表 2-16 两种膨润土的工艺性能

膨润土	pH 值	膨胀倍数	吸水率（%）	湿压强度 $/(10^5 Pa)$	干压强度 $/(10^5 Pa)$	热湿拉强度 $/(10^2 Pa)$
钠基膨润土	9.5	29	360	0.54	8.6	22
钙基膨润土	6.5	10	150	0.51	5.9	6

Na 土性能虽好，但天然的 Na 土却很少，来源有限。就世界范围而言，Na 土也只有几

个地方。其中，目前认为最好的是美国怀俄明（Wyoming），大量出口到欧洲和日本。在我国，Na 土亦很少，已探明的膨润土储量 7.2 亿 t，其中 Na 土约为 1.2 亿 t。浙江平台、新疆托克逊、辽宁凌源、吉林九台为 Na 土产地，而绝大多数膨润土为钙基膨润土。

由于天然 Na 土极少，有人提出用人工的办法来生产 Na 土，使膨润土原吸附的钙离子换成吸附钠离子，这可以利用黏土的阳离子交换的性质做到这一点。这种处理叫做膨润土的活化处理。钙基膨润土的活化处理是在膨润土浆中加入含有钠离子的盐，如苏打（Na_2CO_3）、小苏打（$NaHCO_3$）、醋酸钠、草酸钠、磷酸钠等。效果最好的是加入苏打，因为 Na_2CO_3 中的 CO_3^{2-} 与水溶液中 Ca^{2+} 生成 $CaCO_3$，它在水中的溶解度极小，交换反应进行较为完全。反应如下：

$$膨润土{-Ca^{2+}} + Na_2CO_3 \longrightarrow 膨润土{-Na^+ \atop -Na^+} + CaCO_3 \downarrow$$

Na_2CO_3 加入量要适当，过少或过多都不行，过少起不到活化作用，过多则 Na^+ 的浓度过大，进入吸附层的 Na^+ 增多，使胶粒表面负电荷减少，扩散层变薄，膨润土的水化能力反而降低，性能变差。一般苏打加入量为膨润土的 4%~5%（质量分数）。

实践证明，活化处理后的黏土，黏结性能大大提高，抗夹砂能力提高。膨润土的活化处理主要是针对钙基膨润土的，一般不用来处理普通黏土。因为普通黏土的可交换阳离子很少，活化处理效果不好。

活化处理只能改变膨润土所吸附阳离子的成分，不能改变膨润土的矿物成分和杂质含量，故不同产地膨润土改性后的性能仍有所不同。有资料认为活化膨润土的复用性差，烧损率高，使新砂补加量增大，不如把天然的钠基膨润土与钙基膨润土混合使用的效果好。

2.3.4 黏土的受热变化

高岭石加热时，100~105℃ 时失去吸附水，400~700℃ 失去结构水转变成偏高岭石 $Al_2O_3 \cdot 2SiO_2$，900~1050℃ 分解为均质的 Al_2O_3 和 SiO_2 的混合物，1000~1285℃ 均质的 Al_2O_3 与 SiO_2 形成富铝红柱石（莫来石）$3Al_2O_3 \cdot 2SiO_2$，熔点 1750~1787℃。

蒙脱石加热时，100~150℃ 失去吸附水（包括强结合水和弱结合水），在 100~200℃（有时达到 300℃）时失去层间水。在 550~750℃ 时失去结构水，800~900℃ 时，结构破坏形成均质物质，继续加热则均质物质重新结晶形成尖晶石和石英，熔点为 1250~1300℃。

2.3.5 黏土的质量及种类的鉴别

1. 黏土的矿物分析

鉴别黏土的最基本方法是对黏土作矿物分析，但这种分析很复杂，需要贵重的仪器，一般地质部门和专门的研究机构采用此法。

一般都用提纯的样品作矿物分析。黏土矿物分析包括以下几种：

(1) X 射线衍射分析　因为每一种黏土矿物各有其独特的 X 射线衍射线谱，故利用 X 射线可以鉴别黏土的矿物成分。不仅可以区分高岭石类、蒙脱石类和伊利石类黏土，而且可以分辨出钙基或钠基膨润土，同时能测定不同黏土矿物的相对含量。

(2) 差热分析（DTA）　可以指出黏土矿物加热时的失水温度、分解温度和重结晶温度。不同的黏土矿物，其差热曲线不同，故可根据差热曲线鉴别黏土矿物。分解温度高的黏土，其复用性好。

（3）**阳离子交换容量的测定** 分析各种交换性阳离子含量是判断膨润土为钠基或钙基膨润土的最基本方法。

（4）**热失重** 黏土矿物为含水铝硅酸盐，加热时会失去水分，质量变小。黏土矿物所含的水可分为吸附水、层间水、晶格水（结构水）三种。层间水要到300℃左右才能完全去尽。不同的黏土矿物脱失晶格水的温度不同，故根据热失重分析可以鉴定黏土矿物。

（5）**电子显微镜观察** 根据透射电子显微镜照片上像的轮廓、像轮廓的清晰程度、像的衬度和颗粒大小等因素，综合起来可得出所测矿物颗粒的立体形态及结晶程度等形态学概念，可与其他方法配合用于鉴别黏土矿物。

利用扫描电子显微镜，可以对天然状态的土样和从黏土悬浊液制得的试样进行观察。其用途比透射电镜更广泛，又可用于鉴别黏土矿物。

（6）**红外线吸收光谱分析** 用红外线连续光谱照射物质时，红外线与物质内原子间结合所具有的振动（基准振动）发生共振，与基准振动频率相同的红外线被吸收。红外线吸收谷的位置与黏土矿物的结晶程度、粒度、晶内置换等因素有关，因此红外线吸收光谱能用于鉴别黏土矿物。

2. 测定吸水率和吸水比

不同黏土的吸水能力不同，可以根据黏土吸水能力的大小来判断黏土类别。吸水率为黏土试样所吸收水分的最大质量与黏土试样质量的比值，一般以百分数表示。

吸水率用吸水率测定仪测定。普通黏土的吸水率较小，约为80%~120%，能很快达到最大值；钙基膨润土的吸水率约为200%~300%，也能很快达到最大值；钠基膨润土的吸水率约为600%~700%，要2h左右才能达到最大值。

也可以用吸水比来区分钠土和钙土，吸水比=（前10min的吸水量/2h的吸水量）×100，钙土的吸水比≥76，钠土的吸水比≤58。

3. 测定吸附亚甲基蓝量（吸蓝量）

亚甲基蓝是一种染色试剂，分子式为$C_{16}H_{18}N_3SCl \cdot 3H_2O$，相对分子质量为373.88。

不同的黏土矿物吸附亚甲基蓝的能力不同，通常以100g干黏土吸附亚甲基蓝的克数来表示，称为吸蓝量。吸蓝量的单位为g/(100g干土)。膨润土吸蓝量一般为25~40g/(100g干土)（>20），普通黏土吸蓝量一般为5~10g/(100g干土)（<20）。

测定黏土的吸蓝量，除用于区分普通黏土和膨润土外，还可以用于测定膨润土的耐用性、旧砂中有效膨润土含量。

4. 测定膨润值

过去常用胶质价来表征黏土和水形成胶体的能力。胶质价是指黏土质点在水中沉淀后的泥浆容量值。胶质价除与黏土质量有关外，还与黏土加工情况有关，所以胶质价并不能一定说明黏土的质量。它与工艺试样强度也无一定比例关系，1979年机械行业标准取消了胶质价的检验。

现在一般用膨润值判断膨润土类型（Ca土或Na土）。其试验方法：取3g烘干的膨润土试样，加入盛有50~60mL蒸馏水的有塞量筒（容量100mL）中，摇动到膨润土在水中均匀分散，加入浓度为1mol/L的NH_4Cl溶液5mL，加蒸馏水到100mL，摇匀后静置24h后，读出沉淀部分的体积数（以mL为单位的数值）即为膨润值。

Na 土的膨润值大于 36mL，Ca 土膨润值小于 30mL。膨润值与工艺试样的热湿拉强度呈直线关系，如图 2-14 所示。在设备简单的实验室，通过检验膨润值就能估计出其抗夹砂性能的强弱。

5. 测定型砂工艺试样的强度

将一定量的原砂、黏土和水配制成型砂，制出 $\phi50mm \times 50mm$ 的标准试样，然后在型砂万能强度试验机上测出其强度。根据强度的大小来鉴别黏土的黏结性能，强度越大表示黏结性能越好。

这种测试方法有一个缺点。为了区别不同黏土的黏结性能，相互比较时，加入黏土的量都是一样的，但水的加入量没有也无法统一规定，由于不同黏土吸水能力不同，统一规定某一加水量，不能充分反映出黏土的最大黏结性

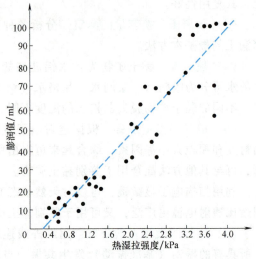

图 2-14　膨润值与热湿拉强度的关系
膨润土加入量 5%，紧实率（45±1）%，
干混 2min，湿混 8min

能。最好的办法是，测试时不断变动水的加入量，测出每一种黏土不同含水量型砂强度的值，画出曲线，找到峰值再进行比较。

2.3.6　黏土的合理使用

不同种类和级别的黏土，其应用范围是不同的。干态下黏结性能好的黏土，适合大中型铸件的干型。湿态下黏结性能强的黏土适合做湿型。选用时，应根据合金的种类、铸件的大小、铸型的种类等来决定。膨润土的黏结能力较强，达到同样的湿强度，其加入量比普通黏土少。

为了充分发挥黏土的作用，改善型砂性能，在生产中经常采用下列措施：

1）将黏土烘干磨细，磨得越细，黏结性能越好。但是，需注意以下两点：①烘干温度不能过高，最佳温度应通过实验确定；②不必过细，300 目后，湿压强度不再增加，干强度和高温强度开始下降。此外，加工越细，成本越高，应控制质量与成本的平衡点。我国现在供应的膨润土一般为 95% 通过 200 目，普通黏土为 95% 通过 140 目。

2）将黏土制成黏土浆后，再加入混砂机里混砂，以保证混砂均匀、黏土膜分布均匀。一般用作单一砂背砂或干型砂。

3）必要时，对钙基膨润土进行活化处理。

4）混制好的型砂，应停放一段时间，使型砂中的水分均匀分布，让黏土充分吸水膨胀，以提高型砂的性能，此过程一般称之为调匀。

5）合理使用黏土还包括根据不同的生产情况，选择合适的黏土。有些铸件结构不复杂，且为中小件，不必采用高品位的膨润土，这样可降低成本。不应理解为只有钠基膨润土才是高质量膨润土，钙基膨润土型砂具有易混碾、流动性好、落砂容易、旧砂中团块少等优点。有时用钠基膨润土与钙基膨润土对半掺和使用。只有大型件时，才考虑选用天然钠基膨润土或活化膨润土作为黏结剂。

普通黏土与膨润土的特性及区别见表 2-17。

表 2-17 普通黏土与膨润土的特性及区别

名称	普通黏土	膨润土
符号	N	P
主要矿物组成	高岭石	蒙脱石
晶层特点	双层、晶层间结合牢固,层间不膨胀	三层型、晶层间结合弱,晶层间可膨胀
颗粒大小	较粗,直径 0.2~1μm,厚<0.1μm	极细,直径 0.02~0.2μm,厚~0002μm
比表面积	50~100m²/g	250~500m²/g
阳离子交换量	3~15m mol/100g 干土	80~150m mol/100g 干土
被交换离子在结晶构造中的位置	仅在颗粒边缘	在边缘仅 20%,在单位晶层间达 80%
吸收膨胀性	颗粒表面吸水膨胀	除表面外,晶层间吸水膨胀大
加热过程中的变化	≤100℃ 失去自由水 100~150℃ 失去吸附水 400~700℃ 失去结构水 900~1050℃ 分解为均质 Al_2O_3 和 SiO_2 1050~1285℃ 重新结晶为高铝红柱石	100~150℃ 失去吸附水 100~300℃ 失去层间水 550~750℃ 失去结构水 800~900℃ 分解为均质 Al_2O_3 和 SiO_2 继续加热,重新结晶为尖晶石和石英
熔化温度	1750~1787℃	1250~1300℃

2.4 黏土型砂的性能及其影响因素

2.4.1 概述

将原砂、黏土和水混制在一起,就能得到黏土型砂。但是,黏土型砂还必须有一定的工艺技术要求,或者说黏土型砂必须达到一定的性能要求,方能使用。

根据德国的统计,制造铸型所用的劳动量占整个铸件生产劳动量的 50% 左右;由型砂质量方面引起的铸件缺陷约占铸件缺陷的 30%~60%。由此可见,型砂性能直接影响到铸件质量和劳动生产率。因此,在铸件生产过程中,必须对型砂的性能有所要求。

型砂性能综合看,主要有以下几个方面:

1) 型砂应具有一定的**强度**,否则在造型、合箱、浇注过程中易发生塌箱、掉砂、砂眼、胀砂等缺陷。

2) 型砂应具有良好的**透气性**、**耐火性**、**退让性**和适宜的**导热性**,防止铸件浇注凝固过程中产生气孔、黏砂、裂纹、缩孔等缺陷。

3) 型砂应具有良好的**流动性**、**可塑性**、**韧性**、**不黏模性**和**溃散性**,以保证铸件表面质量,提高造型造芯的劳动生产率,减小铸件落砂清理的劳动量。

4) 型砂应具有低的**吸湿性**、良好的**保存性**,以防止铸型及砂芯烘干后能很快吸潮,否则需要补烘,浪费人力物力。

5) 型砂应具有良好的**复用性**,使型砂可以长期反复使用,而性能并不下降,从而降低铸件成本。

6) 型砂应具有合适的**湿度**、**紧实率**和**过筛性**,使型砂的前述各性能得到保证。

7) 对于镁合金铸造,还要求**型砂具有良好的防燃性**,以防止铸件产生燃烧缺陷。

以上列出了型砂应具备的 17 种性能。这只是其中的一部分，还可以再列出一些。是否每一种铸型都必须同时具备上述所有性能呢？显然是没有必要，实际生产中，应根据铸件的特点和生产条件，合理配制型砂，满足其主要性能要求。

哪些性能是主要的？美国曾进行过调查，由 37 个被调查对象进行选择，每个企业只能选择 5 个自己认为最重要的性能。调查结果表明，最经常进行测定的 5 个性能是：湿度、湿压强度、透气性、黏土含量和吸蓝量。

考虑航空铸造生产的特点，重点讨论以下几个性能：湿度、透气性、湿压强度、流动性和发气性。

2.4.2　影响黏土型砂性能的主要因素

型砂的性能由原材料的性质、型砂的配合比例、混制工艺、紧实程度和温度等因素决定。因此在实验室测定型砂性能时，常将混制工艺、紧实度、温度等条件保持恒定。

1. 水分（含水量）

黏土必须加水润湿并在原砂周围形成黏土膜，才能在型砂中起黏结作用。水分对黏土砂的各种性能都有影响。

2. 混制工艺

型砂为混合料，通过混碾使各组元混匀，并在砂粒表面形成均匀的黏结膜。混制工艺包括材料的准备、加料顺序、混合时间（与混砂机类型有关）、调匀、松砂等工序。黏土砂配制不好，大部分黏土没有起黏结作用，型砂的强度和韧性都低。混制工艺主要由黏结剂的性质决定。

3. 紧实程度

混制好的型砂呈松散状态，需要紧实后才成为整体的砂型并具有强度等性能。

紧实时包有黏结膜的砂粒在外力作用下互相靠近，呈较有次序的堆积，黏结膜则互相接触形成"黏结桥"，砂粒间的孔隙减小并较均匀地分布在砂粒之间。当带黏结膜的砂粒互相移动时的阻力与外力平衡时，砂粒不再能移动，紧实即停止。

实际型砂的紧实度主要取决于原砂的粒度组成，粒形、紧实条件和砂粒间相互移动的阻力（与黏结剂的性质有关）。在其他条件相同时，圆形砂比多角形砂容易紧实，大粒砂比小粒砂容易紧实，因而紧实度高。

增大紧实力时，尖角形砂和粒度分散的砂，可得到较大的紧实度。实验室中三锤紧实后石英砂的密度为 $1.5 \sim 1.8 \mathrm{g/cm^3}$，孔隙率为 $30\% \sim 40\%$。

紧实度影响砂粒之间的接触面积和孔隙大小，因此对型砂的强度、透气性等性能都有很大影响。

2.4.3　型砂的强度理论

型砂舂实后黏结剂将砂粒黏结在一起而具有强度，这和用黏结剂黏结物体的道理是相同的。因此可用黏结技术的一般原理来研究型砂的强度，目的是用最少的黏结剂获得所需的型砂强度，降低铸件的成本。

由黏结剂黏结的两颗砂粒（图 2-15），在静拉力作用下的破坏方式可能有 4 种：①通过砂粒破坏；②通过黏结膜破坏（内聚破坏）；③黏结膜与砂粒表面脱开破坏（附着破坏）；

④黏结膜破坏和黏结膜与砂粒表面脱开破坏两者兼有（内聚破坏和附着破坏）。

一般情况下，湿态多是内聚破坏，干态主要是内聚与附着破坏共存，因砂粒的强度比黏结膜的强度大得多，故砂粒破坏的方式实际上并不会出现，附着破坏是可能出现的。

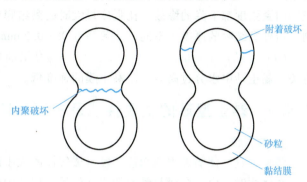

图 2-15　黏结膜破坏类型示意图

1. 黏附机理

黏附机理主要研究被黏物与黏结剂界面之间黏附力的本质。现在已有机械黏结、物理吸附、氢键、化学键等多种黏附理论，它们各自能解释部分实际现象，但至今没有形成完整统一的黏附理论。

（1）机械黏结　被黏物表面从微观的角度看总是粗糙的或是多孔的，渗入被黏物表面沟槽或孔洞中的黏结剂，固化后起"锚固"作用形成机械黏结。

（2）物理吸附　任何物质的分子或原子之间都存在着两种相互作用力。一种是强的主价键作用力——化学键力；一种是弱的次价键力——范德华力，氢键则介于两者之间。

物理吸附理论认为，被黏物和黏结物之间的黏附力是原子或分子间的范德华力。范德华力是存在于分子或原子之间的一种吸引力，一般没有方向性和饱和性，作用范围约为几十个纳米。

（3）氢键　一个与负电性很强而原子半径较小的原子（O、F、N 等）相结合的氢原子，与另一个负电性很强的原子之间形成的结合力，称为氢键，如 OH—O，FH—F，NH—O 等。一般认为氢键 x—H$\cdots$Y 中，x—H 基本上是共价键，而 H$\cdots$Y 则是一种强有力的范德华力。

（4）化学键　黏结剂与被黏物表面生成化学键，则可以显著提高附着强度。树脂砂中加偶联剂（各种硅烷）后能使型砂强度得到显著提高，正是由于偶联剂的一端与被黏物表面形成了化学键，另一端则与黏结剂形成化学键。

被黏物和黏结剂界面之间黏附力的种类和键能见表 2-18。

表 2-18　被黏物和黏结剂之间黏附力的种类和键能

黏附力种类	键距/nm	键能/kJ·mol^{-1}
范德华力	0.3~0.5	4.2~8.4
氢键	0.2~0.3	12.6~42
化学键	0.1~0.2	210~840

2. 影响黏结强度的因素

（1）黏结剂的黏度　黏度低的黏结剂，容易渗入砂粒表面的沟槽或细缝内，并使其中的空气排出，有利于润湿砂粒，使黏结剂容易在砂粒表面均匀分布。

（2）砂粒的表面状况　水洗或擦洗砂的表面清洁，可提高附着强度。用化学处理方法使砂粒表面生成有极性或提高表面能的产物，能使黏结剂和砂粒之间形成更高的黏结强度。

（3）黏结膜的厚度　砂粒表面黏结膜的厚度一般随黏结剂加入量的增加而增大。随着黏结剂加入量增加，型砂强度开始增加很快，但到一定程度后将变缓。黏结剂的比强度（即每加入质量分数1%黏结剂得到的型砂强度）则在达到最大值后就下降。这是由于黏结膜过厚，其内应力增大，黏结膜内气泡等缺陷增多，使黏结膜与砂粒表面的附着强度、黏结膜的内聚强度都下降的缘故。比强度最大时的黏结膜厚度称为最佳黏结膜厚度。不同的黏结剂，最佳黏结膜的厚度也不同，一般为 0.05~0.25mm。

(4) 黏结剂本身的强度（内聚强度） 与黏结剂本身性质、固化方法、固化程度等因素有关。黏土砂中水分过高时，湿黏土膜的强度低。

2.4.4 黏土型砂的主要性能及主要影响因素

1. 透气性

铸型透过气体的能力称为透气性。 透气性的大小用透气率表示，它是型砂的重要性能之一。在浇注时，由于金属与铸型的相互作用，型砂中的水分在液态金属的热作用下迅速汽化蒸发，型腔中的气体受热膨胀，型砂中的有机物质燃烧或挥发，会产生大量的气体。这些气体，除一部分通过明冒口和通气孔排出铸型外，剩余的气体，只有通过铸型排出。如果铸型的透气性差，不能迅速地将这些气体排出，铸型型腔与金属液界面处的气体压力增大，在不利的情况下，气体就会侵入液态金属中，使铸件产生气孔等缺陷。

当然透气性又不宜过大，否则铸型表面粗糙、甚至产生黏砂缺陷。

影响因素：

凡是减少砂粒间孔隙的因素都会降低型砂的透气性。

(1) 原砂的影响 原砂对型砂透气性的影响，主要表现在**原砂颗粒大小、粒度组成和颗粒形状**等方面。气体通过砂粒间孔隙时相当于气体通过毛细管，型砂的透气性与砂粒的直径大小及孔隙率成正比。

1) **原砂的颗粒越大，型砂的空隙越大，气体通过的阻力就越小，透气性就越高**，原砂颗粒大小对透气性的影响如图 2-16 所示。

2) **原砂粒度集中、后筛停留量小，则透气性好**。采用粒径分别为 0.1~0.2mm 和 0.3~0.6mm 的两种原砂按不同比例混合后（表 2-19），加同样的膨润土（8%）和水（4%），透气性结果如图 2-17 所示。当堆积密度不变时，颗粒大且集中的型砂，透气性最大（第 1 组、

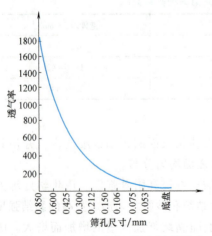

图 2-16 原砂颗粒大小对透气性的影响

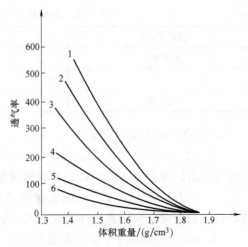

图 2-17 原砂颗粒组成对型砂透气性的影响

曲线 1~6—组别

曲线1），随着混入小颗粒砂子，透气性越来越差（曲线2~5），当全是小颗粒时，尽管粒度集中，但其孔隙率最小，故其透气性最差。对于某一粒度组成的原砂，前筛停留量大的比后筛停留量大的透气性好。

表2-19 原砂颗粒组成

组别	颗粒组成(%)		组别	颗粒组成(%)	
	$\phi_1 = 0.1 \sim 0.2\text{mm}$	$\phi_2 = 0.3 \sim 0.6\text{mm}$		$\phi_1 = 0.1 \sim 0.2\text{mm}$	$\phi_2 = 0.3 \sim 0.6\text{mm}$
1	0	100	4	60	40
2	20	80	5	80	20
3	40	60	6	100	0

3) **原砂的形状**。此因素较为复杂，有不同的结论。究竟是圆形的好，还是多角形的好，至今没有统一结论。

原砂的颗粒形状对型砂透气性的影响有两个相互矛盾的方面。①由于尖角形及多角形砂对空气的流动阻力比圆形砂大，不利于气体的通过；②由于尖角形及多角形砂不易紧实，在一般的紧实条件下其紧实度较小，孔隙率较大，有利于气体通过。多数的实验结果表明，在手工和普通机器造型的条件下，多角形和尖角形砂的透气性比圆形砂好，如图2-18所示。

（2）**水分的影响** 根据图2-19可知，随着含水量增加（保持黏土含量不变），透气性开始增加。达到峰值后，再继续增加水分，则透气性转而下降。所以，含水量对透气性有很大的影响，水的加入量应适当。

水分太少时，黏土不能充分吸水，难以在砂粒表面形成一层均匀的黏土膜，砂粒表面粗糙，黏土的黏结作用不能充分发挥，原砂与原砂、原砂与黏土之间相互滑移的阻力较小，型砂易于紧实，孔隙较小，甚至砂粒间的空隙会被松散的黏土所堵塞，气体通过的阻力大，因此，型砂的透气性就差。当含水量增加到使全部的黏土都得到良好的润湿，且能在每颗砂粒表面形成一层均匀的黏土膜时，黏土的黏结作用得以充分发挥，原砂与黏土之间相互滑移的阻力较大，试样的紧实度下降，砂粒间孔隙增加，透气性达到最大值。此时，由于砂粒排列松，故标准试样密度最小（图2-19中曲线1）。继续增加含水量，多余的水分就会堵塞砂粒间的空隙，透气性开始下降。

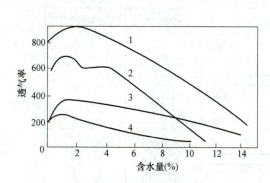

图2-18 原砂颗粒形状与型砂透气性的关系
1—尖角形粗砂　2—圆形粗砂
3—尖角形细砂　4—圆形细砂

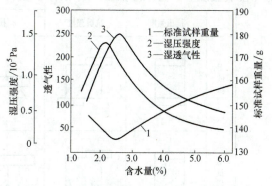

图2-19 型砂湿压强度、透气性与含水量的关系

从图中还可以看出，型砂透气性最大值时的含水量比湿压强度最大值时的含水量要多一些。这是因为，随着水分的增加，黏土的黏结作用不断提高，型砂的湿压强度趋于最大值。继续增加水分，则因黏土的黏结作用超过了黏土膜对砂粒间滑移作用的影响，滑移阻力增加，试样不易紧实，砂粒间孔隙增大，接触面减少，故型砂湿强度下降，但透气性反而得到提高。

（3）黏土的影响　一般说来，保持最佳水土比不变，黏土加入量增加，型砂透气性会下降。如图 2-20 所示，随着黏土加入量增加，透气性的峰值不断降低。因为黏土颗粒较小，黏土量越多，孔隙越少，透气性越低。

但讨论这个问题时，不应笼统地说，随着黏土含量增加，透气性下降。从图中可以看出，当水分在 4%～6% 时，10% 膨润土加入量的型砂透气性比 6% 膨润土加入量的型砂透气性还要高。这是因为黏土对型砂透气性的影响，不仅与黏土的加入量有关，还与水分含量有关。当含水量为 4.5% 时，对 10% 膨润土型砂来说，就能形成光滑黏土膜，使砂粒间孔隙最大，透气性最好。同样是这个含水量，对 6% 膨润土型砂来说，水分就过多了，会堵塞孔隙，阻碍气体通过，导致透气性降低。因此，要获得良好的透气性，必须控制好水分。

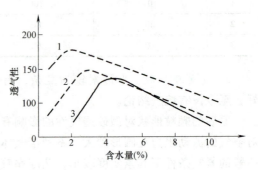

图 2-20　型砂透气性与含水量、膨润土加入量的关系图

1—2%膨润土　2—6%膨润土　3—10%膨润土

（4）紧实度的影响　型砂的紧实度越大，砂粒的排列越紧密，孔隙就越少，堆积密度就越大，透气性就越小。从图 2-17 中可以看出，型砂的堆积密度越大，型砂透气性越低。

（5）混砂工艺的影响　为了在砂粒表面覆盖一层黏土膜，型砂必须很好地混合搓碾，如果混砂时间太短，就不能达到这个目的，透气性就低。但也不宜过长，否则，不但会影响劳动生产率，而且会使水分过多的蒸发而结块，降低型砂的工艺性能。

2. 强度

强度指型砂抵抗外力破坏的能力。强度是型砂的重要性能之一，可分为湿强度、干强度、热湿强度、表面强度及硬度等。按型砂受力性质的不同，可分为抗压，抗拉、抗弯、抗剪和湿裂强度等，其原理如图 2-21 所示。生产中最常测定的是湿压强度和干压强度。

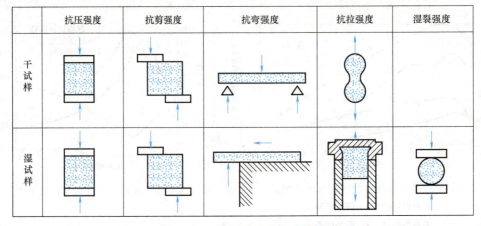

图 2-21　型砂强度试验方法简图

(1) 湿压强度 湿压强度指混碾好的湿态型砂的抗压强度。造型过程中的起模、翻箱、搬运、合箱等操作，浇注时金属液对型砂的冲刷和压力，都要求型砂具有一定的强度。湿压强度低，起模时难以保持型腔形状完整，可能发生塌箱，甚至无法造型；此外，还会造成砂眼、偏芯、胀砂等缺陷。

影响黏土型砂湿压强度的因素有：

1) 原砂的颗粒组成和形状。在相同的紧实条件下，原砂的颗粒越细，砂粒的总表面积越大，与黏土膜接触的面积也越大，湿强度越高，如图 2-22 所示。同样，原砂的均匀率越差，湿压强度越好。多角形砂的接触面积虽比圆形砂大，但由于多角形砂较难紧实，在一般的紧实条件下，当相同的外力作用时，多角形砂的湿压强度往往比圆形砂低。但如果增加紧实次数或提高紧实力，多角形砂的湿压强度可能比圆形砂大。

2) 黏土和水。在保持黏土与水的比例不变，且紧实条件相同的情况下，随着黏土加入量的增加，湿压强度会不断地提高。到某一数值后，如继续增加黏土加入量，则湿压强度增加很小，如图 2-23 所示。从图中还可发现，钠基膨润土的强度还不如钙基膨润土，因为尽管钠基膨润土黏结性好，但其吸水膨胀时间长，短时间不能充分发挥其作用，而钙基膨润土吸收时间短，很快发挥其性能。故在一般的混砂条件下，钠基膨润土的作用尚不能充分发挥出来。从图 2-24 可看出，不同种类的黏土，相同加入量，达到强度峰值的最佳含水量也不一样。

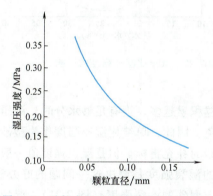

图 2-22 砂粒直径对型砂湿压强度的影响

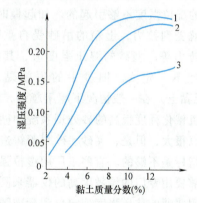

图 2-23 黏土种类及加入量对型砂湿压强度的影响
1—钙基膨润土 2—钠基膨润土 3—普通黏土

保持黏土的加入量不变，型砂的湿压强度在开始时随着含水量的增加而增加，到达峰值后，继续增加水分，型砂的湿压强度就逐渐下降。这是因为，在开始时水分少，不能使全部黏土形成完整的水化膜，黏土的作用没有充分的发挥，黏土膜对砂粒表面的附着力低，故湿压强度低。到达峰值后，如继续增加含水量，将在黏土颗粒间出现自由水，内聚力下降，使湿压强度降低，如图 2-25 所示。

由上述分析可以看出，为了提高型砂

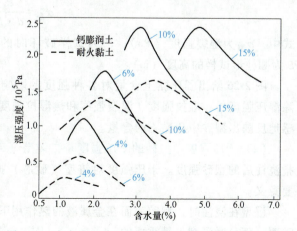

图 2-24 含水量、黏土种类及加入量对湿压强度的影响

的湿压强度,在增加黏土含量的同时,也要增加含水量。即必须保证黏土与水成比例地增加。一般把水与黏土加水之比称为水土比。从图 2-25 可以看出,对于同一种黏土,不管其含水量多少,其湿压强度峰值时的水土比是固定不变的,图中的水/(水+黏土)= 20%。要在全部黏土颗粒表面形成一个完整的水分子层,其水土比为 7%,水土比到 20% 就相当于三个作用的水分子层。即当黏土颗粒表面含有三个水分子层时,其内聚力和附着力最大。需要说明的是,上述情况是在实验室的条件下,用新的造型材料进行试验获得的,实际生产中用的型砂,由于含有各种附加物及死黏土等,其水土比对湿压强度的影响将发生变化。

3) 紧实度。在保持水土比等条件不变时,随着型砂紧实度的提高,黏土膜的接触面积增大,砂粒排列更加紧密,湿压强度不断提高。但到达某一数值后,继续增加紧实度,型砂的湿压强度不会再有大的变化,而透气性却会大幅度降低。

湿压强度只是在造型起模后使砂型能保持一定形状,而铸型的破坏往往是型砂的湿拉强度不够引起的。如起模时,型砂就受到拉力,上箱的吊砂受自重引起的拉力等。型砂的湿压强度大,其湿拉强度不一定大。旧砂中的失效黏土(即死黏土)在一般情况下越用越多,即

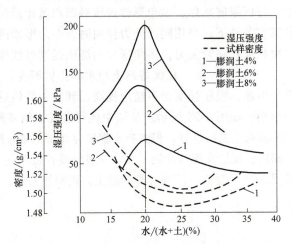

图 2-25 水土比湿压强度的影响

使在机械化程度很高的砂处理系统中循环使用,也是越积累越多,当有足够水分时,湿压强度可以很大,但是,夹砂、砂眼等铸造缺陷却难以避免。因此,单纯用湿压强度作为型砂的强度指标是不够的。有些工厂用湿拉强度作为检测型砂的补充指标。但是湿拉强度值一般较小,需要用专门的灵敏度高的仪器来测定。测试型砂的湿裂强度是解决这一问题的好办法,可使用普通的抗压强度测定仪和标准圆柱形试样来测定型砂的湿裂强度(图 2-21)。湿裂强度的计算如下:

$$\sigma_{裂} = \frac{P}{d \cdot L} \tag{2-3}$$

式中,$\sigma_{裂}$ 为湿裂强度(Pa);P 为试样破坏时的力(N);d 为圆柱形试样的直径(m);L 为圆柱形试样的高度(m)。

图 2-26 给出了死黏土含量对各种强度的影响。试验结果表明,随着死黏土量的增加,除湿压强度外,湿拉强度、湿裂强度和热湿拉强度均呈直线下降趋势。所以,湿裂强度能敏感地反映出型砂中死黏土的含量。

(2) 干压强度 型砂的干压强度是指铸型(砂芯)烘干或硬化后的抗压强度,而不是指浇注后的型砂强度。干压强度对铸型(砂芯)搬运、合箱的过程中和浇注期间都具有重要意义。

湿型在浇注时,型腔表面在金属液的热作用下被烘干,故黏土砂的干压强度不仅对干型重要,而且对湿型也是重要的。

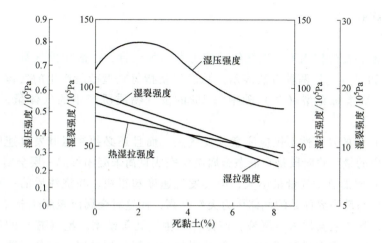

图 2-26 死黏土含量对型砂各类强度的影响

黏土砂的干压强度较低，常测定其抗压或抗剪强度。

影响黏土型砂干压强度的因素有黏土的种类与加入量、原砂的颗粒大小及均匀率、湿态水分、铸型的紧实度和烘干温度及烘干时间等。其中，黏土的含量和湿态水分是主要的影响因素，湿态水分对干压强度的影响如图 2-27 所示。从图中可以看出，黏土砂干压强度随着黏土含量和湿态水分的增加而增加。如果黏土的含量保持不变，随着湿态水分的增加，黏土的黏度减小，在砂粒表面上的分布就比较均匀，黏土的黏结作用就能充分发挥，型砂的干压强度不断提高。因此，干型湿态的含水量应比湿型的含水量高。但水分增加到一定数值时，如再继续增加湿态含水量，干压强度变化不大，但却给混砂、造型工作带来不便。因此，湿态含水量不宜过高。

干型铸造在航空轻合金铸件生产中很少采用。

（3）表面硬度 紧实度对型砂的各种性能都有很大影响，但测定型砂紧实度比较困难，故在生产条件下常用砂型的表面硬度间接评定型砂的紧实度。当然，用表面硬度评定型砂的紧实度存在一定误差，但因硬度检验不损坏铸型，测量方便，所以仍得到一定应用。

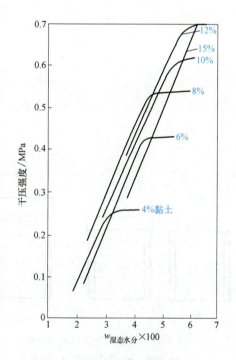

图 2-27 湿态水分对普通黏土砂干压强度的影响

（4）热湿拉强度 热湿拉强度是指浇注时，砂型中水分饱和凝聚区的强度。通过测定热湿拉强度，可以判断夹砂的倾向大小。热湿拉强度要用专门的试验仪器来测定（图 2-28），先将试样一端迅速加热，以模拟浇注时金属液对铸型的加热，然后测定其抗拉强度。因加热一段时间后，形成水分饱和凝聚区，则断口也在此断面上。一般型砂热湿拉强度值为 0.6~4kPa。

3. 发气性

型（芯）砂在高温作用下产生气体的能力称为发气性，一般用发气量来衡量。发气量可用总发气量和比发气量两种方法表示。总发气量指每克型砂所产生的气体总量，单位为 mL^3/g。比发气量指每克型（芯）砂中每1%的发气物质所产生的气体量，单位为 $mL^3/(g·1\%)$。

对型（芯）砂的发气性不仅应注意其发气量，而且还必须注意其发气速度，因为气体侵入液态金属中的最危险阶段是在液态金属浇注完成且尚未凝固形成一层金属硬壳之前。如果某一型（芯）砂的总发气量虽不大，但其发气速度却很快，在浇注后的一瞬间分解出全部气体，使金属与铸型界面处的气体压力突然升高，而这时金属液表面尚未凝固成具有足够强度的硬壳层，气体就会侵入金属液，使铸件产生气孔等缺陷。型（芯）的发气量在一般情况下是不测定的，但在研究新的黏结剂及附加物或配新型砂时，却是一项必须测定的性能，以防止铸件产生气孔等缺陷。

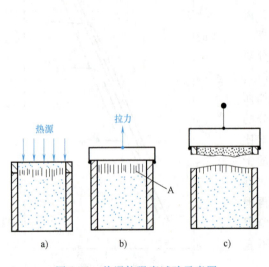

图 2-28 热湿拉强度试验示意图
a) 加热 b) 拉住试样 c) 拉断
A—水分凝聚区

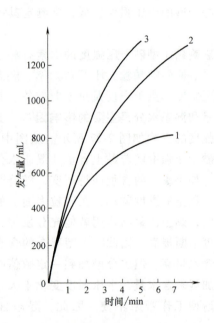

图 2-29 黏结剂对型砂发气量的影响
1—膨润土 4%，水 4%
2—膨润土 4%，水 4%，有机黏结剂 1%
3—膨润土 4%，水 4%，有机黏结剂 2%

型砂的发气量主要取决于型砂黏结剂的种类及数量、含水量和金属浇注温度。一般，黏土型砂的发气量是有限的，但如果加入有机黏结剂，则发气量会出现剧增，如图 2-29 所示。

4. 流动性

型砂在外力和本身重力的作用下，颗粒质点互相移动的能力称为流动性。型砂流动性好，易于紧实，铸型尺寸准确，表面光洁，造型效率高，易于实现造型、制芯机械化。随着气冲紧砂方法的应用，型砂流动性越来越受到重视。

型砂流动性主要取决于原砂颗粒特性、黏结剂的种类及加入量、含水量及混砂质量等。采用颗粒大且均匀，形状为圆形的原砂配制成的型砂，其流动性高。当水土比不变时，随着黏土含量增加，型砂流动性降低。当黏土含量不变时，增加水土比可使黏土充分吸水膨胀，砂粒之间的结合力增大，型砂流动性降低。当水土比增加到一定值时，如继续增加则流动性变化很小，如图2-30所示。

目前对型砂流动性测定的看法尚未统一，有两种观点：一种认为使用流动性这个名词不妥，型砂在紧实力作用下是移动而不是流动，称为移动性更妥些。另一种则认为采用流动性表示是可以的。从不同观点出发，可以将测量方法进行不同的分类，常见的方法有：

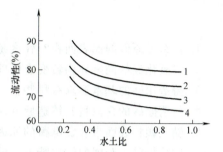

图2-30 水土比对型砂流动性
（高度差法）的影响

1—膨润土4%　2—膨润土6%
3—膨润土8%　4—膨润土10%

（1）**高度差法**　采用在型砂冲样器冲制圆柱形标准试样时，采用第五次与第三次冲击时试样高度减小的百分数表示。

（2）**硬度比值法**　采用圆柱形标准试样底部硬度与顶部硬度的比值百分数表示。

（3）**底孔质量法**　采用紧砂时型砂从圆柱形试样筒底孔（$\phi 25$mm）流出型砂质量分数表示。

（4）**侧孔质量法**　采用紧砂时型砂从圆柱形试样筒侧孔（$\phi 12$mm）流出型砂质量分数表示，其原理如图2-31所示。

（5）**环形空腔法**　采用圆柱形标准试样在环形空腔砂样筒中高度减小的百分数表示，其原理如图2-32所示。

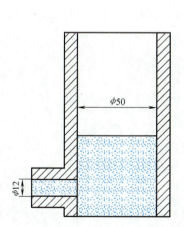

图2-31　侧孔质量法型砂流动性测试装置简图

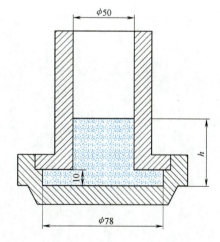

图2-32　环形空腔型砂流动性测试装置简图

（6）**三角槽法**　采用型砂充填圆柱形标准试样筒底部三角槽的能力表示。型砂充填三角沟槽的角度越小，流动性越好。

（7）测定型砂的紧实率或过筛性。

习　题

1. 什么是原砂的比表面积？什么是原砂的角形系数？
2. 二氧化硅的同素异构转变有哪些？对铸件质量影响最大的是哪个转变？
3. 铸造用砂的基本要求有哪些？
4. 何谓原砂的含泥量？铸造原砂对含泥量的要求如何？
5. 黏土颗粒表面带有负电荷的原因是什么？
6. 试分析黏土胶团的结构特点，胶粒与胶团、强结合水与弱结合水、吸附层和扩散层、总电位与电动电位的区别。
7. 试分析黏土黏结中的表面连接和"桥"连接。
8. 钠基膨润土的热湿压强度为什么比普通黏土和钙基膨润土高？
9. 试分析水分和黏土对湿型湿压强度和透气性的影响。
10. 湿型中加入煤粉有何作用？为何铸钢件和铝、镁合金铸件用湿型不加煤粉？

第 3 章

有机黏结剂砂

黏土砂、水玻璃砂和水泥砂所用的黏结剂均为无机材料,来源丰富,成本低廉,能满足铸造生产的一般要求。但是这些黏结剂砂也存在一些缺点,如干强度不够高,退让性、溃散性比较差等。上述几种型砂虽然可以广泛用作各种砂型和形状简单的砂芯,但制造形状复杂、断面较薄的砂芯则难以满足要求。因此生产上需要采用性能更好的有机黏结剂。

3.1 概述

3.1.1 砂芯的作用

砂芯的作用主要有:
① 主要用来形成铸件的内腔、孔洞和凹穴等。
② 辅助形成铸件的外形。当铸件某些局部外形(如凹凸不平的面或沟槽等)妨碍起模时,可用砂芯成形。
③ 组芯造型。铸件外形、内腔都很复杂,很难起模,大批量生产时,整个铸型都用砂芯制成。此法为组芯造型。

3.1.2 对砂芯的要求

与铸型相比,砂芯在浇注时,绝大部分被液态金属包围,与金属液的相互作用更加剧烈,故对砂芯的要求更高。同时,要制成形状复杂、断面厚薄不一且要求所形成的铸件内腔表面光洁的砂芯。这种砂芯需具备以下性能:

1) 具有较高的干强度,防止在搬运和浇注过程中损坏。对于形状复杂、断面细薄的砂芯尤为重要。

2) 具有较高的透气性和较低的发气性。发气量要小,发气速度要慢,最好在铸件表面已凝固一层金属硬壳后,才发出大部分的气体。

3) 芯砂具有良好的流动性,易得到复杂形状。

4) 具有优良的退让性和溃散性,由于液态金属在凝固冷却的过程中体积会减少,如果砂芯的退让性差,就会阻碍铸件收缩,使铸件产生裂纹和变形等缺陷。尤其是镁合金铸件收缩较大,高温强度很低,产生上述缺陷的可能性更大;溃散性好可减少铸型的清理量。

5) 具有不吸湿或较小的吸湿性。易于存放,否则回潮易产生气孔缺陷。

6) 原材料来源丰富,价格低廉,无毒。

上述几点是对砂芯总的要求,而并非每一个砂芯都必须满足上述全部要求。由于每个砂芯的技术条件、结构形状和生产条件不同,所以对每个砂芯的要求是不同的。

3.1.3 砂芯的分级

为了便于根据砂芯的特点选用黏结剂,拟定相应的制芯工艺规程,生产上常将砂芯分为五级。这是根据砂芯外形特征及在铸型中的工作条件进行分级的。

1) Ⅰ级砂芯。外形复杂,断面细薄,全部表面几乎都与金属接触,只有少数的小芯头,且在铸件内形成不加工的内腔,对内腔表面粗糙度要求很高。这一级砂芯具有特别高的干强度、良好的透气性、流动性和退让性,低的发气性,高耐火度及防黏砂性,良好的溃散性。

2) Ⅱ级砂芯。外形较复杂,主体部分断面较厚,但有细薄的断面,与金属接触面积大,芯头比Ⅰ级的大,对表面粗糙度要求很高,在铸件内形成部分或完全不加工的内腔。此级砂芯的干强度、耐火度、防黏砂性、溃散性和透气性都高。同时,Ⅱ级砂芯还应比Ⅰ级砂芯具有更高的湿强度。

3) Ⅲ级砂芯。中等复杂程度,没有特别细薄的断面,但也在铸件中构成重要的不加工表面的各种体积较大的中央砂芯;受冲刷的砂芯、大铸件靠近浇口处的砂芯以及一些复杂的外廓砂芯也属于此级。此级砂芯都具有适宜的干强度和较高的表面强度。Ⅲ级砂芯的特点是体积较大,湿强度应比Ⅰ、Ⅱ级的高,而干强度不是很高。

4) Ⅳ级砂芯。外形不复杂,在铸件中构成还需要机械加工的内腔,或虽不加工但对内腔粗糙度无特殊要求的砂芯属于此级;一般复杂程度和中等复杂程度的外廓砂芯也属于此级。这些砂芯在表面强度足够的条件下,有适当的干强度和较高的湿强度,良好的透气性和退让性。

5) Ⅴ级砂芯。在大型铸件中构成很大的内腔的简单形状大砂芯属于此级。这些砂芯在浇注过程中只能热透很少一层。因此,砂芯中如有有机黏结剂,就不能完全燃烧和分解,而使溃散性很差。此类砂芯具有较高的湿强度、透气性和很高的退让性。

表 3-1 列出了砂芯的分级及各级砂芯的主要特征、性能。

表 3-1 砂芯的分级及各级砂芯的主要特征、性能

特征性能		Ⅰ	Ⅱ	Ⅲ	Ⅳ	Ⅴ
砂芯特征	外形	复杂	较复杂	中等复杂	简单	简单
	断面尺寸	细薄	局部细薄	有凸起筋片	中等	大
	被金属包围程度	几乎全部	大部	中等	小	小
	芯头尺寸	很小	较小	较大	大	很大
	对铸件内腔要求	很光洁	光洁	一般	不高	不高
砂芯举例		缸体花盘芯	缸盖水套芯	缸筒芯	床头箱芯	大型铸件砂芯
砂芯性能	干强度	高	高	较高	一定	一定
	湿强度	—	有一定要求	较高	较高	高
	流动性	高	较高	中等	—	—
	透气性	良好	较好	—	好	好
	发气性	小	较小	—	—	—
	退让性	良好	较好	中等	好	好
	溃散性	高	高	中等	中	差
常用黏结剂		植物油、树脂	合脂、树脂	合脂、黏土	黏土、水玻璃	黏土、水玻璃

3.1.4 砂芯黏结剂的分类

目前，铸造上使用的砂芯黏结剂种类繁多，新的黏结剂和制芯工艺不断涌现。为了便于合理选用黏结剂和制芯工艺，也为了开发新的黏结剂，有必要对黏结剂进行分类。

黏结剂有许多种分类方法。

1. 按来源分

$$黏结剂\begin{cases}天然材料\begin{cases}动物类：如骨胶等\\植物类：桐油、松香、面粉等\\矿物类：沥青、黏土等\end{cases}\\人造材料\begin{cases}工业副产品：合脂、渣油、纸浆废液等\\合成处理：合成树脂等\end{cases}\end{cases}$$

2. 按化学属性分

$$黏结剂\begin{cases}无机类：黏土、石膏等\\有机类\begin{cases}烃类：渣油、沥青等\\烃的衍生物：植物油、合脂等\\高分子化合物：松香、淀粉、糠醇树脂等\end{cases}\end{cases}$$

3. 按对水的亲和力分

憎水材料：桐油、松香、沥青、酚醛树脂等

亲水材料：糊精、面粉、脲醛、呋喃树脂等

4. 按硬化特性分

1）物理硬化。硬化过程主要是改变黏结剂物理状态，而不改变原来的结构。例如亲水的黏结剂糖浆，受热时水分蒸发而干燥硬结，遇水后又可恢复原来状态；松香加热熔化，冷却后又凝固硬结，这些过程均是可逆的。

2）化学硬化。硬化过程是低分子化合物转变成高分子化合物，由链状线型结构转变成网状体型结构，这种硬化过程是不可逆的。

5. 按比强度分

比强度（或称单位强度）是指每1%黏结剂可使芯砂获得的干拉强度，其计算公式为

$$\sigma_{比} = \frac{\sigma}{a} \tag{3-1}$$

式中，$\sigma_{比}$ 为黏结剂的比强度（Pa/1%）；σ 为试样干拉强度（Pa）；a 为砂芯中黏结剂含量（%，包括溶剂部分）。

砂芯黏结剂的比强度分类见表3-2。

表3-2 砂芯黏结剂按比强度分类表

组别	比强度/ $MPa \cdot (1\%)^{-1}$	有机类		无机类	有机-无机混合类
		亲水	憎水	亲水	
1	>0.5	脲醛、呋喃树脂、聚乙烯醇	干性油、酚醛树脂、酚-呋喃		有机酯-水玻璃
2	0.3~0.5	糊精	合脂、渣油	水玻璃、磷酸盐	水溶性有机化合物-水玻璃
3	<0.3	亚硫酸盐纸浆废液	沥青、松香	水泥、黏土	硅酸乙酯

3.1.5 砂芯黏结剂的选用

选用砂芯黏结剂时常用以下几点作为主要依据：

1. 根据砂芯特点选用

Ⅰ、Ⅱ级砂芯选用表3-2中1、2组有机黏结剂，因为这两组黏结剂比强度高，不仅可以提高砂芯强度，还可以在满足强度要求的条件下，减少黏结剂用量，降低砂芯发气量。

Ⅲ级砂芯可选用表3-2中2、3组有机黏结剂。

Ⅳ、Ⅴ级砂芯选用黏土、水玻璃作为黏结剂就可以满足强度要求。由于这两级砂芯体积大，浇注后不易烧透，导致清砂困难，退让性差。所以一般不采用有机黏结剂，以免产生缺陷。

2. 生产条件

在大批量生产的情况下，由于需要提高制芯效率，且常要求砂芯具有高的尺寸精度，Ⅰ、Ⅱ级砂芯甚至Ⅲ级砂芯采用壳芯法、热芯盒法、温芯盒法和冷芯盒法生产砂芯是合理的。除个别Ⅰ级砂芯外，黏结剂常采用酚醛树脂、呋喃树脂和酚醛-异氰酸酯。

在小批量生产的情况下，采用自硬呋喃、酚醛、酚脲烷树脂或者采用烘干法硬化的干性油、合脂、渣油作Ⅰ、Ⅱ级砂芯的黏结剂。

3. 材料的来源和成本

各地区材料供应状况不同，选择黏结剂还要因地制宜，并注意降低成本。

在航空铸造生产中，对于Ⅰ、Ⅱ、Ⅲ级砂芯，基本上都采用有机黏结剂，这是由于有机黏结剂具有一系列良好的工艺性能，能够保证铸件的质量。

选择合理的芯砂成分和有效地利用黏结剂，对降低铸件成本和保证铸件质量有重要的意义。但是，在许多企业生产过程中，砂芯黏结剂的利用率极低。在大多数情况下，芯砂中黏结剂所产生的强度只是正确使用时所能达到的强度的2/3～1/2，这无形中增大了黏结剂的消耗量。

黏结剂消耗过多的原因有很多，常见的原因有：过度追求砂芯的高强度，而增加了黏结剂加入量；为获得表面强度高的砂芯，使用大量的高级黏结剂，但芯砂所用的原砂中却含有大量黏土，而白白消耗掉一部分高级黏结剂；使用某种黏结剂而不考虑其独特的使用范围等。

3.1.6 制芯方法的类别及其发展

60年前，人们选用制芯方法时并没有多少选择余地，主要是采用黏土砂和部分采用油砂制芯。人们随后逐步开发了不同树脂黏结剂并应用于铸造生产，开发了钠水玻璃砂，制芯（型）技术日新月异，铸造生产面貌出现了根本变化。当前采用制芯方法主要有：

1) 砂芯在芯盒内成形，在芯盒外加热硬化（用烘炉烘烤）。
2) 砂芯的成形和加热硬化在芯盒中完成。
3) 砂芯在芯盒中成形并自行硬化到尺寸形状稳定后再脱模，然后在室温下进一步硬化。
4) 砂芯在芯盒中成形并通过气体（或气雾）硬化。

上述4种制芯方法的主要区别是，砂芯是在芯盒内还是在芯盒外硬化成型；其硬化是靠加热（热法）还是在室温（冷法）条件下进行。为提高铸件的尺寸精度，砂芯应有高的尺寸精度，应尽可能在芯盒中硬化成形。至于在芯盒中硬化采用热法还是冷法，则需要具体情况具体分析。冷法是发展方向，既节能，又能改善操作者劳动条件，同时木质、塑料、金属芯盒均可应用。但由于热法发展较早，技术较成熟，因而当前应用还是相当广泛。不过目前热法也在向降低加热温度的方面发展，例如温芯盒法就很受欢迎。当前冷法和热法按具体工艺划分为：

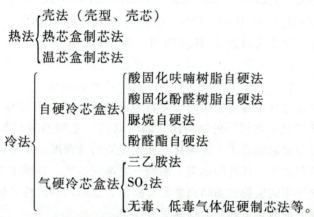

上述制芯方法各自有一定的适用范围，生产实际中采用何种方法要考虑许多实际因素。应当指出，发展无污染黏结剂，开发壳型（壳芯）、无毒低毒制芯法受到普遍欢迎。但是，现实企业生产中，植物油、合脂黏结剂仍在使用，故仍作适当介绍。

3.2 油砂和合脂砂

3.2.1 植物油及油砂

植物油砂是指用植物油所配制的芯砂。桐油、亚麻油等干性油（在空气中自行干燥硬化的油）是传统制造Ⅰ、Ⅱ级砂芯的主要黏结剂，可不作处理而直接使用。只要在芯砂中加入1.5%~2%的植物油，就能使砂芯具有较高的干强度、高的透气性、溃散性、不黏模性和保存性，浇注出的铸件表面十分光洁。但植物油黏结剂也存在一些问题，主要是来源有限，成本高；湿强度较低，砂芯在烘干前易变形，影响铸件的精度；油砂芯的烘干时间较长，浪费能源，污染环境，影响劳动生产率。

1. 植物油结构

植物油是油脂的一种。所有油脂都是由三个脂肪酸（R_1COOH）分子和一个丙三醇[甘油 $C_3H_5(OH)_3$]分子构成的，脂肪酸分为饱和脂肪酸和不饱和脂肪酸两种。饱和脂肪酸中含有饱和烃基，即烃基之间碳原子都是以单键相连，其结构比较稳定，熔点也较高，不易与其他元素发生化学反应；不饱和脂肪酸中含有不饱和烃基，即烃基之间有一个或几个碳原子是以双键相连，在一定的条件下，双键很容易被打开，所以化学活泼性较强，容易发生氧化聚合反应，铸造生产上用的植物油主要都是由不饱和脂肪酸构成的混合甘油脂。

植物油中常见的饱和脂肪酸有：

软脂酸　　$C_{15}H_{31}COOH$

硬脂酸　　$C_{17}H_{35}COOH$

常见的不饱和脂肪酸有：

油酸　　　$CH_3(CH_2)_7CH \!=\!\!=\! CH(CH_2)_7COOH$

亚油酸　　$CH_3(CH_2)_4CH \!=\!\!=\! CH—CH_2—CH \!=\!\!=\! CH(CH_2)_7COOH$

亚麻酸　　$CH_3—CH_2CH \!=\!\!=\! CH—CH_2—CH \!=\!\!=\! CH—CH_2—CH \!=\!\!=\! CH(CH_2)_7COOH$

桐油酸　　$CH_3(CH_2)_3CH \!=\!\!=\! CH—CH \!=\!\!=\! CH—CH \!=\!\!=\! CH(CH_2)_7COOH$

蓖麻油酸　$CH_3(CH_2)_5—CHOH—CH_2—CH \!=\!\!=\! CH(CH_2)_7COOH$

亚麻酸与桐油酸，化学式同为 $C_{17}H_{29}COOH$，分子中都有三个双键，但双键分布的位置不同，桐油酸分子中每两个双键之间都隔了一个单键呈共轭排列，称为"共轭双键"。而亚油酸与亚麻酸中两个双键之间是被两个或两个以上的单键相隔离，称为"隔离双键"。脂肪酸中不饱和双键的数量与分布对脂肪酸的硬化特性有重要影响。双键越多，不饱和度越大，越易干燥硬化。由于"共轭双键"的结构比"隔离双键"更容易进行氧化与聚合反应，因而桐油酸又比亚油酸与亚麻酸易于干燥硬化。从工业应用的角度，又将植物油按其所含油酸种类不同，分为轭合酸油类、亚麻酸油类、油酸—亚油酸油类、芥酸油类等。

铸造工业生产中所用的植物油黏结剂主要有桐油、亚麻油和改性米糠油等，它们均属于干性油，几种植物油的油酸含量和质量指标见表3-3。

表3-3 几种植物油的油酸含量和质量指标

项目	轭合酸油类	亚麻酸油类		油酸-亚油酸类		芥酸油类
	桐油	亚麻籽油	大豆油	棉籽油	米糠油	菜籽油
桐油酸(%)	77					芥酸45
亚麻酸(%)		49	8			8
油酸(%)	8.8	2.3	25	23	39.2	16
亚油酸(%)	10.5	18	52	48	35.1	12
不饱和酸(%)	95	90	86		90	90
不皂化物(%)	<0.75	<1.5	<1.5	<1.5	4.6	
酸值(mg KOH/g)	0.5~2.0	5.0	2.0	1.0	8~18	3.12
碘值(韦氏法)	159~183	182~204	114~157	100~115	65~85	96~106
皂化值	188~197	184~195	186~195	191~198	170~180	167~186

2. 植物油类黏结剂硬化机理

植物油黏结剂加热硬化过程中的化学反应是比较复杂的，目前的硬化机理尚不完全清楚。

植物油类黏结剂的硬化过程大致如下：

1) **预热阶段**。油中的水分和易挥发物质在加热初期开始挥发。

2) **氧化阶段**。植物油中不饱和烃基中碳原子之间的双键在加热时被打开，空气中的氧进入双键部分与碳原子结合，临近双键的—CH_2—处被吸收，形成氢过氧化物，—CH(OOH)CH=CH—。其氧化过程可以简单表示为：

$$\text{-----C}\!\!=\!\!\text{C-----} + O_2 \longrightarrow \text{-----}\underset{\underset{O\text{---}O}{|\quad\quad|}}{\overset{H\;\;H}{\underset{|\;\;\;|}{C\text{---}C}}}\text{-----}$$

3) **聚合阶段**。生成的氢过氧化物很不稳定,这些氢过氧化物进行一系列反应,产生一些化合物,包括像低级脂肪酸和醛类,同时构成游离基团。这些游离基团引导双键交联,聚合形成皮膜。

其聚合过程:

具有共轭双键结构的桐油酸,其共轭双键两边的亚甲基因同时受两个或三个双键的影响,活化程度高,氧化成膜速度较快。亚油酸、亚麻酸等虽有两个或三个双键,但不成共轭体系,氧化速度较慢,形成的氧化膜也较软。

如果生成物中还有双键,则在氧化作用下又转变为氢过氧化物,然后又与其他含有双键的分子继续聚合。经过不断重复进行氧化和聚合,分子逐步增大,油从低分子化合物逐渐转变成网状的高分子化合物,液态油膜变为溶胶。随着分散介质的逐渐消失,溶胶转变为凝胶,最后成为坚韧的黏结膜,从而使砂芯具有高的干强度。

从以上分析可以看出,植物油硬化反应需具备以下几个条件:

1) 植物油分子中必须含有双键。双键越多,氧化聚合反应进行得越迅速,则反应越完全。

2) 加热是使反应迅速进行的必要条件。但加热的温度不宜过高,否则植物油将燃烧和分解。

3) 硬化过程中必须有充足的氧气供应。由于在硬化过程中氧起到"架桥"的作用,所以供氧越充分,硬化速度越快,硬化后强度也越高。

3. 植物油黏结剂的主要质量指标

铸造用植物油黏结剂的质量指标主要有碘值、酸值和皂化值等项目。

(1) **碘值** 碘值是在一定标准下,100g 油所能吸收碘的克数。碘值用来判断植物油的不饱和程度,也是表明植物油干燥速度的重要指标。根据碘值的高低,可将植物油分为三类:

1) 干性油。碘值大于 140。

2) 半干性油。碘值为 100~140。

3) 不干性油。碘值小于 100。

(2) **酸值** 油脂中常含有少量游离脂肪酸,油脂中游离脂肪酸的含量可用酸值表示。酸值是中和 1g 油中游离酸所需 KOH 的毫克数。酸值越小,油的质量越好。

纯净的植物油无臭味,含游离的脂肪酸少。但植物油经长期储存,或受阳光、空气中的氧和微生物的作用后会氧化分解,产生难闻的酸类混合物,从而酸败变质。酸败后,油中的游离脂肪酸含量增加,酸值变大。因此可根据酸值的大小判断植物油的质量。

(3) 皂化值　皂化值表示植物油中游离脂肪酸和化合脂肪酸的总含量,并用1g油完全皂化(中和1g植物油中游离脂肪酸和化合脂肪酸)时所需要的KOH的毫克数。皂化值是区别油与其中不能皂化物质的分析基础。皂化值与酸值之差,即表示与甘油结合成酯的化合酸量。皂化值反映了植物油的纯度和油的分子质量大小,油中的杂质越多,皂化值越小。

几种铸造常用植物油黏结剂的质量指标见表3-3。

4. 油砂的工艺性能及主要影响因素

(1) 湿强度　油砂湿强度较低,抗压强度只有$2.8 \sim 5.0 \mathrm{kPa}$,只适用于高度很小或用成形烘干器烘干的砂芯。不适合用作高度大或形状复杂的砂芯。

为了提高油砂的湿强度,可加入某些附加物,如水、黏土、糊精等。影响油砂湿强度的因素有:

1) 水。水的表面张力(约$72.5 \times 10^{-7} \mathrm{N/cm}$)比油大,所以加入一定量的水可适当地提高油砂的湿强度。另外,在加入其他附加物的同时,也需要加入一定量的水。

水与石英砂的润湿情况比油好。混砂时先加入一定量的水,砂粒充分润湿并形成一层均匀水膜。然后再加入油,油能迅速地均匀分布在砂粒表面,这对于提高油砂芯的湿强度有利。但由于水分在烘干时要蒸发,会破坏油膜的完整性,使砂芯的干强度降低。每加入1%的水,相当于损失0.25%的油。同时,水分加入过多,还容易沾附芯盒,造成砂芯制造不便。因此应严格控制水的加入量,一般为1.5%~2.0%左右。

2) 黏土。油砂中加入黏土,同时加入少量水,能显著提高油砂的湿强度,但也会降低油砂的干强度,原因有三:①黏土颗粒细小,表面积大,要吸附较多的油;②黏土中的钠、钾、钙的盐类,在水中离解成碱金属或碱土金属氧化物与油起皂化反应,也要消耗一些油;③加入的黏土分布在砂粒周围的油膜中,会破坏油膜的连续性和完整性。大约每加入1%的黏土相当于损失0.15%~0.25%的油。另外,由于加入一定量的黏土后,将使油砂芯的透气性降低,砂芯的流动性下降,溃散性变差。因此,一般不允许Ⅰ级砂芯加黏土,而且对原砂的含泥量还要加以限制。

黏土的加入量一般控制在1%左右。

3) 糊精。糊精的分子式为$C_6H_{10}O_3$,是一种复杂的碳水化合物。糊精在水中能形成溶胶,是良好的水溶性有机黏结剂,在油砂中只要加入少量的糊精(同时加入适量的水)就能显著提高油砂的湿强度。烘干时,砂芯表面的水分不断地蒸发,内部的水分不断地向表面迁移,同时有少量糊精也会随水分迁移至砂芯表面层,使表面层糊精含量增加形成一层具有较高湿强度的硬壳,有利于防止湿砂芯发生变形。浇注时,糊精受热分解出还原性气体,可提高铸件的表面光洁度。但糊精的吸湿性较强,它由溶胶变成凝胶的过程大体上是可逆的,因此混好的芯砂应加盖密封存放。

糊精的加入量一般控制在1.5%~2%,但要适当提高油的加入量,才能保证足够的干强度。

4) 亚硫酸盐纸浆废液。铸造用纸浆废液实际上是浓缩的亚硫酸盐纸浆废液提取酒精后的酒糟废液,是一种水溶性黏结剂。在油砂中加入一定量的纸浆废液可提高油砂的湿强度,而对干强度的影响并不显著。油砂中加入纸浆废液后容易沾附芯盒,使造芯操作不便。同时砂芯的吸湿性增大,容易返潮,不宜长期存放。因此,纸浆的加入量一般控制在1%~2%左右。

(2) 干强度 油砂干强度,主要取决于油膜的强度、完整性和厚度。影响油砂干强度的因素有:

1) **油的加入量**。油的最适宜加入量,应使全部砂粒表面都覆盖一层完整、均匀并具有一定厚度的油膜。由图3-1可知,随着油量的增加,干拉强度不断提高,到一定值后,干拉强度继续提升,比强度却开始下降。这主要取决于油膜厚度。如果油的加入量过少,就不能在全部砂粒表面形成一层均匀的油膜,砂芯的干拉强度就低。如果油的加入量过多,虽然砂芯的干拉强度可以提高,但延长了烘干时间,增加了砂芯的发气量,而且经济上也不合算。最佳油膜厚度为比强度最大值时的油膜厚度,即最佳油

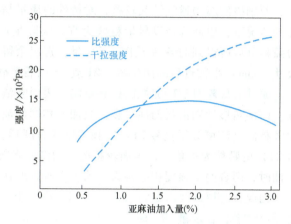

图3-1 亚麻油加入量对芯砂干拉强度和比强度的影响

的加入量为比强度最大值时对应的加入量。一般为砂重量的1%~3%。

2) **油的黏度**。油的黏度对油砂的性能也有一定的影响。如果油的黏度过大,覆盖在砂粒表面的油膜就厚,油的消耗量就多。当黏度很大时,就很难均匀覆盖在每颗砂粒的表面上。因此,为了节省油的用量,常加入一定量的溶剂来降低油的黏度。表3-4为亚麻油砂的干拉强度、比强度与黏度、加入量的关系。

表3-4 亚麻油的黏度、加入量与强度

油与容积的比例(%)		黏度/(°E)	亚麻油加入量(%)							
			1.0		1.5		2.0		3.0	
亚麻油	煤油		比强度$\sigma_{比}$/(MPa·(1%)$^{-1}$)和干拉强度$\sigma_{干}$/(MPa)							
			$\sigma_{比}$	$\sigma_{干}$	$\sigma_{比}$	$\sigma_{干}$	$\sigma_{比}$	$\sigma_{干}$	$\sigma_{比}$	$\sigma_{干}$
100	0	7.53	0.97	0.97	1.09	1.63	1.07	2.15	0.84	2.54
90	10	5.73	1.49	1.49	1.40	2.11	1.29	2.58	0.96	2.89
75	25	3.50	1.76	1.76	1.50	2.38	1.33	2.67	0.99	2.99
60	40	2.36	1.92	1.92	1.62	2.43	1.38	2.76	1.01	3.05
50	50	2.05	1.73	1.73	1.54	2.31	1.32	2.65	0.99	2.95
40	60	1.70	1.40	1.40	1.35	2.02	1.20	2.40	0.91	2.75

从表中可以看出,在一定的范围内,油砂的强度随着黏度的减小而升高。但如果油的黏度太小(表3-4中为小于2.36),覆盖在砂粒表面上的油膜厚度太小,黏结能力降低。同时,由于溶剂的含量太多,在烘干的过程中,溶剂大量挥发破坏了油膜的完整性。砂芯的干拉强度和比强度都将大幅度降低。

3) **原砂质量的影响**。原砂的含泥量、粒度和形貌对油砂的干强度都有影响。

原砂的含泥量应尽量少,否则将使油砂的干强度降低。含泥量越高,消耗的油越多,干强度下降越多。原砂的含泥量一般应控制在0.2%以下。有的企业为了降低原砂含泥量采用

水洗的原砂。

原砂的颗粒越细,砂粒的总表面积就越大,势必消耗更多的油。油多则砂芯的发气量大,而细砂砂芯的透气性又较差,对铸件的质量是很不利的。因此,在不影响铸件表面粗糙度的情况下,原砂选择以尽量粗些为宜。实际生产中经常采用粒度分组代号〔将铸造用试验筛筛分后所得到的各筛子上砂子质量,选出余留量之和为最大值的相邻三筛,用中间筛孔尺寸(mm)小数点后的两位数〕21或15的石英砂。

原砂的形貌对油砂的性能也有影响。表面光洁的圆形砂,其表面面积较小,消耗较少的油,而多角形砂则消耗的油较多。当加入相同的油量时,圆形砂的干强度就较高。例如,东北大林砂(粒度分组代号21)的颗粒形状为圆形,表面较光滑。江西湖口砂(粒度分组代号21)的颗粒为多角形,表面较粗糙。两者的颗粒大小相似,但加入相同数量(1.7%)的桐油时,两者的干强度相差甚大。前者干拉强度达1.40MPa,而后者仅为0.75MPa。

因此,对原砂要求是力求达到"圆、净、干",具体说来,角形系数 E 为 $1.1 \sim 1.3$,含泥量<0.2%,含水量<0.2%。

5. 油砂的配制与烘干工艺

(1) 配制 石英砂与水能很好地润湿,混砂时应先加水后加油,不但使油均匀地分布在每颗砂粒的表面,而且还可以避免粉状材料吸收较多的油。混砂时正确的加料次序是:

$$\underset{混碾3\sim5min}{原砂+黏土+硼酸+固态黏结剂} + \underset{混碾4\sim6min}{水+其他液体黏结剂} + \underset{混碾5\sim10min}{油} \rightarrow 出砂$$

总的混砂时间控制在12~20min。混制好的砂芯应储存在专用的箱里,并用湿麻袋盖上,回性1.5~2h后再使用。如果油砂中含有纸浆或糊精等水溶性黏结剂时,要防止储存期间由于水分蒸发而使砂芯性能变坏的现象出现。

(2) 烘干工艺 砂芯烘干的目的是为了去除水分,使黏结剂进行氧化、聚合反应形成坚韧的油膜而使砂芯获得高的干强度和透气性,降低发气量。正确的烘干工艺规范是控制油砂质量的关键。

油砂芯的烘干温度和时间,主要取决于黏结剂的种类、砂芯的壁厚和复杂程度。如果砂芯的壁薄且均匀,可采用较高的烘干温度、较短的烘干时间。这样砂芯的质量好,而且生产率高。如果砂芯的壁较厚而且又不均匀,则应采用较低的烘干温度、较长的烘干时间,以使砂芯的各个部分都能均匀受热。一般以植物油为黏结剂的砂芯最适宜的烘干温度为200~220℃,最高不得超过250℃。烘干时间要根据原砂的粒度和砂芯的尺寸大小来确定。砂粒细、砂芯厚大,烘干时间就长。烘干时间为0.5~4h。表3-5列出了两种不同厚度的油砂芯的烘干温度和保温时间。图3-2则为油砂芯的烘干时间及温度与干强度的关系。

表3-5 油砂芯的烘干工艺规范(烘干温度、保温时间)

序号	砂芯厚度/mm	亚麻油砂芯		T99-1砂芯	
		烘干温度/℃	保温时间/h	烘干温度/℃	保温时间/h
1	<40	200~220	0.5~1.0	220~240	0.5~1.0
2	40~80		1.0~2.5		1.0~2.5
3	>80		2.5~4.0		2.5~4.0

注意事项：

1）油砂必须在<u>有游离氧的气氛中加热</u>才能硬化。因此，烘干过程中炉内气流应通畅。

2）烘干温度和烘干时间对油砂强度的影响。如图 3-2 所示，当烘干时间一定时，如果砂芯的烘干温度太低，油的氧化、聚合反应进行的慢而且不完全，干压强度不能达到最大值。如要达到最大强度，则要延长烘干时间。提高烘干温度可以加速油的氧化、聚合反应而缩短烘干时间。如果烘干温度过高（高于 250℃）或烘干时间过长，油膜会被破坏（分解），会使砂芯发酥或烧枯，砂芯强度大大降低甚至报废。如果升温速度太快，容易出现烘不干或表面出现裂纹等现象。

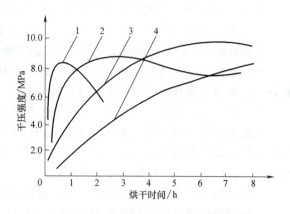

图 3-2 烘干时间和温度与芯砂干强度的关系
1—250℃ 2—230℃ 3—200℃ 4—175℃

3）烘干后油砂芯的冷却速度对油砂强度的影响。冷却过快，油膜易产生应力而开裂，使油砂的干强度下降。另外，油在加热烘干时，会放出 CO、丙烯醛等有害气体，低于 50～75℃ 时才停止产生有害气体，应注意烟气的排出与处理。最好在低于 50℃ 时取出砂芯，因随炉冷却，其冷却速度也不至于太快，这样对油砂芯的强度和工作环境都有利。

4）采用粒度为 50/100 的水洗圆形砂，尽量不加黏土和水，控制好混砂和烘干工艺，可显著减少油的加入量，只需 1.5%～2.0% 即可。

6. 油砂的适用范围

通常不加附加物的植物油砂，主要用于Ⅰ级砂芯；加水溶性附加物的油砂主要用于对湿强度要求稍高的Ⅱ级砂芯；在亚硫酸盐纸浆作黏结剂的芯砂中加入少量的油，用以改善流动性，提高干强度等，主要用于Ⅲ级砂芯。

为了控制植物油作黏结剂时的成本，并使其操作性能最佳，砂芯油黏结剂除了油的成分以外，还常加有其他油衍生的酯、不饱和烃树脂及溶剂。一般为 1/3 植物油、1/3 溶剂和 1/3 聚合物。

随着自硬树脂砂和气硬树脂砂的发展，以及壳芯、热芯盒法造芯的大量应用，油砂的应用正在逐步减少，特别是高尺寸精度和生产率等要求是油砂法制芯无法满足的。加之油砂造芯需要操作技能非常熟练的工人，能源消耗大，因此现在除个别工厂的少数砂芯仍采用油砂制芯以外，大都已被其他黏结剂和制芯工艺所取代。

3.2.2 合脂砂

合脂黏结剂是我国于 1962 年研制成功的植物油代用品，来源丰富，价格低廉。我国一些工厂曾广泛使用合脂黏结剂制造Ⅱ、Ⅲ级砂芯。

1. 合脂黏结剂

<u>合脂是合成脂肪酸蒸馏残渣的简称</u>，是先由炼油厂原料脱蜡过程中得到石蜡，制皂企业再将石蜡制取合成脂肪酸时所得的副产品。

合脂的组成很复杂,很难精确分离,可以粗略认为它含有三种主要成分:

(1) 稀碱液可溶成分　主要是高碳脂肪酸和羟基酸。

(2) 稀碱液不溶但是可以皂化的成分　主要为羟基酸的内脂和交脂。

(3) 稀碱液不溶又不可皂化的成分　主要含有中性氧化物和未氧化的蜡。

上述组分中,可皂化成分是合脂中具有强黏结能力的成分,其含量越高,则合脂的质量越高。

合脂在常温下为黑褐色膏状物,低温时呈固体或半固体状。为便于混砂,使用时加溶剂稀释,已用溶剂稀释过的合脂称为合脂黏结剂。

常用的溶剂为煤油,也可用油漆溶剂油作溶剂。

煤油馏程适中(初馏点83℃,终馏点319℃),成本较低,对人体皮肤无大刺激,所以应用广泛。煤油在合脂中的加入量一般为44%~50%(质量分数);高温天气或对砂芯流动性要求不高时为33%~42%(质量分数)。

大批量造芯要求缩短砂芯烘干时间,提高生产效率时采用油漆溶剂油稀释。

根据国家标准《铸造用合脂黏结剂》(GB/T 12216—1990)的规定,按合脂黏结剂用N-6黏度杯(容量100mL±3mL)在30℃测定的黏度(以秒计)的大小分别为:15~40s、40~80s、80~120s,分为40、80、120三级;按工艺试样干拉强度的高低:≥1.4MPa、≥1.7MPa分为14和17两级。其牌号用黏度值、干拉强度级别表示。例如实测铸造用合脂黏结剂的黏度为35s,抗拉强度为1.45MPa,可表示为HZ-40-14。

评价合脂黏结剂性能的主要指标是酸值和黏度。合脂的酸值应小于70,最好为50~60,黏度最好控制在15~80s。

关于合脂黏结剂的硬化机理(因为不是纯物质)目前还没有完全明白,其过程十分复杂,既有不饱和脂肪酸的氧化聚合反应,也有羟基酸的缩聚反应。硬化过程中合脂的相对分子质量逐渐增大,黏结剂膜从液态转变成溶胶、凝胶,最后变成坚韧且具有弹性的薄膜,使砂芯具有相当高的强度。

合脂砂的烘干温度范围比油砂宽些,但是最适宜范围仍为200~220℃。

合脂黏结剂的加入量一般为砂质量的2.5%~4.5%。加入过多,砂芯强度增加不显著,而发气量会明显增大,黏模加重,蠕变加大,溃散性变差。

2. 合脂砂的性能及影响因素

(1) 合脂砂的性能特点　合脂砂湿压强度低,一般只有2.0~3.5kPa;干强度较高,但不如植物油砂强度高;吸湿性小,发气量比黏土砂大,比油砂略小;合脂的表面张力虽然很小,但因黏度大,所以合脂砂的流动性比油砂差;合脂砂蠕变性大,砂芯制好后,在湿态下放置或烘干过程中会逐渐变形。

(2) 影响合脂砂性能的主要因素

1) 合脂的稀释比。合脂的稀释比是合脂和溶剂的质量比。例如稀释比为10:6(质量比,余同),即表示1kg合脂中加入0.6kg溶剂。固定合脂的实际含量不变,砂芯的干强度随溶剂含量的增加而提高。这是因为随着溶剂量的增加,合脂的黏度下降,可更均匀包覆在砂粒表面。但增加至10:8后合脂砂的干强度又逐渐下降。这可能是由于在烘干过程中,大量溶剂向外蒸发,破坏了黏结剂膜的连续性。合脂的稀释比一般控制在10:6~10:10比较适宜。但稀释比与合脂稀释前的黏度和使用时的温度有关,所以生产中以控制合脂的黏度为标准,黏度一般控制在40-60(N-6黏度计)。合脂的稀释方法是先将合脂加热到熔融状态(80~100℃),然后慢慢加入煤油,并充分搅拌到无分层和沉淀为止。

2) 合脂加入量。合脂砂的干强度随合脂黏结剂加入量的增加而增加，但合脂黏结剂加入到一定限度后，强度增加很少，而发气量明显增大、黏模加重、蠕变加大、溃散性变差等，所以合脂加入量不能太高，一般为 2.5%~4.5%。

3) 黏土。合脂的湿强度低，蠕变性又大，所以实际应用中常加入黏土来提高合脂砂芯的湿强度。但每加 1% 黏土，合脂砂芯的干强度要降低 10%~15%。如果把黏土和糊精、纸浆废液配合使用，不仅可改善湿强度，还可以减少干强度的降低量。若单独使用黏土、糊精、纸浆废液，则效果都不佳。

4) 烘干温度。烘干温度对合脂砂芯的影响与油砂相同，但烘干温度范围比油砂宽。可以为 180~240℃，不过最适宜范围仍为 200~220℃。

3. 乳化合脂的应用

合脂黏结剂多用煤油稀释，要消耗大量煤油，且煤油对人的皮肤有害，因此生产上常将合脂制成乳浊液使用，其配比为原合脂：水：苛性钠(NaOH) = 1 : (1~1.3) : (0.26~0.36)。配制时先将固体苛性钠溶解到一部分水中，再按配方加入原合脂和其余的水，然后一起加热，搅拌（也可按配方先将苛性钠溶于水，再把碱水和原合脂分别加热到 90~100℃，再将碱水慢慢倒入合脂中，并不断搅拌），直到合脂变成不能拉丝、没有黑点的稀糊状，表面有气泡及冒出白烟，这表明合脂已经完全乳化。若乳化合脂加入量为 6%、则湿压强度可达 7.5kPa，比煤油稀释的合脂砂强度高一倍。

4. 存在的问题和改进措施

(1) 湿强度低 合脂砂的湿压强度只有 2.0~3.5kPa，比植物油砂还要低。

改进措施：加入膨润土或者含泥量高的天然黏土砂可以提高湿强度。不过，单纯加膨润土时，每增加砂质量 1% 的膨润土，合脂砂干强度要降低 10%~15%。如果把膨润土、糊精和纸浆废液复合加入，不仅可以改善湿强度，干强度的降低也减少。目前生产中多采用加膨润土 1.5%~2.0%，糊精 1.0%~1.8%，使湿压强度达 12~20kPa。

(2) 砂芯蠕变 合脂砂湿强度低，合脂本身在常温下黏度大，芯砂流动性差，造芯时不易紧实；加上合脂的黏度随温度升高急剧降低，因此合脂砂芯在湿态和烘干过程中易发生蠕变，即逐渐下沉。在冬季，合脂变得更加黏稠，蠕变现象就更为严重。

一般采用下列方法来减少蠕变：

1) 在芯砂中加入糊精等附加物，提高湿强度并使砂芯表面迅速硬化以抵抗蠕变。冬季合脂黏结剂比较黏稠，砂芯湿强度可能偏高，此时不要轻易减少附加物的加入量。

2) 增加砂芯中的芯骨或改变芯骨形状，以加强砂芯抵抗变形的能力。

3) 造芯时尽量舂紧，以增加砂芯蠕变时砂粒间的摩擦阻力。

4) 尽可能采用成形托板烘芯，也可以用砂子来做砂芯垫块。对高大砂芯尽可能躺倒放置，以减少自重产生的压力，并增加与烘板的接触面积。

5) 湿态砂芯要轻拿轻放，避免受振动。

6) 烘砂芯时，高温入炉，急速加热，使表面尽快硬化。

(3) 流动性差 合脂砂比油砂的流动性差。当大批量流水生产制造复杂砂芯时，矛盾特别突出。

可以采取下列措施来提高合脂砂的流动性。

1) 降低合脂黏结剂的黏度。正确控制稀释比例，不可太黏。如果使用溶剂汽油，稀释比例与用煤油相同时，合脂黏结剂的黏度可降低 20% 左右。

2) 减少合脂黏结剂加入量。合脂黏结剂加入量应控制在保证芯砂干强度的最下限。

3) 适当控制粉状材料及水溶性附加物的加入量。因为湿强度提高了，流动性必然下降。所以一般这类物质的总加入量应控制在 2.5%（质量分数）以下，并在满足生产要求的前提下尽量少加。

4) 在合脂砂中加入少量植物油。加 0.16%~1%（质量分数）的亚麻油有明显效果。

5) 选用粒度分布均匀、含杂质少的圆形原砂。

5. 黏附芯盒

改进措施：

1) 用少量煤油擦拭芯盒，也可撒石松子粉作为脱模剂。

2) 尽可能减少合脂黏结剂的加入量。

3) 尽量减少水分和其他液体黏结剂的加入量。

4) 在砂芯中加入 0.1% 的石蜡或 0.3%~0.5% 的润滑油。

5) 混好砂后，停放几小时。

6) 注意芯盒的材质和表面粗糙度，金属芯盒比木质芯盒黏附性小，表面越光滑，黏附性越小。

由于国内合脂的质量不够稳定，价格却逐年上涨，所以已逐步被其他黏结剂所取代。

3.3 合成树脂砂

前节所讨论的有机黏结剂（植物油、合脂等），虽可使砂芯具有较好的性能，但因需烘干才能硬化，砂芯易变形，尺寸精度低，生产周期长，效率较低。水玻璃砂在吹硬后取芯，虽然尺寸精度高，生产效率高，但溃散性差。这两类黏结剂都不够理想。

化学工业的发展，使得铸造生产中采用树脂作黏结剂成为可能。用合成树脂作砂芯黏结剂是制芯工艺的一大变革。用合成树脂制芯主要有以下几种方法：壳芯法、热芯盒法、温芯盒法、冷芯盒法。这些工艺方法有以下特点：

1) 砂芯直接在芯盒中硬化，不需进烘炉烘干，可取消烘炉。

2) 硬化反应快，大大提高了生产效率，节约了车间面积。

3) 制芯工艺过程简单，便于实现机械化和自动化。

4) 砂芯是在硬化后取出，变形小，精度高，从而提高了铸件的尺寸精确度，可以减少加工余量。

3.3.1 壳芯（型）砂

1. 概述

壳芯（型）法是 Johannes Croning 在 1940 年发明的，故又称为 "C" 法或 "壳法"（Shell Process），或为壳型造型（Shell Molding），此法主要用于制造壳芯，也可以用于造型。

壳芯法用酚醛树脂作黏结剂，配制的芯（型）砂是松散状态的，称为壳芯砂，又叫做覆膜砂。其制壳的方法有两种：翻斗法和吹砂法。

翻斗法常用于制造壳型，吹砂法用于制造壳芯。图 3-3 为翻斗法制造壳型工序示意图。模型预热到 250~300℃，喷涂分型剂；将模板置于翻斗上并固紧，翻斗转动 180° 使覆膜砂落到模板上，保持 15~50s（常称结壳时间），包覆在砂上的树脂软化重熔，在砂粒间接触部位形成连接"桥",将砂粒黏在一起,并沿模板形成一定厚度塑性状态的壳,翻斗复位,未发生反应的覆膜砂仍旧落回翻斗中,对塑性薄壳继续加热30~90s(常称烘烤时间),顶出即得壳厚为5~15mm的壳型。

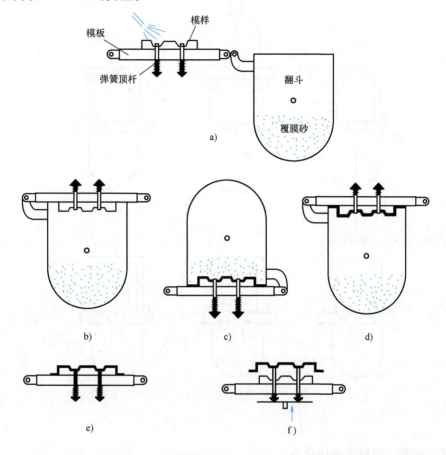

图 3-3　壳型造型法示意图

a) 在热模样上喷脱模剂　b) 模样旋转到翻斗上夹紧　c) 结壳　d) 结壳完毕、复位
e) 壳型仍附在模样上并移到烘炉硬化　f) 脱壳、制成壳型

吹砂法分顶吹法和底吹法两种(图3-4)。一般顶吹法的吹砂压力为0.1~0.35MPa,吹砂时间为2~6s;底吹法的吹砂压力为0.4~0.5MPa,吹砂时间为15~35s。顶吹法可用于制造较大型复杂的砂芯;底吹法常用于小砂芯的制造,硬化时间为90~120s。硬化时间对壳芯壁厚影响较大,硬化时间越长,壳芯越厚。而硬化温度的提高对硬化速率几乎没有影响,反而使靠近芯盒或模板的砂有过硬化的危险。芯盒加热温度一般为250℃。芯盒材料为铸铁,避免使用铜或黄铜,因为硬化过程中释放出氨,将引起腐蚀。模板或芯盒的加热采用电热或煤气,且为连续加热。

壳法造芯(型)优点:

① 混制好的覆膜砂可以较长期储存(3个月以上);型、芯可以长期储放。

② 无需捣砂,能获得尺寸精确的型、芯。

③ 型、芯强度高,质量轻,易搬运。

④ 透气性好,可用细的原砂得到光洁的铸件表面。

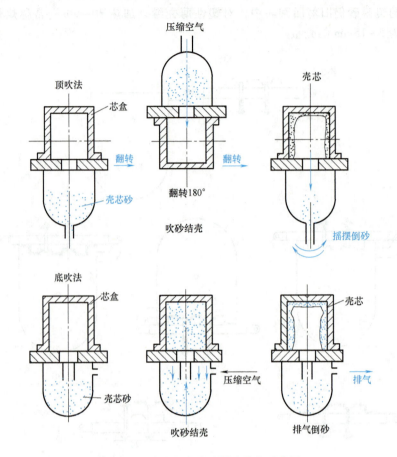

图 3-4 顶吹法和底吹法制造壳芯示意图

⑤ 无需砂箱，覆膜砂消耗量小。

尽管酚醛树脂覆膜砂价格较贵，造型、造芯耗能较高，但在要求铸件表面光洁和尺寸精度较高的行业仍得到一定的应用。通常壳型多用于生产液压件、凸轮轴、曲轴以及耐蚀泵件、履带板等钢铁铸件上；壳芯多用于汽车、拖拉机、液压阀体等部分铸件上。

对壳法的改进主要是为了进一步控制工作场地气味以及减少覆膜砂堆放场地废砂的浸出物。

2. 壳芯（型）砂所用原料

（1）黏结剂-酚醛树脂　壳芯（型）砂采用热塑性酚醛树脂作为黏结剂。酚醛树脂是最早出现的人工合成树脂，它是由苯酚（C_6H_5OH）和甲醛（HCHO）合成，因合成条件不同，可得到性能不同的两类树脂。

在 1872 年，A. Baeyer 就发表了研制酚醛树脂的成果，其后，很多人进行了大量的研究工作。酚醛树脂可分为热塑性（Novolac 诺沃腊克型）酚醛树脂（也称为壳型（芯）用酚醛树脂）和热固性酚醛树脂（只用其甲阶树脂）两种。

苯酚和甲醛在酸性或碱性的催化剂作用下，通过缩聚反应生成酚醛树脂。在酸性催化剂作用下，苯酚过量时生成线型热塑性树脂；在碱性催化剂作用下，甲醛过量时生成体型热固性树脂。

热塑性酚醛树脂是在苯酚过量（苯酚和甲醛的摩尔比为 1∶0.75~0.85）和酸性催化剂（HCl）的条件下缩合而成，又称 Novolac 型酚醛树脂。

一般甲醛的氢原子可能加成到与苯酚邻、对位上活泼的氢，成为邻位羟甲基酚或对位羟甲基酚。但邻位氢原子比对位氢原子更活泼，所以在甲醛不足时，不会在对位上形成羟甲基。

由于苯酚过量，在羟甲基酚与苯酚或羟甲基酚与羟甲基酚之间可能发生缩合反应。

由于对位上没有羟甲基，因此不能自行缩聚，不发生交联反应，也就不会形成体型分子。这是因为用酸催化时，缩合反应速度远快于加成反应，一旦有羟甲基-CH_2OH生成，将立即缩合，因此缩聚物分子中不可能留下多余的羟甲基。所以，在苯酚过量的情况下，只能得到线型树脂。

这种树脂能溶于酒精，为黄色固体，加热到105℃以上就软化，冷却后又硬化，再加热又软化。这种加热到一定温度范围就软化、熔化，冷却后又硬化，其过程是可逆的树脂称为热塑性树脂。这种树脂可长期存放不会发生显著变化，可长期保存，适宜作为壳芯砂的黏结剂。

如果在热塑性酚醛树脂中加入额外的甲醛作为交联剂，可使其进一步缩聚。加热后，像热固性酚醛树脂一样变成不溶不熔的体型树脂。甲醛源一般由六亚甲基四胺（乌洛托品）提供，它在微量水存在的情况下，受热即可释放出甲醛和氨。

$$(CH_2)_6N_4 + 6H_2O = 6HCHO + 4NH_3\uparrow$$

产生的氨提供了碱性气氛，在碱性条件下，加成反应速度快于缩合反应速度，即优先在酚醛树脂分子链上的苯酚羟基的对位处形成羟甲基，此酚羟甲基再与其他酚醛树脂分子链上苯酚中对位或邻位的活泼氢原子缩合，生成亚甲基-CH_2-键，使树脂分子交联。故聚合物中一旦有羟甲基-CH_2OH基团，就成为热固性带有分支的酚醛树脂，进一步加热就变成不溶不熔的体型树脂。

带有羟甲基的线型树脂或带分支的树脂能与另外一个树脂分支起缩合反应，形成网状的体型结构，如下所示。

这样树脂成为了不溶不熔的网状固体将砂粒紧紧黏在一起，使其具有较高的强度。

乌洛托品起固化剂的作用。它是甲醛和氨的反应产物，其加入量一般占树脂质量的10%~15%，并按乌洛托品:水=1:1~1.5（质量比）配成水溶液加入。

但在反应过程中，大部分氮会以氨的形式被排放到大气中。由于乌洛托品含40%的氮，给酚醛树脂黏结剂带来许多氮，使得壳型浇注铸钢件易产生皮下气孔。

热塑性酚醛树脂中，如果加入的乌洛托品量过少，则带入的氮少，但是残存的未交联成体型结构的酚醛树脂较多，型芯在浇注金属热的作用下，未成体型结构的树脂会重新软化或熔化，增大型芯变形量，但是抗开裂能力增强；乌洛托品加入量过多，型芯的线膨胀率增大，变形量小，较易开裂。

（2）壳芯法对黏结剂的要求

主要有以下几个方面的要求：

1）聚合时间。指树脂受热后由熔化到固化所需的时间。要求聚合时间短，聚合速度快，聚合时间一般要求35~115s。聚合时间短可以缩短制壳周期，提高制芯生产率，并减少因残余的热塑性引起壳芯变形和脱壳。

2）软化点。软化点是无定形聚合物开始变软时的温度。它不仅与高聚物的结构有关，而且还与其分子量有关。树脂是无定形物质，没有固定的熔点，故用其软化点来表示其物理状态的变化温度。一般要求为82~105℃。这是因为如果树脂的软化点过低，树脂砂就容易结块，影响树脂砂的流动性，壳芯表面容易脱落。

3）流动度。流动度指树脂在熔融状态时的流动能力，要求适中的流动度。如果树脂的流动度过大，则熔融树脂受重力作用，结壳时壳芯表面的树脂容易往下流，使上下部分的树脂含量不均匀，出现偏析。在含量多的地方浇注后可能产生气孔，含量少的地方可能出现强度不足。

4）游离酚的含量要低，一般要求在3.5%~5.0%。

根据专业标准《铸造覆膜砂用酚醛树脂》（JB/T 8834—2013）规定，铸造覆膜砂用酚醛树脂的分类、分级和牌号、技术要求见表3-6~表3-8。

表3-6 铸造覆膜砂用酚醛树脂按聚合时间分类

分类代号	聚合时间/s
F（快速）	≤35
M（中速）	35~75
S（慢速）	75~115

表3-7 铸造覆膜砂用酚醛树脂按游离酚含量分级

分级代号	游离酚含量（%）
I	≤3.5
II	3.5~5.0

铸造覆膜砂用酚醛树脂的牌号表示方法如下：

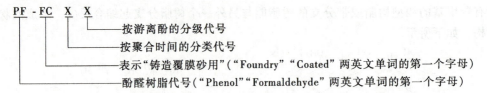

示例：聚合时间40s，游离酚含量为1.0%的铸造覆膜砂用酚醛树脂，可表示为PF-FCM I

表3-8 铸造覆膜砂用酚醛树脂的性能指标

性能指标	按聚合时间分类		
	F	M	S
外观	条状、粒状或片状的黄色至棕红色透明固体		
软化点/℃	82~105		
流动度/mm	30~90	30~90	90~130

（3）原砂　壳法一般采用硅砂，对于表面质量要求很高的铸件，特别是壁厚大、易产生黏砂的铸钢件，也常使用锆砂、铬铁矿砂。原砂应符合"圆、净、纯"的要求。从颗粒度看，在国外，壳型通常采用 AFS 细度 90~110，而壳芯根据使用要求 AFS 细度为 50~80。原砂细度增加，生产一定强度所需要的树脂黏结剂的量也要增加。因此在能达到所要求表面粗糙度的前提下尽可能选用粗的砂子。为了用最少量树脂黏结剂获取最大的强度，必须使用干砂。水分会使砂结块，并降低壳型强度。原砂中 270 目及底盘中砂粒的含量也必须适当限制，一般不应超过 10%（质量分数）。

（4）附加物　为了改善覆膜砂的性能，有时在覆膜过程中加入某些附加物。

1）硬脂酸钙。使覆膜砂存放期间不易结块；增加覆膜砂的流动性，使型、芯表面致密；制壳时易于顶出等，一般加入量为砂量的 0.25%~0.35%；

2）石英粉。用于提高覆膜砂的高温强度，加入量为砂量的 2% 左右；

3）氧化铁粉。用于提高型、芯的热塑性，防止铸件产生毛刺和皮下气孔，加入量为砂量的 1%~3%。

3. 覆膜砂混制工艺

酚醛树脂覆膜砂一般以原砂为 100（质量比），酚醛树脂加入量为：对于壳型为 3.5~6.0，壳芯为 1.5~4.0，另加入乌洛托品（占树脂的 10%~15%）和硬酯酸钙。覆膜砂的混制工艺可分为冷法、温法和热法三种。

冷法也叫冷溶法，是一种初级方法，是指在室温下，先将粉状树脂、固化剂预先溶解在工业酒精、丙酮或糠醛中，再加入砂中进行混砂，此时溶剂逐渐挥发，树脂就在砂子上包覆一层薄膜，最后混合料结成团块。将混合料取出，在阴凉处放置 2~4h，使溶剂全部挥发完，然后再把混合料团块碾碎过筛。溶剂用量根据混砂机能否密闭来确定，能密闭溶剂量为树脂的 40%~50% 即可；不能密闭则溶剂用量为树脂的 70%~80%。采用这种方法，有机溶剂消耗量大，混砂时间长，成本高，混制的各批覆膜砂性能不一，所以此法仅适用于小批量生产。

温法是将加热到 50℃ 的砂子连同乌洛托品和硬脂酸钙加入间歇式混砂机，再加液态树脂并吹温热空气（80~100℃）让溶剂汽化，使砂粒均匀覆膜。将砂团破碎冷却后供使用。

热法是一种适用于大量制备覆膜砂的方法，需要专门的设备。混制时一般先将加热到 130~160℃ 的砂加到间歇式混砂机中，再加树脂混匀，熔化的树脂包在砂粒表面，当砂温降到 105~110℃ 时，加入乌洛托品水溶液，吹风冷却，再加入硬脂酸钙混匀，破碎、筛分备用。如存入砂斗应冷却到 30℃ 以下，以免结块。这种方法不消耗溶剂，树脂加入量较少，所以成本较低。

热法覆膜的砂温不宜低于 130℃，即砂温应高于树脂软化点 50~60℃ 为宜，否则很难保证树脂完全熔化，导致一部分颗粒较大的树脂仍保持团粒状，覆膜不均匀。另外，最好采用片状树脂，因为粉状树脂加入砂中易呈团状，难熔。加乌洛托品时，砂温宜低于 110℃，因为它在 117℃ 以上分解。而砂温高于 100℃，利于溶解，并促进水分汽化挥发。

3.3.2　热芯盒法树脂砂

1. 概述

热芯盒法（Hot-Box Process）是用液态热固性树脂黏结剂和固化剂配制成的芯砂，填入已加热到一定温度的芯盒内，使贴近芯盒表面的砂芯受热后，其黏结剂在很短时间内即可缩聚而硬化，使砂芯成形的过程。在硬化时，只要表层有几毫米结成硬壳即可从芯盒中取出，中心剩余未硬化的部分芯砂则利用余热和硬化反应放出的热量可自行硬化。

热芯盒法出现在 20 世纪 50 年代中后期，主要用于快速生产尺寸精度高的中小砂芯（砂芯最大壁厚一般为 50~75mm），特别适用于生产汽车、拖拉机等行业的铸件。

2. 热芯盒法用树脂黏结剂

热芯盒法所采用的树脂黏结剂是以尿素、甲醛、苯酚、糠醛为原料，按一定的比例，在一定的 pH 值下经聚合、缩聚反应而制成的一类液态树脂。树脂外观一般为黄褐色或棕红色黏性液体。这类树脂也可以看成是以糠醛、酚醛改性尿醛树脂和酚醛树脂形成的改性树脂。糠醇又称呋喃甲醇，因此糠醛树脂以及糠醇改性的这一类含有呋喃环的树脂总称为呋喃树脂。

这类树脂的硬化机理皆在于树脂结构为线型，分子链上的羟基、胺基上的氢原子或酚基上活泼的氢原子以及呋喃环上的不饱和键在固化剂的作用和加热的条件下会进一步产生缩聚和加聚反应，最后交联成为体型结构而固化。

树脂的含氮量与尿素的含量比例有关，因为尿素在高温下首先分解出氨气（NH_3），在缺氧的条件下，氨气会分解为氢气和氮气，并溶入金属液中，易使铸件产生气孔。不同的铸造合金对氮的允许限度不同，因此含氮量不同的树脂的应用范围也有所差别。

热芯盒法常用的树脂有：

（1）糠醇改性脲醛树脂（又称脲呋喃 UF/FA 树脂） 其中，糠醇（Furfural Alcohol），简称 FA；脲醛树脂（Urea-Formaldehyde Resin），简称 UF。

它是由糠醇、尿素和甲醛在固化剂的作用下缩聚而成。而尿素是由氨和二氧化碳在高温高压下合成的。

$$2NH_3 + CO_2 \xrightarrow[200atm]{180℃} H_2N-\overset{\overset{\displaystyle O}{\|}}{C}-NH_2 + H_2O$$

尿素、甲醛和糠醇在固化剂的作用下，发生下列反应

$$n\underset{NH_2}{\overset{NH_2}{|}}C=O + 2n\underset{H}{\overset{H}{|}}C=O + n\text{（糠醇）} \longrightarrow \left[-N-C-N-CH_2-\text{（呋喃）}-CH_2-\right]_n + nH_2O$$

由于它的分子含有羟甲基、胺基上的氢原子以及呋喃环上的不饱和双键，在加热或固化剂作用下，呋喃环的双键会打开，互相交联，羟甲基与胺基上活泼氢原子进一步结合，产生缩聚反应，反应式为：

（反应式示意图）$+nH_2O$

通过失水缩聚和双键间聚合等交联反应，使线型分子结构迅速变成体型结构而硬化。

这类树脂含氮量较高，主要用于有色合金铸件和中小灰铸铁件，而用于铸钢或球墨铸铁件时，铸件容易产生皮下气孔。

这类树脂又可称为呋喃Ⅰ型树脂。

（2）糠醇改性酚醛树脂（又称酚呋喃 PF/FA 树脂） 其中，酚醛树脂（Phenol-Formaldehyde Resin）简称 PF，它是由苯酚、甲醛和糠醇在一定条件下制得，有三种看法：

1）制得酚醛树脂，再加入糠醇，使它与酚醛树脂发生缩聚反应，反应式为：

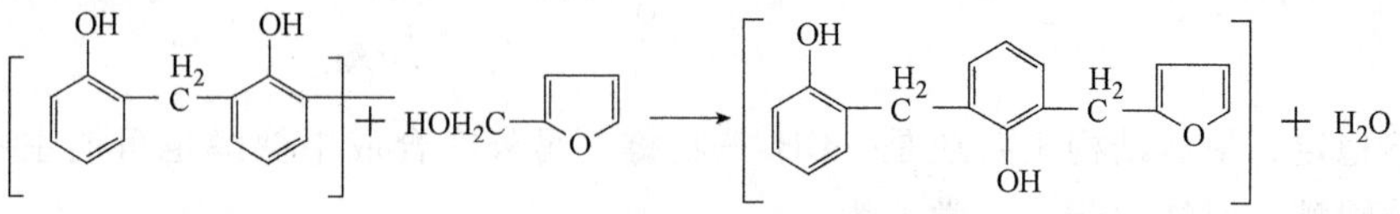

反应生成链状的聚合物，缩聚树脂由于酚基中尚存在未反应的部分。在热的作用下，呋喃环的双键会打开并彼此交联；在乌洛托品中的亚甲基作用下，苯酚彼此进一步缩聚，交联成为不溶不熔的体型树脂，反应式为：

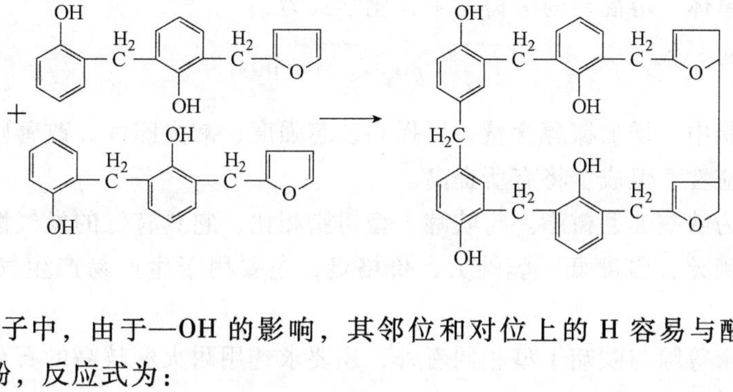

2）在苯酚分子中，由于—OH 的影响，其邻位和对位上的 H 容易与醛发生加成反应，形成多羟甲基苯酚，反应式为：

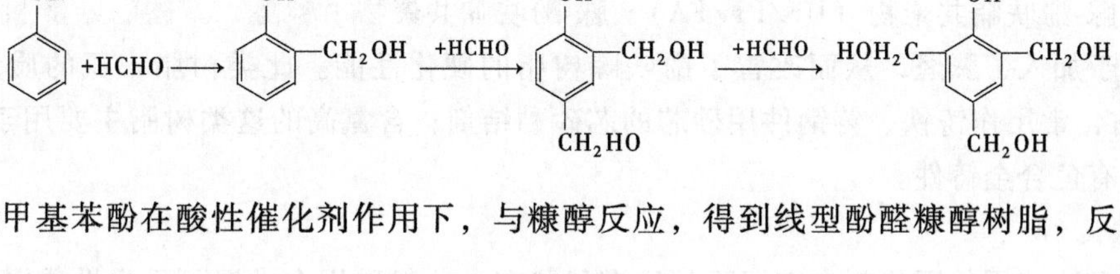

多羟甲基苯酚在酸性催化剂作用下，与糠醇反应，得到线型酚醛糠醇树脂，反应式为：

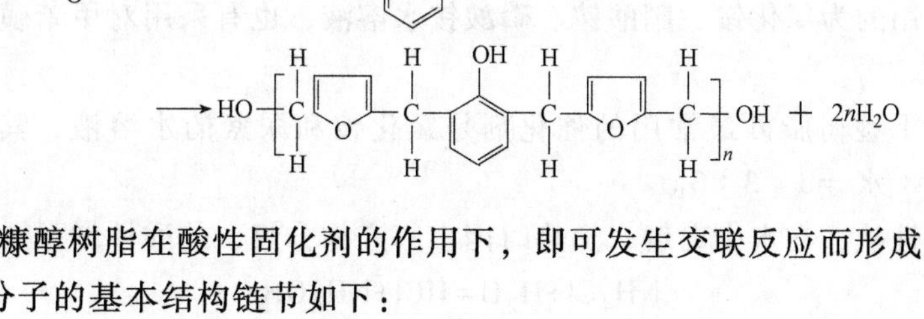

线型的酚醛糠醇树脂在酸性固化剂的作用下，即可发生交联反应而形成三维立体结构。

3）黏结剂分子的基本结构链节如下：

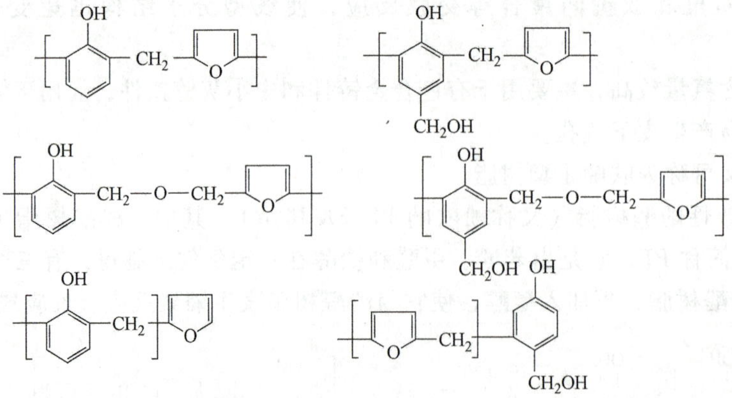

醚键不稳定，最后结构主要还是—CH$_2$—桥键，另外在合成中糠醇也可能主要与甲醛反应形成部分糠醇—甲醛树脂，化学式为：

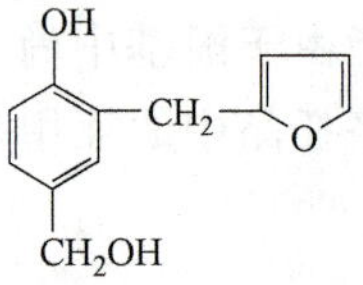

或只是糠醇单体，溶混在酚醛树脂中，化学式为：

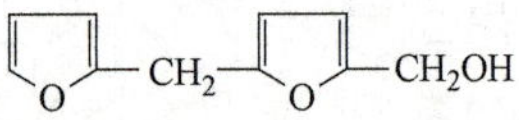

在酚呋喃树脂中，增加糠醇含量，可提高砂芯强度，减少脆性，改善硬透性，延长树脂储存期，扩大适应性，但成本将有所提高。

这类树脂称为呋喃Ⅱ型树脂。与呋喃Ⅰ型树脂相比，它具有低的发气性和吸湿性，配制的树脂砂流动性稍差，强度低，脆性大，价格贵，主要用于生产易产生气孔的铸钢件和球铁件。

对原砂的要求等除与呋喃Ⅰ型相同者外，还要求选用耐火度较高的石英砂。树脂加入量一般为 3%～4%（质量分数）。

（3）脲-酚呋喃共聚物（UF/PF/FA） 脲-酚呋喃共聚物<u>由糠醇、苯酚、尿素和甲醛缩聚而成</u>。由于加入了脲醛，从而改善了酚呋喃树脂的硬化性能。此类树脂中氮的质量分数为 1.0% 左右，常用作铸铁、铸钢件用砂芯的芯砂黏结剂；含氮高的这类树脂主要用于铸铁件，也可用于有色合金铸件。

3. 固化剂

热芯盒法使用的固化剂在室温下处于潜伏状态，一般采用在常温下呈中性或弱酸性的盐（利于混合好的树脂砂的存放，即可使用时间长），而在加热时激活成强酸，促使树脂迅速硬化。生产中常用的为氯化铵、硝酸铵、磷酸铵水溶液，也有采用对甲苯磺酸铜盐、甚至对甲苯磺酸铵盐的。

国内对呋喃Ⅰ型树脂砂最常用的催化剂是氯化铵和尿素的水溶液，其配比（质量比）为氯化铵：尿素：水 = 1：3：3。

氯化铵是酸性盐，在水中离解，加热时因水解产物分解，使酸性增强。其反应式为

$$NH_4Cl + H_2O = HCl + NH_4OH$$

$$NH_4OH = NH_3\uparrow + H_2O$$

氯化铵还能与呋喃Ⅰ型树脂中的游离甲醛反应生成强酸，反应式为

$$4NH_4Cl + 6CH_2O \rightarrow (CH_2)_6N_4 + 6H_2O + 4HCl$$

固化剂的配制：首先将水加热到 60~70℃ 左右，然后加入尿素，再加入氯化铵，当它们溶解吸热而温度下降时，再将溶液加热，并继续搅拌，直到全部溶解成透明的液体。其密度为 $1.15~1.18g/cm^3$，pH 值为 6.0~6.4，用量一般为树脂质量的 20% 左右。

呋喃Ⅱ型树脂砂用乌洛托品作为固化剂，加入量为树脂的 10%，水的加入量为树脂量的 10% 左右（质量分数）。

4. 混制工艺

热芯盒法树脂砂混制工艺简单，可用一般碾轮式混砂机。混砂时间不宜长，混匀即可放砂，以免使温度升高，影响芯砂的流动性。混制工艺为：

干砂+附加物→加固化剂→加树脂黏结剂→出砂

5. 工艺性能

(1) 呋喃Ⅰ型树脂 呋喃Ⅰ型树脂砂的流动性比油砂低，但是在 0.5~0.7MPa 下，可射制形状较复杂的砂芯，满足一般生产要求；混好的树脂砂，存放过程中的流动性逐渐降低，4h 后，流动性下降至 40%~50%，不利于紧实，所以可使用时间不宜超过 4h，并应用湿布遮盖。

呋喃Ⅰ型树脂砂的固化温度为 140~250℃，芯盒温度为 200~250℃ 较适宜。一般几十秒即可从芯盒中取出砂芯。芯盒温度高时硬化快，但砂芯容易烧焦，表面酥脆；芯盒也易变形；反之芯盒温度低时，硬化时间长，但能得到较好的砂芯表面质量和较高的干拉强度。

从吸湿性看，呋喃Ⅰ型树脂为水溶性高分子有机化合物，砂芯在贮放过程中比油砂、酚醛树脂砂吸湿性大，易使铸件产生气孔。因此有时需进行二次烘烤，在 100~200℃ 保温 2h，强度可以回升。

从发气性看，呋喃Ⅰ型树脂比油砂大，发气速度也快，在 1050℃ 时 15s 内大部分气体就会逸出，因此砂芯需注意排气。

其退让性和溃散性能满足一般铸铁件的要求，但对复杂薄壁铸件，其溃散性尚需进一步改善。

(2) 呋喃Ⅱ型树脂 呋喃Ⅱ型树脂的高温性能较好，吸湿性小。呋喃Ⅱ型树脂砂固化速度较慢，存放性好，混制后 24h 仍有流动性，未发现强度下降。呋喃Ⅱ型树脂比呋喃Ⅰ型贵，只用于易产生黏砂或皮下气孔的铸件。用其可制作厚度为 5~20mm 的砂芯，可得质量良好的铸件。

3.3.3 温芯盒法

温芯盒法常指芯盒温度低于 175℃ 的造芯方法，最理想的芯盒温度是低于 100℃，例如 50~70℃。

用热芯盒法造芯，砂芯在芯盒中时间长，会表面发酥，常引起铸件质量问题。若降低芯盒温度，砂芯表面不会过烧，可使砂芯表面光洁和具有最高强度，防止热芯盒法常出现的某些砂芯表面过烧、某些截面硬化不足的现象。另外，从节能和劳动条件方面看，如将芯盒温度从传统热芯盒法的 250℃ 降到 160℃，在实际生产中就可节能 25%~30%。同时，工作场

所散发的有害物质也会减少。

实现温芯盒法造芯，目前有三种方法。①开发能够在较低温度下产生高活性强酸的新型潜伏型固化剂。②增加树脂反应活性，尽量降低合成树脂的含水量［从微量到2%～3%（质量分数）］和低分子物质，或开发新型树脂。③在工艺上采取措施。例如硬化时辅以真空或其他措施。这些方法既可单独应用，也可以几种方法结合。目前可以采用的几种温芯盒法造芯简述如下。

1. 呋喃树脂、酚醛改性树脂温芯盒法

温芯盒用黏结剂通常采用糠醇型呋喃树脂黏结剂，但是也有用酚醛改性的黏结剂。树脂加入量取决于砂芯结构的复杂程度和原砂的性能，对于呋喃树脂，一般为原砂质量的1.2%～2.0%。固化剂已有多种，当前国外较常用的一为以氯化铜的水溶液或乙醇溶液为基的固化剂，在室温下很稳定，在80～100℃开始分解，在150℃具有最佳工艺性能。二为磺酸盐。对我国来说，磺酸铜盐价格较贵，因此侧重开发其他类型的盐或几种固化剂掺合的固化剂，芯盒温度为150℃左右。

2. 辅以真空的温芯盒法

芯盒温度为60～100℃，其机理是在树脂砂中存有在室温和大气压力下稳定的有机酸，当压力降低和温度升高时，破坏其潜伏性，分解出强酸，使树脂迅速硬化。其造芯方法是将砂、树脂（呋喃或热固性酚醛树脂）和固化剂混合后，射（或吹）入100℃的芯盒内，抽真空，接着通空气，随后取芯，取出后砂芯的温度约50℃。

3. CO_2热硬化法

黏结剂为特种热塑性酚醛树脂，溶解于钡、钙或氢氧化锶的碱溶液中。硬化剂或催化剂为六亚甲基四胺和CO_2气体。其芯砂的一种典型配方为：石英砂95.7%；特种树脂3.0%；六亚甲基四胺0.4%；酚醛树脂0.4%；水0.5%（质量分数）。其制芯工艺是一般小砂芯吹CO_2气体立即硬化，初始抗压强度为0.24～0.26MPa，200℃干燥10min后，抗压强度最大达6.86MPa，其冷硬抗压强度1h为0.5MPa；2h为0.8MPa；4h达1.1MPa。这种CO_2气体硬化的树脂砂芯比CO_2硬化的钠水玻璃黏结剂砂芯有更好的溃散性。

4. 温芯盒壳型法

黏结剂由热固性酚醛树脂和芳基磺酸—复合油混合物的水溶液组成。制芯时树脂交联在100℃以上发生，砂芯表层硬化达到一定厚度后，内部未硬化的芯砂可通过芯头倒出来。砂芯内部出现的水分排逸能使硬化停止，因而多余的芯砂仍可使用。

此法兼有壳型法和温芯盒法的优点，而避免了各自原有的不足；用于1000cm^3以上的砂芯有很好的技术经济效果。

3.3.4 自硬冷芯盒法树脂砂

将原砂、液态树脂及液态固化剂混合均匀后，填充到芯盒（或砂箱）中，稍加紧实，即可于室温下在芯盒（或砂箱）内硬化成型，称为自硬冷芯盒法造芯，简称自硬法造芯（型）。自硬法可大致分为酸固化树脂砂自硬法、脲烷系树脂砂自硬法和酚醛—酯自硬法。这类方法从20世纪50年代末起陆续问世以来，即引起了铸造界的重视，发展很快，主要特点是：

1) 提高了铸件的尺寸精度，改善了表面粗糙度。一些工厂采用自硬树脂砂造型后，铸

铁件的表面粗糙度值 Ra 由黏土砂时的 $100\mu m$ 改善到 $50\sim 6\mu m$（常见范围 $Ra25\sim 12.5\mu m$），铸件尺寸精度等级由原来的 CT13 提高到 CT8~CT11。

2）节约能源，节省车间面积。

3）砂中的树脂质量分数，由早期的 3%~4% 降到了 0.8%~1.2%，这是通过对原砂的处理及对树脂、固化剂、混砂设备、工艺等方面进行改进得到的，从而降低了成本。

4）大大减轻了工人的劳动强度，便于实现机械化。

5）旧砂可再生，有利于防止二次污染。

由于自硬法具有上述许多独特的优点，所以目前不仅用于造芯，也用于造型，特别适合单件和小批量生产，可生产铸铁、铸钢及有色合金铸件。有些工厂已用它取代黏土干砂型、水泥砂型，甚至取代水玻璃砂型。

1. 酸硬化树脂自硬砂

(1) 酸固化呋喃树脂自硬砂

1）所用树脂。呋喃树脂，所用呋喃树脂除常用脲呋喃、脲-酚呋喃、酚呋喃外，也有采用酮醛树脂与糠醇的混合物（AR/FA）、糠醇-甲醛聚合体（FA/F）、糠醇与其他活性化合物的混和物（FA/C）。糠醇含量越高，氮和水的含量越低，黏结剂的质量也越好，但价格也越高。主要发展方向之一是在保持合适性能的基础上，尽量少加糠醇；发展方向之二是尽量降低或尽量使呋喃树脂不含游离甲醛和酚，并提高其反应活性，这是因为游离甲醛和游离酚污染环境；反应活性高使树脂的固化有可能用低硫甚至不含硫不含磷的酸固化剂。

在铸造生产中，用于铸钢件的树脂，多要求氮含量小于 3%（质量分数）甚至用无氮树脂，主要是因为含氮量大于 3% 时，铸件易发生气孔，铸型耐火度也会降低，但价格会较便宜。有些铸钢厂也使用含氮达 7.5% 的呋喃树脂，因为他们采用了具有屏蔽性的涂料。对铝、镁合金来说，则宜用含氮高的树脂，既使高温强度降低，也有利树脂砂型的溃散。

2）呋喃树脂自硬砂用的固化剂。在酸固化自硬法中，固化剂对硬化过程的控制起着决定性作用。一种好的树脂必须有合适的固化剂与之配合，才能充分发挥其黏结效率，获得比较理想的工艺性能。通常自硬法用固化剂应符合以下要求：①保证该工艺过程所规定的硬化速度和强度；②具有低的黏度的液体（采用粉末状固化剂，原则上可以，但工艺上不方便），不产生沉淀；长期储存时，温度为 0~36℃，性能不变；③如冬季运输引起冷凝，随后加热熔化，性能可回复；④价格合理。

从呋喃系树脂自硬砂用酸性固化剂看，与热芯盒法制芯用的固化剂的主要差别是不采用潜伏型固化剂，而是用活性固化剂，其本身就是强酸或中强酸，一般采用芳基磺酸、无机酸及复合物。常用的无机酸为磷酸、硫酸单酯、硫酸乙酯；芳基磺酸为对甲苯磺酸（PTSA）、苯磺酸（BSA）、二甲苯磺酸、苯酚磺酸、苯磺酸、对氯苯磺酸等。其中二甲苯磺酸在我国应用较多，据国外报道，二甲苯磺酸存在有苯分解产物的化学势，已被淘汰。对固化剂用氟化物改性，实际上已不使用。

从固化效果看，强酸使树脂砂硬化速度加快，但终强度较低；弱酸硬化速度慢，但终强度较高。几种不同的酸的酸性强弱次序是：硫酸单酯>苯磺酸>对甲苯磺酸>磷酸。在相同浓度、相同加入量及相同工艺条件下，硬化速度的次序是：硫酸单酯>硫酸乙酯≥苯磺酸>二甲苯磺酸>对甲苯磺酸>磷酸。但其树脂砂终强度则相反，为：硫酸单酯<硫酸乙酯<对甲苯磺酸<苯磺酸<磷酸。不过在该条件下，磷酸的起模时间长达 180min，工艺上不可行；而硫

酸乙酯与苯磺酸的起模时间相近，但终强度苯磺酸却要比硫酸乙酯高很多。

磷酸是生产上常用的酸固化剂，但多用于高氮呋喃树脂，而很少用于低氮呋喃树脂。这是因为低氮高糠醇树脂，采用磷酸作固化剂时，硬化速度过慢，脱模时间过长。而高氮低糠醇树脂，使用磷酸作固化剂时仍可获得必要的硬化速度。而且，高氮低糠醇树脂采用磷酸作固化剂可获得很好的终强度，而低氮高糠醇用磷酸作固化剂终强度较低。

造成这种结果的原因主要是磷酸与糠醇互溶性差，而与水的亲和力大，使得树脂和固化剂中所含水分以及树脂在缩聚反应中生成的水，以磷酸为核心成长为水滴，不易扩散排出，而残存于树脂膜中，破坏了树脂膜的致密性，故其强度低。而高氮树脂与水的互溶性好，各种水分不易以磷酸为核心集中为水滴，树脂膜结构好，故强度高。

硫酸酯是生产中常用的酸性最强的无机酸固化剂，只有用磷酸作固化剂硬化速度达不到工艺要求时才使用，可以单独用作固化剂，最好按各种不同的比例与磷酸混合后使用。硫酸酯的比例越高，树脂砂的硬化速度越快，可使用时间也越短。硫酸酯能防止砂芯长期存放过程中软化。但残存树脂膜中的硫酸酯对树脂膜有腐蚀作用，而且硬化和脱水速度快，树脂膜易产生应力和裂纹，使终强度降低；浇注过程中，产生 SO_2 气体，不仅污染环境，而且易引起钢液增硫，导致脆性并使球铁球化不良。

采用芳基磺酸作固化剂可得到与相应的无机酸同样的硬化速度，但终强度较高，而且在浇注过程中，易被铸件的高温所破坏，酸的残存率比无机酸低，对再生砂有利。从芳基磺酸固化树脂硬化产生的强度看，苯磺酸的强度最高。在苯磺酸的结构中，如果在苯环的自由（活性）位置引入取代基，例如—CH_3（甲苯磺酸）、—OH（苯酚磺酸）、—Cl（对氯苯磺酸）等，则由于电子密度重新分布和 SO_3H^- 基中氢键加强，使酸的强度减低。也就是随取代基增多，会使树脂硬化速度减慢。通常酚醛树脂用苯磺酸作固化剂非常有效，酚-呋喃共聚物、低氮或高酚醛含量树脂也用芳基磺酸（例如苯磺酸、对甲苯磺酸）作固化剂，同样非常有效。这是因为这些树脂与这类固化剂有好的互溶性。但是，用芳基磺酸作固化剂，混砂时，常散发难闻气味；在浇注过程中用甲苯磺酸作固化剂时会产生少量 SO_2 和 H_2S，也会使球铁、蠕铁铸件出现异常表层组织并使钢件增硫。溶解或稀释酸固化剂的溶剂常为水或甲醇、乙醇等，这类溶剂也影响硬化速度。

甲醇的正离子化的能力比水小 10 倍，而乙醇比水小 1000 倍。因此同样的酸，其水溶液的活性是低于醇类溶液的。在总酸量相同的前提下，用酸的醇溶液比用酸的水溶液硬化速度快。如用磷酸作苯磺酸的溶剂，由于 H_3PO_4 对于苯磺酸的离子是惰性的，而且作为具有高酸度的材料本身加强了固化剂的活性，因而可使树脂砂硬化速度变快。以上表明，为了提高自硬树脂砂的硬化速度，不仅要注意选择固化剂，还要合理选用溶剂，增加酸的活性，提高酸的浓度。

3）可使用时间和脱模时间。这是自硬树脂砂也是所有化学黏结剂砂很重要的性能指标。

可使用时间是指自硬树脂砂（其他化学黏结剂也相同）从混砂结束开始到不能够制出合格砂芯的时间间隔。

脱模时间是指从混砂结束开始，到芯盒内所制的砂芯（或未脱模的砂型）硬化至能将砂芯从芯盒中取出（或脱模），而不致发生砂芯（或砂型）变形所需的时间间隔。

影响可使用时间、脱模时间的因素很多。实验表明，所采用的原砂、树脂、固化剂的类型、质量和加入量、混砂工艺、环境温度和湿度，均对可使用时间和脱模时间有明显的影响，影响最大的为环境温度和固化剂加入量。当固化剂量相同，室温温度低时可使用时间长；室温温度高时可使用时间短。其趋势是温度每增加 10℃，可使用时间缩短 1/3～1/2。室温相同时，固化剂加入量减少，可使用时间明显增长；固化剂增多，可使用时间缩短，但是固化剂加入量超过一定范围后，可使用时间变化不大，但对脱模时间影响显著，温度变化也明显影响脱模时间，其趋势是每增加 5℃，脱模时间约缩短 1/3～1/2。

4) **偶联剂——硅烷**。在冷硬呋喃树脂砂中加入少量的硅烷作偶联剂后，树脂砂强度、热稳定性和抗吸湿性明显提升。国内外用于冷硬呋喃树脂（也可以用于热芯盒法等的树脂）砂的硅烷种类有很多：

① KH-550，即 γ-氨基丙基三乙氧基甲硅烷 $H_2N-(CH_2)_3-Si-(OC_2H_5)_3$；

② KH-560，即 γ-缩水甘油丙醚三甲氧基硅烷 $H_2C-CH-CH_2O(CH_2)_3-Si(OCH_3)_3$；

③ 南大-42，即苯胺甲基三乙氧基甲硅烷 ⌬—NH—$CH_2Si(OC_2H_5)_3$。

④ 南大-43，即二氯甲基三乙氧基硅烷 $C_7H_{16}Cl_2O_3Si$ 等。

KH-550 和 KH-560 的下脚料也可作偶联剂使用。这些硅烷能溶于大部分有机溶液中，微溶于水。硅烷应封存于深色瓶中，用后盖严，以防止在空气中逐渐水解缩合，防止见光颜色逐渐变深，导致偶联效果减弱。

硅烷能提高树脂的强度，主要是靠硅烷在树脂与砂粒这两种性质差异很大的材料表面之间架一个"中间桥梁"，以获得良好的结合，因此常称硅烷为偶联剂。要达到树脂与偶联剂之间以及偶联剂与砂粒之间结合，其可能的途径有：①通过简单的溶解（分子间力黏合强度为 2.1～4.2kJ/mol）；②通过强度为 21～42kJ/mol 的硅烷醇的氢键；③通过强度为 210～420kJ/mol 的共价键桥。

三者中最好是成共价键结合。这就要求偶联剂分子的化学结构含有两部分性质不同的基团，一端基团能与砂表面发生很好的结合（化学的或物理的），另一端的基团能与树脂的有关基团有良好的结合（化学的或物理的）。而上述硅烷偶联剂，其结构通式为 R_nSiX_{4-n}，式中 R 为能与树脂黏结剂起作用的有机基团，例如氨基（—NH_2）、乙烯基（—$CH=CH_2$）、环氧基等；X 为乙氧基（—OC_2H_5）、甲氧基（—OCH_3）等易水解的基团，水解后能与砂子表面结合，从而使树脂与砂粒两种性质差异很大的材料能够"偶联"起来，大大提高树脂膜对石英砂表面的附着力。

每一种偶联剂都有一定的适用范围，例如 KH-550 对呋喃树脂，特别是呋喃尿醛树脂的增强效果好，其加入量为 0.15%～0.3%（质量分数）。对于酚醛树脂较有效的是苯氧基硅烷。

另外，砂粒表面被各种杂质、氧化物包围，真正裸露的石英表面非常少。因此实际上并非全部是纯化学作用，而是物理和化学作用并存。在树脂一端，硅烷偶联剂与树脂的反应进行得也并非那样理想，它与树脂反应的同时，树脂本身也在起化学反应。如果偶联剂与树脂的反应速度过慢或树脂本身的反应速度很快，则偶联剂与树脂的反应机会变得很少，只有一部分偶联剂与一部分树脂起反应。所以，偶联剂的偶联效果与合成树脂的反应速度有关。一般来说，偶联剂中活性基团的活性越大，与树脂反应的机会就越多，偶联效果就越好。

硅烷多在合成树脂后期直接加入，但硅烷会水解，水解产物硅烷醇会逐渐由低聚物变成高聚物沉淀出来，沉淀出来的高聚物偶联作用很小或根本不起偶联作用，因此硅烷对冷硬呋喃树脂砂的增强作用，会随时间的延长而逐渐减弱，2个月后将逐渐消失。鉴于含硅烷树脂的这种特性，国内有些工厂在树脂砂出厂时不加硅烷，待使用前由用户自己添加硅烷，这样不仅可以降低树脂价格（硅烷价格昂贵），还可使树脂在较长的存放时间（>6个月）内质量稳定。

5）混砂工艺。合理选用混砂机，采用正确的加料顺序和恰当的混砂时间有助于得到高质量的树脂砂。

虽然原则上任何一种混砂机都可混拌树脂砂，但是最好还是使用覆膜效果好、又不会使砂子因强烈摩擦而发热的混砂机。树脂砂的各种原材料称量要准确。其混砂工艺为：砂+固化剂→加树脂→出砂。

上述顺序不可颠倒，否则局部会发生剧烈的硬化反应，缩短可使用时间，而影响树脂砂性能。砂和固化剂的混合时间的确定，应以固化剂能均匀覆盖住砂粒表面所需的时间为准。太短了混合不匀，树脂强度低，个别地方树脂砂型硬化不良或根本不硬化；太长了，影响生产率和使砂温上升。树脂加入后的混拌时间也不能过短（混拌不均）和过长（砂温升高，可使用时间变短）。混拌时间一般通过实验确定。

(2) 酸催化（热固性）酚醛树脂自硬砂　又称甲阶酚醛树脂自硬砂。

1）热固性酚醛树脂。苯酚和甲醛在酸性或碱性的催化剂作用下，通过缩聚反应生成酚醛树脂。在酸性催化剂作用下，苯酚过量时生成线型热塑性树脂；在碱性催化剂作用下，甲醛过量时生成体型热固性树脂。

① 苯酚和甲醛在碱性条件下反应，要比在酸性条件下反应慢。要使生成的树脂冷却后呈固体，必须加热0.5h以上。

② 苯酚和甲醛在碱性条件下是逐渐生成体型树脂的。开始生成的液态物是可溶于酒精、丙酮和碱性水溶液的树脂，称为甲阶树脂。继续加热后，生成黏稠状的液体，冷却后成为脆性固体，能部分溶于酒精、丙酮，但不溶于碱性水溶液，称为乙阶树脂（固体受热能软化）。再继续加热，才生成不溶不熔的体型树脂，称为丙阶树脂。

因此，甲阶酚醛树脂是苯酚和甲醛缩聚反应的产物。苯酚和甲醛缩聚的反应可分为3个阶段，在甲阶段，得到的是线型、支链少的树脂，并可熔可溶，称为甲阶酚醛树脂。

酸硬化或酯硬化的甲阶酚醛树脂应含有较多的活性羟甲基官能团（—CH_2OH），硬化时活性羟甲基官能团反应，直至形成三维的交联结构而硬化。

制取甲阶酚醛树脂需要以下两个条件：

① 甲醛过量，即甲醛对苯酚的摩尔比大于1。在此条件下反应，生成多羟甲基酚，再经缩聚即得到甲阶酚醛树脂。随着甲醛用量的增加，树脂的活性增强，硬化加快，树脂砂的抗拉强度也较高。但是，树脂的黏度也会增高，储存寿命也会缩短。因此，要兼顾这两个方面，既要使树脂有足够多的活性官能团，又要使其黏度较低。

② 在碱性催化剂的作用下反应。在碱性介质下，生成的活性羟甲基官能团比较稳定，所以，制取甲阶酚醛树脂，通常用碱金属或碱土金属的氧化物或氢氧化物作催化剂。

甲阶酚醛树脂的制取过程如下：在碱性催化剂的作用下，苯酚和甲醛先发生加成反应，生成邻羟甲基酚和对羟甲基酚，反应式为：

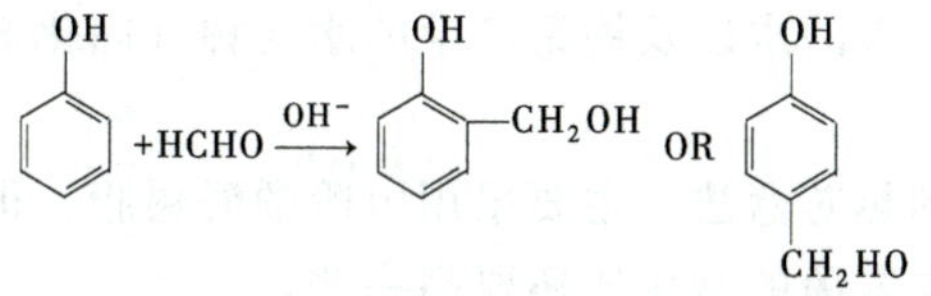

$$\text{C}_6\text{H}_5\text{OH} + \text{HCHO} \xrightarrow{\text{OH}^-} \text{邻-HOC}_6\text{H}_4\text{CH}_2\text{OH} \text{ OR } \text{对-HOC}_6\text{H}_4\text{CH}_2\text{OH}$$

如果甲醛过量，则进一步反应，生成多羟甲基酚，反应式为：

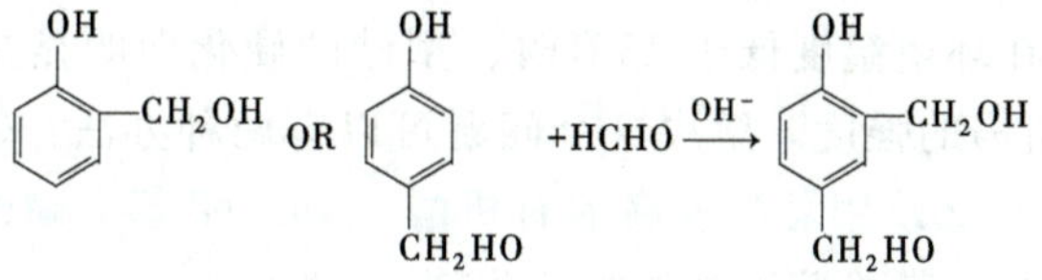

$$\text{邻-HOC}_6\text{H}_4\text{CH}_2\text{OH OR 对-HOC}_6\text{H}_4\text{CH}_2\text{OH} + \text{HCHO} \xrightarrow{\text{OH}^-} \text{2,4-(HOCH}_2)_2\text{C}_6\text{H}_3\text{OH}$$

再经缩聚反应，即得到甲阶酚醛树脂，反应式为

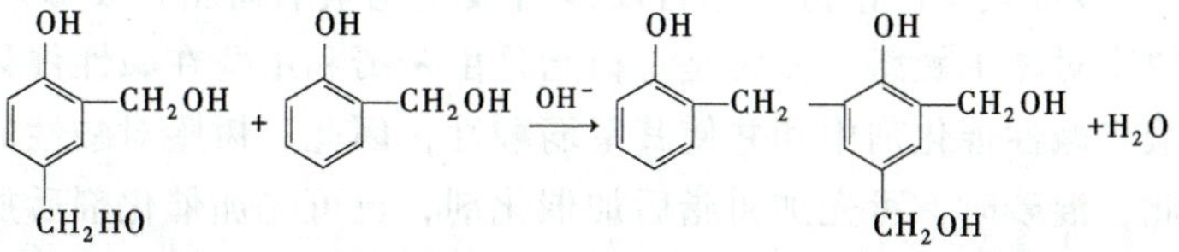

$$\text{HOCH}_2\text{-C}_6\text{H}_3(\text{OH})\text{-CH}_2\text{OH} + \text{HOC}_6\text{H}_4\text{CH}_2\text{OH} \xrightarrow{\text{OH}^-} \text{树脂} + \text{H}_2\text{O}$$

缩聚反应完成后，用酸中和原加入的碱性催化剂，以抑制其继续缩聚，即得酸硬化的甲阶酚醛树脂，pH值一般调至4.5~6.5。

自硬砂用树脂是在室温硬化，为加快硬化速度，设计这类树脂结构时多侧重反应能力。如热固性液态酚醛树脂，其硬化主要靠化学反应，即在苯酚核的邻位或对位上的羟甲基与另一个苯酚核的邻位和对位上未反应氢原子的化学反应。根据一个酚核的羟甲基与另一个酚核的氢原子相互位置配置方式不同，可能有四种形成亚甲基桥的反应式（图3-5）。在酸性介质中，这些反应的速度不一样；当在对位（4）相互作用时，其反应最快；而邻位反应（1）最慢，对—邻位（2）和邻—对位（3）的反应速度居于上两者之间。在碱性介质中，苯酚和甲醛在邻位进行缩聚反应的速度常数为 $5.3 \times 10^{-6} \sim 8.7 \times 10^{-6}$ mol/(L·s)；当邻位被占据，按对位进行时为 42×10^{-6} mol/(L·s)。因此，有人建议用于自硬的较理想的可溶性酚醛树脂应具有如下结构：连接酚核的亚甲基桥主要在邻位上，而活性对位一部分是空着的，另一部分为有反应能力的羟甲基所占有。为了能合成出这样结构的树脂，在合成时，必须将反应控制在苯酚核的邻位进行。另外，为利于树脂自硬，树脂的含水量应比热芯盒法造芯的低，

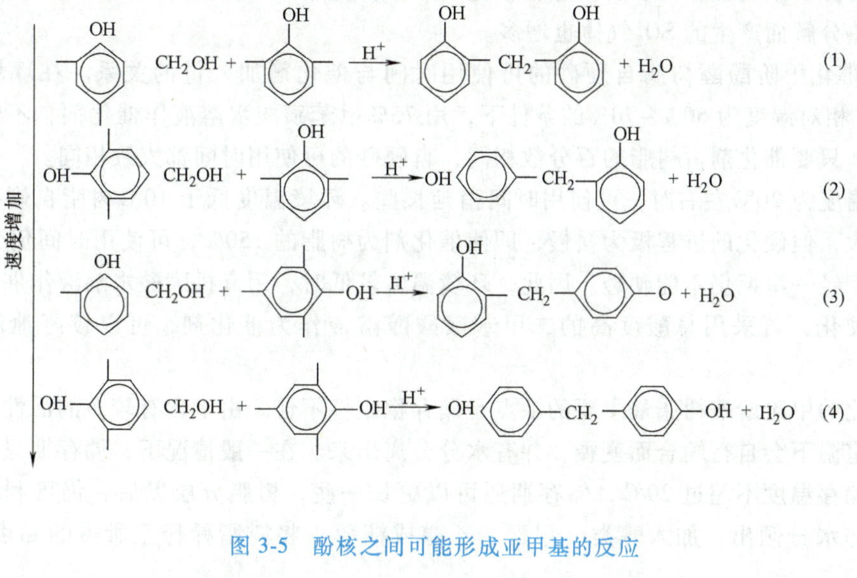

速度增加 ↓

$$(1)\ \text{邻-CH}_2\text{OH-苯酚} + \text{苯酚} \xrightarrow{\text{H}^+} \text{邻,邻-亚甲基桥联酚} + \text{H}_2\text{O}$$

$$(2)\ \text{邻-CH}_2\text{OH-苯酚} + \text{对-甲基苯酚} \xrightarrow{\text{H}^+} \text{邻-对亚甲基桥联酚} + \text{H}_2\text{O}$$

$$(3)\ \text{对-CH}_2\text{OH-苯酚} + \text{邻-甲基苯酚} \xrightarrow{\text{H}^+} \text{邻-对亚甲基桥联酚} + \text{H}_2\text{O}$$

$$(4)\ \text{对-CH}_2\text{OH-苯酚} + \text{对-甲基苯酚} \xrightarrow{\text{H}^+} \text{对,对-亚甲基桥联酚} + \text{H}_2\text{O}$$

图 3-5 酚核之间可能形成亚甲基的反应

因为树脂内的水、固化剂带入的水以及缩聚产生的水会稀释固化剂,也较难排除,影响砂芯(型)硬化。

当前,一些工业国家的热芯盒法,主要采用甲阶酚醛树脂,很少采用呋喃树脂。热芯盒用的甲阶酚醛树脂,甲醛与苯酚的摩尔比还要高一些。

2) 催化剂。甲阶酚醛树脂的另一缺点是在低温下硬化反应缓慢。如用甲苯磺酸或苯磺酸的水溶液作催化剂,在环境温度低于15℃时,型砂的硬化即明显减慢,在10℃以下,经2~3h仍不能具有脱模所需的强度。解决这个问题可以有两种办法:①采用砂温控制器,保证原砂温度在25℃左右;②改用总酸度高的有机酸(如二甲苯二磺酸)作催化剂,并用醇代替水作溶剂。即二甲苯二磺酸醇溶液作为催化剂。

3) 混砂工艺。酸催化甲阶酚醛树脂自硬砂与酸硬化呋喃树脂自硬砂对酸敏感程度有所不同,甲阶酚醛树脂对酸不敏感,原因是:树脂是由苯酚和甲醛在碱性催化剂作用下缩合而成的,出厂前用酸将碱性催化剂中和并使其呈弱酸性,因此,树脂对酸性催化剂不如呋喃树脂那样敏感。因此,混砂时,可先加树脂后加催化剂,也可先加催化剂后加树脂。不同加料顺序对酸硬化的甲阶酚醛树脂自硬砂抗拉强度的影响并不大。

4) 硬化特性。甲阶酚醛树脂自硬砂的催化剂不参与树脂的硬化反应,只起催化作用,这种树脂有两点与呋喃树脂大不相同:①由于树脂对酸性催化剂不如呋喃树脂那样敏感,在酸浓度相当高时才发生交联反应;②此种树脂的含水量高,一般都在15%左右或更高一些。发生交联反应时,除树脂本身缩合产生水外,还要释放很多与树脂互溶的水,这些水将使催化剂稀释。

① 酸催化甲阶酚醛树脂自硬砂的强度与催化剂加入量的关系。随着自硬砂中的树脂加入量的增加,自硬砂硬化时对催化剂的稀释作用加强,因而不得不增加催化剂的加入量。

自硬砂的强度与催化剂加入量的关系:在催化剂加入量为树脂的60%左右时,自硬砂的强度达最高值。此后,继续增加催化剂加入量,直到其为树脂加入量的120%,自硬砂的强度保持最高值不变。

实际生产中,催化剂的加入量以55%~60%为宜。当要求加速硬化时,可增加催化剂加入量,不必担心影响强度。但要注意,催化剂过多,将导致自硬砂的发气量增加,浇注后有机磺酸受热分解而产生的SO_2气体也增多。

② 酸催化甲阶酚醛树脂自硬砂的可使用时间与催化剂加入量的关系。在环境温度为27~28℃、相对湿度为50%~70%的条件下,用75%甲苯磺酸水溶液作催化剂,不管树脂加入量如何,只要催化剂占树脂的百分数相同,自硬砂的可使用时间都大致相同。

环境温度为20℃左右时,可使用时间稍延长些。环境温度低于10℃树脂自硬砂的终强度变化不大,但硬化的进程极为缓慢,即使催化剂为树脂的150%,可使用时间仍为140min左右,铸型经一星期仍不能硬透。因此,环境温度较低时,用有机磺酸水溶液作催化剂,自硬砂很难硬化,若采用总酸度高的二甲苯磺酸醇溶液作为催化剂,可以较好地解决这一问题。

酸催化的甲阶酚醛树脂最主要的缺点是储存稳定性不佳。由于含有较多的活性羟甲基官能团,在室温下会自行缩合而变稠,并有水分分离出来。在一般情况下,储存期只能是4~6个月。若储存温度不超过20℃,储存期还可以更长一些,树脂分层以后,仍可利用。其办法是将上部水分倾出,加入醇类(甲醇、乙醇或糠醇)将树脂稀释至所需的黏度。此时,应测定树脂砂的强度,并适当地调整配方。

2. 酯硬化甲阶酚醛树脂自硬砂

这种自硬工艺是英国 Bordon 公司于 1980 年开发的,也称为 α-set 工艺,于 1981 年获得专利,1982 年公布。

(1) 树脂的特点　该工艺所用的树脂是在酸硬化甲阶酚醛树脂的基础上研制发展起来的,据报道,此种树脂供应状态的 pH 为 11~13.5,故有人称之为碱性酚醛树脂。树脂为暗红色的黏稠液体,黏度为 150~160Pa·s,密度小于 1.29g/cm^3;熔点低,大约 65℃,易燃,能溶于水;不含氮,游离甲醛含量小于 0.5%。

此种树脂的缺点是保存期短,20℃以下可存放 6 个月,30℃以下为 2~3 个月。

(2) 固化剂和硬化特性　此种树脂自硬砂的固化剂以有机酯为主。多种低级的有机酯均可作固化剂,可视对硬化速率的要求而定。作用强的,自硬砂的脱模时间可以短到 2~3min;作用弱的可在 40min 以上。国内常用甘油醋酸酯,固化剂的用量大约是树脂的 20%~30%。

由于固化剂参与树脂的交联反应,所以固化剂的加入量应与树脂量相匹配,其固化速度与有机酯的种类有关。因此,不能用改变固化剂用量的办法来调节自硬砂的硬化速率,只能通过改变固化剂的种类来改变自硬砂的硬化速率。这是与酸催化甲阶酚醛树脂自硬砂的重要差别。

碱性树脂在固化剂的作用下只发生部分交联反应,自硬砂硬化后仍有一定的热塑性,浇注金属后,还有一个因受热而完成交联反应的过程,称为二次固化。这也是与酸催化甲阶酚醛树脂自硬砂的不同之处。

此类树脂自硬砂固透性好,其砂型上下部分和内外部分均同时硬化,有利于提高造型、制芯速度,容易掌握脱模时间。

(3) 酯硬化碱性酚醛树脂砂的特点

1) 对原砂的适应性较强。对原砂的酸耗值和含水量要求不高,基本不受原砂酸性和碱性的影响,可用镁橄榄石砂、铬铁矿砂等。在原砂水分较高的情况下,砂型和型芯仍可以得到较高强度。

2) 由于不采用大量磺酸固化剂,混砂、造型、浇注时不产生 SO$_2$ 气体,其他有害气体和烟气发生量也小于自硬呋喃树脂砂和脲烷树脂砂。

3) 脱模时型砂仍保持一定的塑性,脱起模性能好,不易黏模,砂型表面比较光洁,模样的拔模斜度也可以适当减小。

4) 用此工艺所制得的铸型或型芯,硬化后的强度不高,抗压强度只有 2~4MPa,铸型在浇入金属液后的一段时间内砂型呈热塑性状态,铸型存在受热再硬化的过程,铸型在较长时间内不被破坏,因而铸型的尺寸稳定性及热稳定好,制得的铸件尺寸精度高、表面质量好,不易发生脉状纹缺陷。还可避免型芯在高温作用下,过早溃散而产生;冲砂、夹渣等缺陷。

5) 黏结体系中只含有 C、H、O 元素,不含 S、P、N 等元素,不会出现铸钢件渗硫、渗磷和球墨铸铁件的球化不良现象,可减少针孔等缺陷。

6) 溃散性、落砂性能改善。可有效防止铸钢件尤其是薄壁铸钢件产生裂纹等缺陷。基于上述特性,酯硬化碱性酚醛树脂砂已逐渐成为生产铸钢件和球墨铸铁件的首选黏结剂。现已广泛用于有色合金、铸铁及高镍铬合金中。

3. 脲烷树脂自硬砂

（1）酚醛脲烷树脂砂　这种工艺于1970年开始用于铸造，国外称Pep-set法，采用的黏结剂由三部分组成，即苯基醚酚醛树脂-组分Ⅰ，聚异氰酸酯-组分Ⅱ，胺催化剂-组分Ⅲ。三种成分均为液体。组分Ⅰ和组分Ⅱ之比常采用50∶50，或为了减少含氮量而采用60∶40，但砂芯强度将有所降低，而气体缺陷有可能少些。这两种成分的总加入量为砂质量的1.4%~1.6%。催化剂Ⅲ用于调整树脂砂的硬化速度。通常采用比三乙胺法所用三乙胺的碱性弱得多的芳香族胺例如苯基丙基吡啶（液体），其加入量为组分Ⅰ质量的1%~5%。

硬化机理是苯基醚酚醛树脂中的羟基与聚乙氰酸酯中的异氰酸根在胺催化剂的作用下发生加成聚合反应，生成脲烷聚合物，而使型砂硬化。反应式为：

$$\left[\begin{array}{c}R\\ \diagup\\ \text{OH}\\ \diagdown\\ R'\end{array}\right] + \left[R''-\diagdown\diagup-\text{NCO}\right] \longrightarrow \begin{array}{c}R\\ \diagup\\ \text{O}-\overset{\text{O}}{\underset{}{\text{C}}}-\overset{\text{H}}{\underset{}{\text{N}}}-\diagdown\diagup-R''\\ \diagdown\\ R'\end{array}$$

硬化特点是：芯砂混合好后要待一段时间后才开始硬化，这一小段时间的75%为可用期，但硬化反应一旦开始，硬化速度很快，硬透性很好。

混制方法如下：先把酚醛树脂与催化剂混合，使催化剂均匀地分散在树脂中。混砂时再把含有催化剂的酚醛树脂和聚异氰酸酯依次加到砂中，最好使用高效混砂机。

这种方法特点是：树脂的硬化反应没有副产品，不像酸硬化的自硬砂那样会析出水，因而铸型或型芯表面与内部几乎同时硬化，硬化后可很快脱模，脱模只需3~6min，可使用时间与脱模时间的比值为0.75~0.85；硬化均匀，无甲醛气味，对原砂质量要求不高［含水量原砂<0.1%（质量分数）］；硬化迅速，可立即浇注，旧砂可再生，但在混砂造芯（型）和浇注场地存在明显气味；浇得的铸件表面有光亮碳；游离酚对环境污染，热强度低。

该方法适用于各类合金铸件，尤其是生产批量较大的中小复杂件。

（2）醇酸油脲烷树脂砂　这种方法是1965年左右由美国Ashland化学公司开发的，称为Linocure法。这种工艺采用的黏结剂由三部分组成，即组分Ⅰ：油改性醇酸树脂；组分Ⅱ：液态胺/金属催干剂，常用的催干剂为有机酸的金属皂类催干剂，例如环烷酸钴和环烷酸铅液；组分Ⅲ：聚MDI（4,4'-二苯基甲烷二异氰酸酯）型异氰酸酯。三种成分均为液体，其中Ⅰ和Ⅲ是主要成分。组分Ⅰ的加入量占砂质量的1%~2%；组分Ⅲ加入量为组分Ⅰ的18%~20%；组分Ⅱ为用于达到预定的可使用时间和脱模时间，加入量为组分Ⅰ的2%~10%，可单独加入，也可预先掺入组分Ⅰ内。醇酸树脂用油改性的原因是因为醇酸树脂性脆、溶解度有限、与许多组分不能混溶等，因而常在反应物中引进单元酸组分，如干性油等进行改性。

根据铸件合金种类，醇酸脲烷树脂砂的黏结剂加入量见表3-9。

此工艺的优缺点与酚醛脲烷树脂自硬砂的相同，优点是对原砂要求不严格，包括碱性砂子在内的各种原砂都可使用，旧砂也易于再生。由于黏结剂具有较低的热强度，因此往往需添加氧化铁以改善热强度。由于黏结剂受热分解，形成具有光泽的碳质，在很多情况下可以改进铸件的表面粗糙度，但过量的碳质在铸件表面会呈现类似冷隔的发光褶皱。混砂和浇注时有烟气，对呼吸系统有害。

表 3-9 醇酸脲烷树脂砂的黏结剂加入量

黏结剂加入量 合金种类	砂中组分Ⅰ的质量分数	组分Ⅱ占组分Ⅰ的质量分数	组分Ⅲ占组分Ⅰ的质量分数
铸钢	1.8%~2.0%	5%	20%
铸铁	1.5%~1.6%		
铜合金			
轻合金	0.8%~1.1%		

(3) 多元醇脲烷树脂砂　它是在 20 世纪 70 年代末期开发的，特别适用于铝、镁和其他轻合金铸造。组分Ⅰ是一种具有良好热溃散性的多元醇，组分Ⅱ是 MDI 型异氰酸酯，组分Ⅲ是胺催化剂。当组分Ⅰ和组分Ⅱ的质量比为 50∶50 时可得到最好结果。

组分Ⅲ一般不用，脱模时间从 8min 到超过 1h，但也可用组分Ⅲ来控制脱模时间，有时可快达 3min。对于轻合金黏结剂的加入量为原砂质量的 0.7%~1.5%。

3.3.5　气硬冷芯盒法树脂砂

热芯盒法、壳法因耗能高，芯盒工装的设计和制造周期长，成本高，造芯时工人需在高温及强烈刺激气味下操作等，从而限制了它们的应用。采用自硬冷芯法造芯，芯砂可使用时间短，脱模时间长，不利于高效大批量造芯，而气硬冷芯盒法基本可以弥补它们的不足。

气硬冷芯盒法造芯是将树脂砂填入芯盒，而后吹气硬化制成砂芯。根据使用的黏结剂和所吹气体及其作用的不同，有三乙胺法、SO_2 法、低毒和无毒气体促硬造芯法等方法。

1. 三乙胺法

此法由美国 Ashland 油脂化学公司研制成功，1968 年开始向铸造厂推广应用，在英国称作 Isocure 法，或称酚醛-脲烷冷芯盒法，我国称为三乙胺法。黏结剂由两部分液体组成：组分Ⅰ是酚醛树脂，组分Ⅱ为聚异氰酸酯。催化剂为液态叔胺，可用三乙胺 [$(C_2H_5)_3N$]（TEA）、二甲基乙胺（DMEA）、异丙基乙胺和三甲胺 [$(CH_3)_3N$]（TMA），一般使用三乙胺，因其价格便宜。对于砂芯厚大或芯砂温度、室温较低时，最好用易汽化的二甲基乙胺（三乙胺沸点 89℃、二甲基乙胺沸点 35℃）。一般用干燥压缩空气、CO_2 或 N_2 作液态胺的载体气体，稀释到约 5% 浓度，常用 N_2，这是因为空气中含有大量的氧气，若混合于气体中，胺气浓度较大，易爆炸，故常用惰性气体代替压缩空气，而 CO_2 在使用中常有降温冷冻的现象，故以使用氮气为宜。其工艺流程如图 3-6 所示。

制芯时，填砂后向树脂砂中吹入催化剂气雾（压力 0.14~0.2MPa），便能在数秒至数十秒内硬化。达到满足脱模搬运的强度，其硬化反应如下：

液态组分Ⅰ+液态组分Ⅱ → 固态黏结剂；

酚醛树脂+聚异氰酸酯 $\xrightarrow{\text{叔胺催化剂}}$ 脲烷

$$\left[\begin{array}{c} R \\ \\ \text{OH} \\ R' \end{array}\right] + \left[R'' {-} {-} NCO \right] \longrightarrow \begin{array}{c} R O H \\ \\ {-}O{-}C{-}N{-} {-}R'' \\ R' \end{array}$$

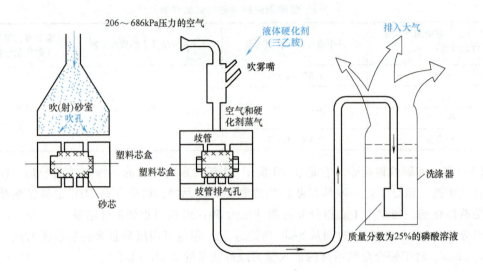

图 3-6　三乙胺法造芯工艺流程图

即在催化剂作用下，组分Ⅰ中酚醛树脂的羟基与组分Ⅱ中的异氰酸基反应形成固态的脲烷树脂。组分Ⅰ含有少于 1% 的水，组分Ⅱ和催化剂中是无水的。脲烷反应也不产生水和其他副产物。组分Ⅰ中酚醛树脂的结构不同于自硬砂用热固性酚醛树脂，后者富含羟甲基，结构支化，一般水的质量分数都在 10% 以上。组分Ⅰ所用酚醛树脂的结构要求为苯醚型，化学式为：

$$\left[\begin{matrix} X{-}\underset{\underset{R'}{|}}{\underset{|}{\bigcirc}}{-}OH \\ CH_2{-}O{-}CH_2 \end{matrix}\right]_m \left[\begin{matrix} \underset{\underset{R'}{|}}{\underset{|}{\bigcirc}}{-}OH \\ CH_2 \end{matrix}\right]_n \underset{\underset{R'}{|}}{\underset{|}{\bigcirc}}{-}X$$

式中，$m+n \geqslant 2$，$m/n \geqslant 1$，即要求苯醚键应多于、至少等于亚甲基桥连接；X 为氢原子或羟甲基，X 与 H 的摩尔比至少为 1∶1；R′ 是氢原子、烃基、醛基或卤素衍生的酚羟基。这样的酚醛树脂与异氰酸酯室温反应的产物具有良好的力学性能。组分Ⅱ是 4,4′-二苯基甲烷二异氰酸酯（MDI，w_N = 11.2%）、多次甲基多苯基多异氰酸酯（PAPI）等，美国推荐用 MDI，我国主要用 PAPI。组分Ⅰ和组分Ⅱ都用高沸点的酯或酮稀释以达到低黏度，这样可使它们具有良好的可泵性，便于树脂以一层薄膜包覆砂粒，而且能提高树脂砂的流动性和填充性能，并使催化剂作用更加有效。

采用三乙胺法造芯时，原砂采用干净的 AFS 细度 50~60 的硅砂，也可使用锆砂、铬铁矿砂。原砂必须干燥，水分超过 0.1%（质量分数），就会减少可使用时间，降低砂芯抗拉强度，也会增加针孔产生的倾向。耗酸值高也会缩短可使用时间。原砂的理想温度为 21~27℃。砂温低，会降低混砂效率并使胺冷凝及硬化不均匀。砂温高，可缩短吹气周期，减少所需催化剂用量，但会使黏结剂失去溶剂及降低强度。典型的芯砂配方是树脂黏结剂占砂质量的 1.5%，该黏结剂通常由等质量的组分Ⅰ和组分Ⅱ构成。

液态胺的用量和硬化速率，在很大程度上取决于芯盒工装通气的有效性和型芯本身的几何形状。在实际生产中，硬化 1t 芯砂约需 0.45~1kg 胺。输送 1kg 胺约需 7kg 载体气体。对催化剂气体和净洗空气加热，可缩短硬化时间和降低胺的用量。

三乙胺法是现代吹气冷芯盒法中应用最早的工艺，由于生产效率高、节能，铸件表面较光洁，因而吸引了一些工厂采用，是当前国际上应用较广的冷芯盒法。但是由于树脂和催化剂价格高、易燃（在空气中胺的质量分数高于2%时有爆炸危险），对温度敏感，特别是聚异氰酸酯对水分敏感，芯砂可使用时间有限，胺黏附皮肤和衣服经多次洗涤仍难去除污染气味等。因此，在选取合适制芯工艺时必须综合考虑。

采用此法，铸件也易出现某些缺陷，例如皮下气孔、脉纹、光亮碳缺陷等。减少或消除光亮碳的形成，最简单有效的方法是尽可能快而平稳地浇满铸型，同时避免长而扁平的内浇口；对砂芯进行烘烤，烘干温度应选择在260~280℃，并保温到砂芯变成深棕色为止，以使形成光亮碳黏结剂的成分挥发掉，但必须小心，因为这个温度范围内，砂芯强度开始明显下降，而低于这个温度，又没有效果；降低树脂加入量，提高浇注温度，缩短浇注时间，改善砂芯和型砂的排气以及加入占砂质量的1%~3%的氧化铁，使型腔内产生较强的氧化性气氛，均可减少这种缺陷的产生。有学者认为，皮下气孔与黏结剂中的氮有关。还有学者认为主要是所用溶剂中的氢引起的。低合金铸铁和钢易产生这种缺陷。加入占砂质量的2%~3%的黑色和红色氧化铁有利于皮下气孔的消除。对脉纹缺陷来说，加入占砂质量的1%~3%的氧化铁或1%~2%的黏土和糖的混合物，或在砂中加入少量再生砂，可减少黑色金属及黄铜铸件出现的毛刺（脉纹）缺陷。

2. SO_2法

SO_2法是继三乙胺法之后开发的一种新型吹气冷芯盒制芯和造型方法，1977年开始用于铸造生产，近些年来人们又开发了一些新型SO_2法。

（1）呋喃树脂SO_2法　此法在1971年由法国Sapic公司取得专利权，称Sapic法，直到1978年才发展用于生产，欧洲大陆叫Hardox法，英国称So-Fast法，美国叫Insta-Draw法。它是基于酸固化呋喃树脂硬化的原理而研制成的一种新型的造芯方法。它不像自硬法是在砂中直接加入酸固化剂，而只加入含过氧化物的活化剂。当吹SO_2气体通过芯砂时就与过氧化物释放出来的新生态氧反应生成SO_3，SO_3溶于黏结剂的水分之中生成硫酸，使树脂迅速发生放热缩聚反应，导致砂芯瞬时硬化。其造芯工艺过程类似三乙胺法。采用的含过氧化物的活化剂有无机和有机两大类。无机的主要采用过氧化氢，加入量为树脂质量的25%~50%。由于砂中含有多种重金属元素，会加速过氧化氢的分解，使其迅速失效，可使用时间太短，当前可以采取对过氧化氢改性或对砂子进行钝化处理，以确保树脂砂的可使用时间达3h。有机活化剂通常使用的过氧化物为过氧化丁酮（MEKP）、过氧化叔丁基（BHP）等，加入量为树脂质量的40%~60%，芯砂可使用时间可达8h。尽管有机活化剂比无机的贵，但适于复杂砂芯，应用更广。

SO_2法用的呋喃树脂为无氮至中氮的含水低的呋喃树脂。SO_2法制芯时，吹SO_2后树脂瞬时硬化，树脂膜收缩，在砂-树脂膜界面产生了较大的附加应力，使界面上的某些点上集中了比平均应力高得多的应力，这种应力集中点将首先使黏结键断裂，从而出现裂缝，使砂芯强度降低。为解决这一问题，可采取偶联剂——硅烷。硅烷在砂-树脂界面上有可能形成柔性变性层，局部消除界面的应力集中，起增强作用。硅烷也有可能拉紧界面上树脂黏结剂的结构，形成模量递减的拘束层，利于均匀传递应力，因而提高了强度。硅烷可以在生产树脂时直接加入，也可以在混砂时加入，加入量为树脂质量的0.4%~1.0%。SO_2法所用的SO_2

气体为工业纯。SO_2是一种无色、有刺激气味、不易燃的气体，在温度为25℃、压力为240kPa时，会形成液化气体，通常用钢瓶盛装供应。使用时，靠氮气或干燥空气从钢瓶中将SO_2气体带出。通常每硬化1t砂芯，约消耗4kg左右的SO_2。

SO_2法可用任何一种混砂机混制。混砂时加料顺序是砂加树脂再加活化剂。树脂占砂质量的0.9%~1.5%，SO_2法造芯和造型可以采用吹射、振压、机械振动和手工紧实。

SO_2法有许多优点胜过其他方法，因此从钢铁到有色合金均有应用。我国已成功地用于泵类、液压件、汽油机及柴油机铸件的生产。其主要优点如下：①热强度高，使铸件的尺寸精度和表面质量高（高于三乙胺法）；②溃散性优良，对铝镁合金也极易出砂；③树脂砂有效期特别长，混好的砂不接触SO_2气体，不会硬化；④发气量是有机黏结剂中最低的，约为三乙胺法的1/2，浇注时烟雾气味小；⑤强度建立快，脱模后1h内强度可达终强度的85%~95%；⑥生产率高，劳动强度小；⑦节约能源。

SO_2法的缺点也很明显，例如：①树脂中游离糠醇汽化，易使芯表面结垢；②低碳钢芯盒用于砂芯大量生产时，锈蚀是一个严重问题；③SO_2泄漏，将引起严重环境问题；④过氧化物为强氧化剂，易燃烧，需妥善保管。

（2）环氧树脂SO_2法 环氧树脂SO_2法于1983年用于生产，与呋喃树脂SO_2法比，芯砂的可使用时间更长（可达5天），而且基本解决了芯盒结垢和黏模问题，适合大量生产。

此法用改性环氧树脂作黏结剂，一般用芳族氢过氧化物，例如过氧化氢异丙苯作为过氧化物。黏结剂的加入量是砂质量的0.8%~1.5%，过氧化物占树脂质量的25%。混砂时，这两种组分同时加入砂中，黏结剂的硬化靠吹SO_2时产生硫酸，促使离子聚合反应产生，生成无解离产物的体型结构，也就是几乎不会在芯盒上形成积垢。

环氧树脂SO_2法可以有效地克服呋喃树脂SO_2法的大部分缺点，但是当用于钢铁铸件时，易产生冲砂和夹砂，因此需涂敷耐火涂料；浇注系统应有助于平稳层流流动。当使用水基涂料时，建议在低于81℃的温度下烘干。温度太高会引起砂芯变形，使铸件壁厚不一致。

（3）自由基硬化法 自由基硬化法用于铸造生产始于1982年。此法采用三种组分组成的液态黏结剂，包括：①丙烯基聚氨酯树脂；②少量有机氢过氧化物引发剂（用来激发自由基聚合）；③用来提高抗拉强度、延长砂芯保存期的乙烯基硅烷增强剂。此法用氮稀释的SO_2气体促进硬化。实际上，自由基链的加成反应导致液体黏结剂以极快的硬化速度瞬时硬化。

自由基硬化不像一般树脂砂硬化靠酸性或碱性条件，因此原砂的耗酸值对此法影响不大，但是耗酸值过高（大于30），也会使氢过氧化物引发剂过早分解。

此法所用芯砂与酚醛/脲烷或热芯盒法相比，具有长得多的可使用时间。废砂极少，更重要的是减少了酚醛/脲烷和热芯盒法经常需要清理吹砂筒的停机时间。

3. 乙缩醛硬化法（红硬法）

乙缩醛硬化法又称红硬（Red-set）法，这是因为该法所用树脂砂硬化后变成粉红色。此法是由原联邦德国开发的，黏结剂为三组分体系。组分Ⅰ为树脂，是一种具有高反应活性的甲阶酚醛树脂水溶液，不含游离酚，含游离甲醛少于0.1%（质量分数）；组分Ⅱ为活化剂，是不同类型的磺酸在无机酸中的浓缩水溶液；组分Ⅲ为固化剂，常用乙缩醛，在化学上归入甲醛的缩醛类，属易燃性液体。

其制芯工艺为：组分Ⅰ和组分Ⅱ与砂一起混合，组分Ⅰ（树脂）的加入量一般为砂质量的 1%～1.5%，组分Ⅱ与组分Ⅰ之比为 0.65～1.0。采用吹射造芯，芯盒的温度最好达 45℃，并让砂子加热到 32～38℃，这样才能使固化剂蒸汽雾保持气态，加快硬化反应速度（乙缩醛汽化温度 60℃）。

此法所配树脂砂在两周内使用仍有好的强度。硬化时需要的乙缩醛量理论上占组分Ⅰ的 40%，实际为 60%～100%，过少不能完全硬化，过多对强度的提高不明显，通常是在保证硬化的前提下，尽量减少乙缩醛用量。所制出的砂芯（型）有好的抗吸湿性，这是因为环境中的少量水有可能使乙缩醛继续反应产生甲醛，并促使树脂成为丙阶热固性酚醛，使黏结力加强。这种砂芯有强的抗毛刺能力。但这一方法不宜采用橄榄石砂，高耗酸值的砂也会减慢硬化过程。此法的工艺较复杂，对工艺参数要求比较严格，成本较高，价格为三乙胺法的 2～3 倍。

4. CO_2 气体树脂砂法

这是一类正在开发的无毒气体促硬造芯法。在生产上应用的主要有：

(1) CO_2-聚丙烯酸钠法　1982 年，英国推出了以聚丙烯酸钠为黏结剂，粉状 $Ca(OH)_2$ 为固化剂，造芯后通入 CO_2 硬化的 CO_2-Polidox 法。我国也开展了这方面的研究，稍有不同的是，聚丙烯酸钠黏结剂完全无氮，（英国的含 $w_N = 0.02\%$）；粉状固化剂中除含有 $Ca(OH)_2$ 外，还含有其他金属离子和有机复合物。黏结剂加入量通常为 2.8%～3.8%（以原砂质量为 100），固化剂为 1.0%～1.4%（以原砂质量为 100），芯砂可使用时间 ≥ 2.5h，吹 CO_2 时间 10～60s，吹 CO_2 后即时抗压强度 0.4～1.0MPa，24h 后 2.8～6.0MPa。CO_2-聚丙烯酸钠法的硬化主要靠粉状固化剂中高价金属离子，如 Ca^{2+}、Mg^{2+} 等置换黏结剂中的钠离子，促使树脂分子交联，同时也靠吹 CO_2 及反应放热脱除部分水使砂芯快速硬化，此种工艺主要适用有色合金和铸铁件。

(2) CO_2-改性碱性酚醛树脂法　这是 1989 年由英国 Foseco 公司推出的一种新工艺，已在生产上获得应用。黏结剂取名 Ecolotec 树脂，是将合成的液态酚醛树脂用 KOH 处理成碱性溶液，再溶入硼酸盐、锡酸盐或铝酸盐。吹 CO_2 时，它能够硬化的可能机制是因为吹 CO_2，增加了黏结剂溶液中 H^+ 浓度，H^+ 首先与酚醛负离子结合形成酚醛分子，酚醛分子再以硼酸负离子为连接桥而交联硬化或无机盐使酚醛分子络合而胶凝。Ecolotec 2340 树脂的游离甲醛含量为 0.2%～0.5%（质量分数，下同），游离酚含量为 0.1%～0.3%，固化剂（120℃，3h）为 58%～60%。树脂加入量建议为砂质量的 2.0%～3.2%；用 AFS 细度为 50～60 的砂时，典型的加入量为 2.5%～3.0%。混好的树脂砂的可使用时间约 4h。吹 CO_2 后的即时强度可达终强度的 70%～80%，可用于各种合金铸件的砂芯和砂型，可以涂敷醇基或水基涂料。

冷芯盒法发展的大致历程：

1) 1958 年，由酸性液体催化剂硬化的呋喃和酚醛冷硬树脂砂用于工业生产。
2) 1965 年，油脲烷冷硬树脂砂用于工业生产。
3) 1968 年，三乙胺汽体催化剂硬化的酚脲烷冷芯盒用于工业生产（ASHLAND）。
4) 1970 年，液体催化剂硬化酚脲烷冷硬树脂砂用于工业生产（PEP SET）。
5) 1977 年，由二氧化硫气体硬化的呋喃冷芯盒用于工业生产（法国 Sapic 公司）。
6) 1982 年，自由基硬化法用于铸造生产。
7) 1982 年，英国推出了 CO_2-聚丙烯酸钠法。
8) 1983 年，环氧树脂 SO_2 法用于生产。
9) 1984 年，酯硬化甲阶酚醛树脂砂用于生产（英国 Bordon 公司）。
10) 1989 年，CO_2-改性碱性酚醛树脂法（英国 Foseco 公司）。

习 题

1. 砂芯的主要作用是什么？
2. 简述砂芯的分级及其对性能的要求。
3. 简述油砂中加入黏土和水分对油砂强度的影响。
4. 合脂砂的主要不足是什么？如何改善？
5. 覆膜砂的混制工艺有哪些？各有何特点？
6. 壳芯砂所用酚醛树脂与自硬砂所用酚醛树脂有何差别？
7. 呋喃 I 型与呋喃 II 型树脂有何差别？请从组成、性能、用途等方面加以说明。
8. 为什么在自硬树脂砂中加入硅烷？简述其作用机理。
9. 酯硬化碱性酚醛树脂与酸硬化碱性酚醛树脂固化有哪些差别？
10. 气硬冷芯盒法树脂砂有哪些具体方法？黏结剂、固化剂各有何特点？

第 4 章
浇注系统

4.1 概述

浇注系统作为将液态金属引入铸型的通道，一般由浇口杯、直浇道、横浇道、内浇道组成。它的主要作用是平稳地将金属液充填进入铸型，并在铸件凝固时进行适当补缩。浇注系统设计得是否合理，会直接影响铸件的质量。设计不当，有可能产生浇不足、冷隔、冲砂、气孔、氧化夹杂、夹砂、缩孔缩松、热裂等缺陷。

4.1.1 液态金属在浇注时的特性

1. 流体力学特性

从流体力学的观点看，液态金属的充型过程是液态金属在浇道和铸型型腔中的流动过程。但是，液态金属与普通流体相比，由型砂所构成的流道壁与普通流道相比，均有所不同，具有特殊的性质，能否利用一般的流体力学公式进行计算，则要加以分析。

液态金属在砂型中流动时具有下述几个主要流体力学特性：

(1) 黏性液体流动　液态金属是有黏性的实际液体，其黏度与合金成分有关，且在流动过程中随金属液温度的降低而不断增高，当液体中出现晶体时黏度急剧增大，液体的流速和流态则要发生变化。

(2) 多相流动　无黏性的理想液体被视为均质的单相体。液态金属在某些情况下，可以看成单相的液体。但是，在大多数情况下，除液相外尚有固相和气相的夹杂物，如钢液中的 SiO_2、MnO、MnS、Al_2O_3 等均是固相，而 CO、CO_2、H_2、N_2 等是气相。这些夹杂物可能在合金熔炼过程中产生，也可能是在充型过程中金属与铸型或周围气氛相互作用形成的。所以，液态金属是非均质的多相体。在流动过程中，固相和气相因密度与液相不同而处于上浮或下沉的运动状态。含有固相和气相的液体，其黏度亦会增加。

(3) 不稳定流动　在充型过程中液态金属与铸型之间进行剧烈的热交换，金属温度不断降低，而铸型温度不断增高，是一个不稳定的热交换过程。液态金属温度下降，黏度增大，流速流态要发生变化。所以，不稳定的传热过程在流体力学意义上也会造成液态金属流动的不稳定性质。此外，高温液态金属与气体和铸型作用，使金属氧化，增加氧化夹杂，而液体表面的氧化膜也会成为流动的阻力。

另一方面，由于铸型被加热，其中水分蒸发、有机物燃烧、铸型材料的组成物分解和汽化，使型腔中的气体压力增加，阻碍液体的流动。如果金属的过热度低，在流动过程中可能在铸型表面凝固,从而改变型壁的粗糙度,减小通道的断面面积,也是造成不稳定流动的原因。

(4) 紊流流动　实践证明,液态金属在浇道中的流动,在一般情况下,具有紊流的性质,即其雷诺数 Re 大于临界雷诺数 $Re_{临}$,属于紊流流动。例如 ZL104 合金在 670℃ 浇注,液流在直径为 20mm 的直浇道中以 50cm/s 的速度流动时,其 Re 为 25000,远大于 2320 的临界雷诺数。对一些水平浇注的薄壁铸件或厚大铸件的充型,液流上升速度很慢,有可能得到层流流动。浇注即将结束前,液态金属流速减慢,也有可能呈层流流动。

由于铝合金和镁金属液易于氧化,氧化夹杂难以去除,对液态金属的流动状态将产生影响。轻合金铸件浇注系统的研究表明,当 $Re<20000$ 时,液流表面的氧化膜不会破碎,如果将雷诺数控制在 4000~10000,就可以满足生产铝合金和镁合金优质铸件的要求。E·M 诺特金通过铝合金铸件的实浇试验证明:允许的最大雷诺数,在直浇道内应不超过 43500,横浇道内不超过 28000,内浇道内不超过 7800。型腔内不超过 2600(简单)或 780(复杂)(ZL101 合金,运动黏性系数 $\nu=6\times10^{-7} m^2/s$)。

液态金属在铸型型腔中的流动,一般情况下也是紊流。但是,在某些情况下,如对大型薄壁铸件的充填,也可能是层流流动。

(5) 在"多孔管"中流动　砂型壁具有一定的透气性,砂型中的浇注系统和型腔可看作"多孔"的管道和容器。因此,液态金属充型过程和水在明渠的流动不同,也与水在密闭管道中的有压流动不同。液态金属在"多孔管"中流动,当压力超过某一定值后,液态金属会被压入型壁砂粒间的孔隙内,造成铸件表面黏砂;而当液流与浇道壁不能很好地贴附时,又可能将外界气体带入型腔,形成卷入性气孔。液态金属在一定压力下在多孔管骨中流动之所以不渗入砂型中,是由于液态金属的表面张力和型壁中气体反压力的作用。

综上所述,液态金属的流体力学特性与理想流体比较有明显的区别。

但是,生产实践经验和实验研究结果表明,当液态金属有一定过热度时,由于浇注系统长度短,充型时间很短,在浇注过程中浇道壁上不发生凝固现象,液态金属与铸型的热交换可以不计,液态金属的黏度变化也可以忽略,况且在紊流状态下液体流动的流体力学损失可看成与黏度无关,所以,可以认为液态金属在浇注系统中的流动为稳定流动。这样,许多流体力学的规律在一定程度上也适用于液态金属在浇注系统中的流动状况。目前,浇注系统的理论分析和计算就是建立在这个基础上的。

2. 金属的氧化-二次氧化夹杂的产生

轻金属(如 Al、Mg 等)最大的特点是容易氧化,铝合金氧化后在表面会形成一层致密的氧化膜,它可以阻止金属液的进一步氧化。这时,氧化膜会成为进一步流动的阻力;如果氧化膜破碎,金属液表面会产生新的氧化膜,而破碎的氧化膜会混入金属液中,成为二次氧化夹杂。这也是要求控制液态金属在浇注系统中流动时 Re 数的原因。而镁合金的氧化更剧烈,氧化镁比较疏松,这需要在浇注时采取特殊措施。因此,液态金属在浇注系统中的流动要充分考虑防止氧化。

4.1.2　对浇注系统的要求

总的说来,浇注系统应满足两个要求:①浇注系统应该完成主要任务,既要保证进入型腔的液态金属质量,又要为充型后形成优质铸件创造良好条件;②浇注系统结构应力求简单，体积小，在保证铸件质量的前提下尽量降低消耗，提高经济效益。具体说来，有以下五点：

1) 应在一定的浇注时间内，保证充满铸型。保证铸件轮廓清晰，防止出现冷隔、浇不足、流痕、氧化夹杂和内浇道附近产生缩松等缺陷。

2) 应能控制液态金属流入型腔的速度和方向，尽可能使金属液平稳流入型腔，避免冲击、飞溅和旋涡等不良现象发生，以免铸件产生氧化夹杂、气孔和砂眼等缺陷。

3) 应能把混入金属液中的夹杂和气体挡在浇注系统里，防止产生夹杂和气孔缺陷。

4) 应能控制铸件凝固时的温度分布，减少或消除铸件产生的缩孔、缩松、裂纹和变形等缺陷。

5) 在满足上述要求的前提下，浇注系统结构应力求简单，简化造型、减少清理工作量和液态金属的消耗。

上述要求是针对铸件生产总体工艺要求而提出来的，对于某一种具体结构形式的浇注系统，不一定能满足上述全部要求。所以，一定要在充分认识和掌握液态金属在浇注系统中流动规律的基础上，针对铸件的具体条件，抓住生产工艺的主要矛盾，以设计出正确的浇注系统。

4.2 液态金属在浇注系统中的流动情况

4.2.1 液态金属在浇口杯中的流动情况

1. 浇口杯的作用

浇口杯的作用是承接来自浇包的金属液，防止金属液飞溅和溢出；将金属液引入直浇道，防止金属液流对直浇道的直接冲击，从而避免金属液流对型腔的冲击，减少动压头，保证金属液平稳流入直浇道；具有一定的挡渣作用，能分离熔渣和气泡，阻止其进入型腔。只有浇口杯的结构正确，配合恰当的浇注操作，才能实现上述功能。

2. 流动情况

如图 4-1 所示，金属液从浇包倒入浇口杯，当碰到浇口杯底时，停止向下的流动，开始沿底面水平流动。流动方向存在随机性，如流向直浇道就会直接进入直浇道，而流向浇口杯侧壁时，金属液碰壁而回流，再流入直浇道。这种不均匀的、来自各个方向的金属液先后流向直浇道时，各向流量不均衡，某一流股的流向偏离直浇道中心，就容易在直浇道入口处产生水平涡旋，称之为涡流现象。克服流向随机性是预防涡流的关键措施。

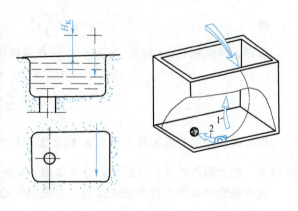

图 4-1 浇口杯流动情况

3. 涡流现象

（1）涡流现象　当金属液从各个方

向流入直浇道时，就会形成水平涡旋，它是绕垂直轴旋转的涡流运动。

下面按流体力学相关理论对涡流运动参数进行理论推导：

对于一个涡旋，常常按两部分进行计算，即涡流核心区内和涡流核心区外。

设涡核半径为 r_0。先讨论涡流核心区外的情形，这一部分为诱导速度区。设流动为二元流动，用极坐标表示：

$$\begin{cases} v_r = 0 \\ v_\theta = \dfrac{\Gamma}{2\pi r} \quad (r > r_0) \end{cases} \tag{4-1}$$

式中，Γ 为速度环流。

因为涡流核心外是无旋运动，且运动是定常的，应用拉格朗日方程。所以有

$$U - P - \frac{v^2}{2} = \frac{\partial \Phi}{\partial t} = C \quad \text{（因为定常）} \tag{4-2}$$

式中，U 为单位质量势能；P 为单位质量压力能。

假设流体为不可压缩流体，则式（4-2）转化为

$$gz + \frac{p}{\rho} + \frac{v^2}{2} = C$$

或

$$z + \frac{p}{\gamma} + \frac{v^2}{2g} = C \tag{4-3}$$

忽略质量力 z，则式（4-3）进一步变化为

$$p + \frac{\rho v^2}{2} = C \tag{4-4}$$

式中，ρ 为流体密度。

确定边界条件：$r = \infty$，$p = p_{at}$，$v_\infty = \dfrac{\Gamma}{2\pi r} = 0$

式中，p_{at} 为大气压。

可确定 $C = p_{at}$

即

$$p = p_{at} - \frac{\rho}{2} v^2 \quad (r > r_0) \tag{4-5}$$

越靠近涡流核心，v 越大，p 越小，设在涡流核心边沿处流速为 V，压力为 p_V，即

$$r = r_0, p = p_V, v = V$$

$$p_V = p_{at} - \frac{\rho}{2} V^2$$

即旋涡核心部分的边界上压力 p_V 较之无限远处压力 p_{at} 降低了 $\dfrac{\rho}{2} V^2$，V 越大则降低的数值越大。整个涡核外部区域的压力分布如图 4-2 所示，按抛物线规律向原点方向减少。

现在来看涡流核心内部流体运动，它是定常的，但又是有旋的。根据假设，涡核内部像刚体旋转，有：

$\vec{v} = \vec{r} \times \vec{\omega}$，即

$$\begin{cases} v_x = -\omega y \\ v_y = \omega x \end{cases} \tag{4-6}$$

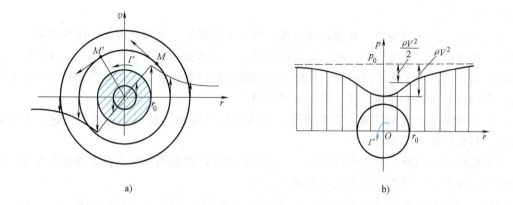

图 4-2 二元涡流速度与压力分布

此时,不能用拉格朗日方程解,也不能用伯努利方程解,只能回到欧拉运动微分方程解。因为是二元定常运动,所以有:

$$\begin{cases} v_x\dfrac{\partial v_x}{\partial x}+v_y\dfrac{\partial v_x}{\partial y}=X-\dfrac{1}{\rho}\dfrac{\partial p}{\partial x} \\ v_x\dfrac{\partial v_y}{\partial x}+v_y\dfrac{\partial v_y}{\partial y}=Y-\dfrac{1}{\rho}\dfrac{\partial p}{\partial y} \end{cases}$$

略去质量力,式(4-6)代入上式,得

$$\begin{cases} \omega^2 x=\dfrac{1}{\rho}\dfrac{\partial p}{\partial x} \\ \omega^2 y=\dfrac{1}{\rho}\dfrac{\partial p}{\partial y} \end{cases}$$

各式分别乘以 dx、dy,相加后,整理得

$$\rho\omega^2(xdx+ydy)=\dfrac{\partial p}{\partial x}dx+\dfrac{\partial p}{\partial y}dy=dp$$

这是一个全微分方程,积分后得:

$$p=\dfrac{1}{2}\rho\omega^2(x^2+y^2)+A$$

因为

$$x^2+y^2=r^2, v=r\omega$$

所以

$$p=\dfrac{1}{2}\rho v^2+A$$

当 $r=r_0$, $p_V=p_{at}-\dfrac{1}{2}\rho v^2$, $v=V$ 时

$$A=p_{at}-\rho V^2$$

$$p=p_{at}+\dfrac{1}{2}\rho v^2-\rho V^2 \tag{4-7}$$

在涡核中心,$r=0$,$v=r\omega=0$,$p=p_{at}-\rho V^2$

在涡核内部,越靠近中心,v 越小,p 亦越小。整个涡核内外部的速度分布及压力分布如图 4-2 所示。

由上可见,由涡核外部一直到涡核内部,压力不断降低。在涡核内部,越靠近中心,速度越小,压力越低;而在外部,越靠近涡核边界,速度越大,压力越低。这样,在涡核中心就形成了负压,产生了向下的吸力,气体和熔渣就可能被吸进去,将对铸件的质量产生不利影响。所以要尽量避免在浇口杯中产生水平涡旋。

(2) 影响涡流产生的因素 总的来看,影响涡流产生的关键因素是水平流速,水平流速越快,越易形成水平涡流。

水力模拟试验表明,影响浇口杯内水平流速的主要因素是浇口杯内金属液面的深度,其次是浇包浇注高度、浇注方向及浇口杯的结构等。

浇口杯内金属液面深度和浇包浇注高度的影响如图 4-3 所示。液面越深,水平流速越慢,越不易出现水平涡旋,如图 4-3a 所示。液面浅时,将导致水平流速偏高,易出现水平涡旋,如图 4-3b 所示。浇包嘴距浇口杯越高,液流速度越快,水平旋涡越易于产生如图 4-3c 所示。因此,液面越浅和浇包浇注高度越大,水平流速较高,越容易出现水平涡旋。

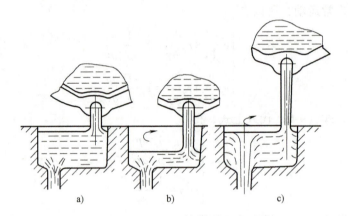

图 4-3 金属液面深度和浇包浇注高度对水平流速的影响
a) 深液面 b) 浅液面 c) 高浇包嘴

(3) 防止涡旋产生的措施

1) **低位浇注,且迅速充满**。低位浇注容易做到,迅速充满则要采取措施。为了使金属液流动平稳,防止最初浇入的金属液还来不及使熔渣浮起就进入直浇道,对于重要的中、大型铸件,常用带浇口塞的浇口杯(图 4-4)。先用浇口塞堵住浇口杯的流出口,然后进行浇注,当浇口杯被充填到一定高度,熔渣已浮起时,才拔起浇口塞,使金属液流入直浇道。浇口塞可用耐火材料或金属材料制成,其结构应能保证拔起浇口塞时不产生涡流。有时也用金属薄片(与金属液同种材料,其厚度通过试验确定)盖住浇口杯的出口,以代替浇口塞,当浇口杯被充填到一定高度时,金属薄片受热熔化,浇口杯的出口就被打开。这种方法不如采用浇口塞操作简便。

2) **为了利于熔渣上浮到液面,浇口杯应有一定的高度,并将浇口杯与直浇道相连的边缘做成凸起状**(图 4-4),以促使浇口杯中液流形成垂直涡旋。垂直涡旋能干扰水平涡旋,将熔渣和气泡浮至金属液表面,对挡渣和分离冲入的气泡有利。

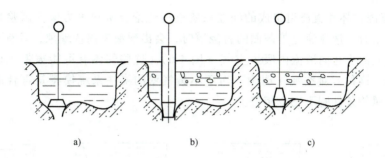

图 4-4　不同形式的浇口塞示意图
a）不正确的结构　b）、c）正确的结构

3）**浇口杯的出口应做成圆角，以避免液流引起冲砂**，并利于消除液流离壁和吸入气体的现象。

4. 浇口杯类型

（1）浇口杯按结构形状可分为**漏斗形**和**池形**两大类（图 4-5）漏斗形浇口杯结构简单，消耗金属少，在小型件砂型上可直接制出。它的挡渣效果差，特别对于大型铸件，易产生绕垂直轴旋转的水平涡流，易卷入气体和熔渣。因此这种浇口杯仅适用于对挡渣要求不高的砂型铸造及金属型铸造的小型铸件。池形浇口杯效果较好，底部设置凸起有利

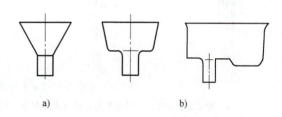

图 4-5　浇口杯类型
a）漏斗形　b）池形

于浇注操作，使金属液的浇注速度达到适宜的大小后再流入直浇道。这样浇口杯内液体深度大，可阻止水平旋涡的形成，从而有利于分离渣滓和气泡。但制作麻烦，消耗金属多。适合大、中型件。

（2）按制作方式分，有**专门制作**和与**铸型同时制作**之分　专门制作，使用方便，黑色金属多使用耐火材料专门制作，而轻合金则可以使用钢板焊接而成，使用时预热喷涂料即可，适用于大、中型铸件。浇口杯与铸型同时造型出来，制作简便，主要用于小型、简单件。

4.2.2　液态金属在直浇道中的流动情况

1. 直浇道的作用

直浇道的作用是从浇口杯引导液态金属流入横浇道、内浇道或直接引入型腔，并提供足够的压力，使液态金属克服流动阻力，在规定时间内充满型腔。

2. 流动情况

液态金属在直浇道中流动可分为**全截面**或**非全截面**两种情况，前者称为充满式直浇道，后者称为非充满式直浇道。在充满式直浇道中，金属液不会显著氧化，而在非充满式直浇道

中金属容易氧化。

1)对只有浇口杯和直浇道组成的浇注系统进行理论分析和水力模拟试验均证明,当直浇道入口为尖角时,液流流过等截面的直浇道时,会出现液流离壁现象,且有一定的真空度存在,透过壁上的小孔向液流内吸入空气(图4-6)。这些气体有可能被带入型腔,使铸件产生气孔缺陷。这种"真空吸气理论"对于不透气壁的浇注系统模型是符合的,而对于实际砂型浇注金属的条件则不完全相符。

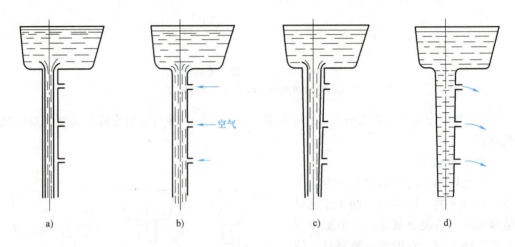

图 4-6 水在有机玻璃模型的直浇道内流动情况
a) 圆柱形直浇道,入口为尖角,呈非充满状态 b) 圆柱形直浇道,入口为圆角,充满且吸气
c) 上大下小的锥形(1/50)直浇道,入口为尖角,呈非充满状态
d) 上大下小的锥形(1/50)直浇道,入口为圆角,充满且为正压状态

2)在有机玻璃模型中能够出现真空条件下的非充满式流动,这种情况不能代表砂型中金属液的流动状态。因为砂型是透气体,金属液股上的压力应大于或等于砂型中表层气体的压力。如在两组元的浇注系统的入口为圆角的等截面直浇道中的流动情况,在有机玻璃模型中,出现负压,呈充满式和等速流态;而在砂型中,属于等压状况,呈非充满和等加速流态。

因此,只有在有机玻璃模型中的液流压力大于或等于大气压力的条件下,才能代表砂型中的金属流态。这在采用流体力学模拟试验中应特别注意。

3)对液态金属在砂型直浇道中的流动状态进行模拟试验和摄影观察研究得出结论:液态金属在直浇道中流动存在两种流态,即充满式流动和非充满式流动。在等截面的圆柱形和上小下大的倒锥形直浇道中液流呈非充满状态。在非充满的直浇道中,流股自上而下呈渐缩形,流股表面压力接近大气压力,微呈正压。流股表面会带动表层气体向下运动,并能冲入型内上升的金属液内。而上大下小的锥形直浇道中的液流呈充满状态,无负压和吸气现象。

4)直浇道入口形状对液流流态影响较大,当入口为尖角时,增加了流动阻力和断面收缩率,常导致非充满式流动。实际砂型中,很少采用尖角,因为容易造成冲砂。要使直浇道呈充满状态,要求入口处圆角半径 $r \geq d/4$(d 为直浇道上口直径)。

在实际生产中,总是将直流道做成上大下小的圆锥形,并且在直浇道及其他组元中都存在各种局部阻力（如采用多片状或蛇形直浇道、过滤网、横浇道、内浇道等）。因此，只要合理地选择浇注系统结构形式，就不会出现液流离壁和负压的现象。

3. 直浇道设计

轻合金砂型铸造中，常用的直浇道结构形式如图 4-7 所示。

（1）圆锥形直浇道　为了防止在直浇道中产生负压和便于取模，直浇道应做成上大下小的锥形（锥度为 2°~3°），见图 4-7a 所示。适用于小型铸件，其表面积小，散热慢，制作方便；沿程阻力小，流速快，冲击严重，易导致氧化卷气。

对较大型铝合金件也可采用圆锥形直浇道，前提是横浇道挡渣效果好，但直浇道直径不应大于 20mm。当然对于黑色合金可大量采用，因其不易氧化。

（2）片状、蛇形直浇道　对于极易氧化的镁合金，为了增加流动阻力，降低流速，缓和紊流程度，常采用蛇形和片状直浇道（图 4-7b、c），尤其以后者应用更为广泛。当直浇道高度和断面面积大时，为减少和防止液态金属的冲击、飞溅和氧化，可采用多个小断面的或阶梯式的直浇道（图 4-7d）。在镁合金铸造中，也可增加蛇形浇道的曲折数。

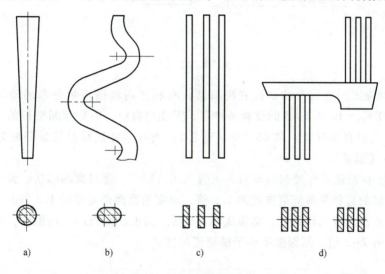

图 4-7　砂型铸造直浇道形式及常用断面形状
a）圆柱形　b）蛇形　c）片状　d）阶梯形

片状直浇道的特点是，分成多股液流，增加了沿程损失，直浇道底部流速减慢，起到缓流作用；与铸型接触面积大，有挂渣作用（多用于镁合金）；但制作比较麻烦。

蛇形直浇道的特点是，在静压力保持不变的情况下充型，稳定压头；弯道增加流动阻力，减缓流速，消除喷溅；但制作麻烦，无法取模，需专门砂芯形成。

（3）直浇道底部缓冲窝　由于金属液的流速在直浇道底部达到最大值，转而流向横浇道，为改善金属液的流动状况，一般在直浇道的底部设有浇口窝或缓冲槽。浇口窝的作用有：

1）缓冲作用。液流下落的动能有相当大的一部分被窝内液体吸收而转变为压力能，再由压力能转化为水平速度流向横浇道，从而减轻了对直浇道底部铸型的冲刷。

2）缩短直-横浇道拐弯处的高度紊流区。浇口窝可减轻液流进入横浇道的孔口压缩现象，缩短高速紊流区（过渡区）。这样也改善了横浇道内的压力分布（图 4-8）。压力分布的特性说明过渡区的存在，速度高处压力低，速度低处压力高。设置浇口窝对减轻金属氧化、挡渣和减少卷入气体都有利。当内浇道距直浇道较近时，应采用浇口窝。

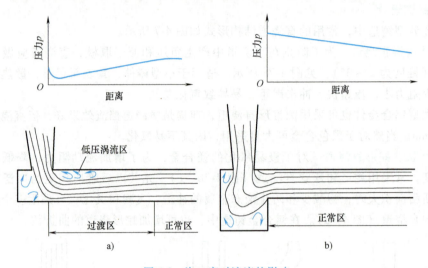

图 4-8　浇口窝对液流的影响
a）无浇口窝　b）有浇口窝

3）**改善内浇道的流量分布**。设置浇口窝，有利于内浇道流量分布的均匀化，例如在 $\Sigma F_直:\Sigma F_横:\Sigma F_内=1:2.5:5$ 的试验条件下，无浇口窝时，两相等断面积的内浇道的流量分配为 31.5%（近直浇道者）和 68.5%（远者）；而有直浇道窝时流量分配为 40.5%（近者）和 59.5%（远者）。

4）**减少直-横浇道拐弯处的局部阻力系数和压力损失**。浇口窝的形状、大小应适宜。直浇道底部浇口窝的直径为横浇道宽度的 1.5 倍，深度为横浇道高度的 1.5 倍时，就可减少金属液对砂型的冲击。有人认为浇口窝做成图 4-9 所示的形状则缓冲作用更好，窝的直径为直浇道出口直径的 2~3 倍，其深度不小于横浇道深度。

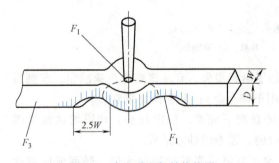

图 4-9　直浇道底部结构简图

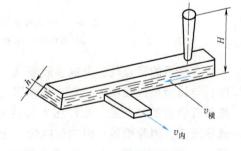

图 4-10　扩张式浇注系统中液流在横浇道中

4.2.3　液态金属在横浇道中的流动情况

横浇道是将金属液从直浇道引入内浇道的水平通道，是浇注系统的重要单元。

1. 作用

横浇道的作用主要是将金属液平稳而又均匀地分配给各个内浇道，同时具有挡渣功能。

所以也有人将横浇道称为撇渣道。

2. 流动状况

横浇道是直浇道与内浇道之间的一个中间浇道，液态金属在横浇道中的流动情况与这三个浇道的断面面积之比有较密切的关系。当直浇道的断面面积大于横浇道断面面积，而横浇道的断面面积又大于内浇道的断面面积（即收缩式浇注系统）时，从直浇道下落的液流可立即把横浇道充满。相反，对于铝镁合金铸造常用扩张式浇注系统，横浇道并不立即被充满，而是随着型腔中金属液面的升高而逐渐地被充满。液态金属在横浇道中流动主要特征是：

(1) **失去速度头** 液流从直浇道落下时，速度大、不平稳，而经过浇口窝进入横浇道后，液流会趋于平稳。对于常用的扩张式浇注系统，液流进入横浇道时，起初以较高的速度沿着它的长度方向往前流动，直至横浇道末端，液流动能变为势能，在横浇道末端附近，金属液面升高，形成金属浪并再次转化为动能开始回流，当与从直浇道流出的液流相遇后，横浇道整个长度上液面上升，直到充满为止。

(2) **改变液流方向** 当横浇道内液面上升到一定高度 h 时，其压头已足以克服金属液的表面张力和液流向内浇道转弯所遇到的局部阻力时，金属液就进入内浇道（图 4-10）。在横浇道未充满时，内浇道中的液流流速为 $v_内$ 取决于横浇道中的液面高度 h；在横浇道充满后，$v_内$ 将取决于从内浇道液面至浇口杯中液面高度 H 的大小（还与型腔中液面的高度有关）。显然由于 h 值远小于 H 值，所以可把金属液进入型腔的初速度控制在较小的范围内，这对轻合金铸件防止内浇道出口处产生液流喷溅或冲击型壁现象，避免氧化夹杂和气孔缺陷是很有意义的。

要想使流入横浇道和内浇道的金属液流速缓慢，关键是浇道不能充满，最好的办法就是将浇注系统各单元截面面积逐步放大，即 $\sum F_直 < \sum F_横 < \sum F_内$（即为扩张式浇注系统），造成浇注系统不易被充满，保证金属液流动缓慢。所以铝镁合金铸件均选用扩张式浇注系统。

3. 横浇道的流量分配作用

液态金属充满横浇道的同时，即由横浇道分配给各个内浇道。同一横浇道上具有多个等断面的内浇道时，各内浇道的流量并不相等。一般条件下，**远离直浇道的内浇道流量大，近直浇道的内浇道流量小**。各内浇道的流量大小主要取决于作用于内浇道的金属液面的高度、横浇道的长度、内浇道在横浇道上的位置以及各浇道的断面面积之比。当金属液面较高，横浇道较短时，从直浇道流入横浇道的金属液，由于冲浪作用，大部分流入距直浇道较远的内浇道。故离直浇道较远处的内浇道中

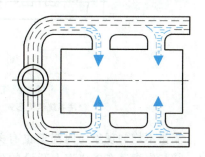

图 4-11 内浇道流量分配关系示意图

金属液的流速较快、流量较大，而近端流量较小。如果金属液面高度不大，横浇道很长。由于沿程损失大，难以使金属液在到达横浇道末端时仍有较大流速，则大部分液流将通过某几个处于中间位置或靠近直浇道的内浇道流入铸型。

流量不均匀的现象还和横浇道与内浇道的断面面积之比有关。一般情况下，浇道截面扩张程度越大，则流量不均匀现象越明显。实验表明（图 4-11），当浇道比为 1∶2∶4 时，从离直浇道较远的两个内浇道流出的金属液约占 66%，而近处只占 34%。而当浇道比为 1∶2∶2 时，两流量分别为 56% 和 44%，有所改善。有人认为，浇道比影响流量分配时，更

主要的是 $\sum F_横/\sum F_内$。当比值≥1 时，流量分配趋于均匀，而当比值<1 时，流量分配很不均匀。而浇道比在 1:2:(2~3) 和 1:3:(2~3) 浇注系统流量分配比较均匀。

内浇道流量的不均匀性 U 可用下式表示

$$U=\frac{q_{max}-q_{min}}{Q/n} \tag{4-8}$$

式中，q_{max} 为内浇道中最大流量；q_{min} 为内浇道中最小流量；Q 为所有内浇道上的总流量；n 为横浇道上连接的内浇道个数。

流量不均匀性与浇道比、内浇道与横浇道的配置关系、整个浇注系统的结构等因素有关（图 4-12）。

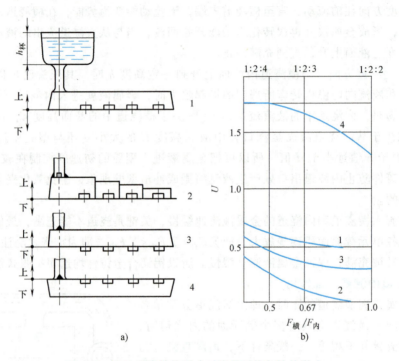

图 4-12 浇注系统结构形式对流量不均匀性的影响
a）浇注系统结构形式（1、2、3、4） b）流量不均匀性（1、2、3、4）

流量不均匀现象与内浇道也有关：①与内浇道阻力有关，内浇道阻力越大，流量越均匀；②与内浇道在横浇道上开设的位置有关（图 4-12）。当内浇道顶面与横浇道顶面平齐（图 4-12 中之 4）时，流量分配很不均匀；而生产实际中常采用的内浇道与横浇道底面平齐（图 4-12 中之 1）时，流量不均匀度有所改善，但仍不理想。而内浇道置于横浇道之下的叠加式（图 4-12 中之 3），其效果相当好，但叠加会导致浇注初期将氧化夹杂、气泡带入铸型等问题出现，不宜采用。而将横浇道断面设计成顺着液流方向逐渐缩小的形式（图 4-12 中之 2），流量分配最均匀。但其要求：

$$F_{横1}\geq 4F_内,F_{横2}\geq 3F_内,F_{横3}\geq 2F_内,F_{横4}\geq F_内$$

采用这种形式时，横浇道截面积变化应采用平滑过渡，以防止流动速度突变。

尽管采用上述方式可使流量均匀，但对于轻合金来说，由于横浇道是挡渣的主要单元，横浇道截面面积的减小，特别是在横浇道远端，由于截面面积很小，增大了紊流程度，给浮渣、挡渣带来一定的困难。

托卡列夫建议采用内浇道截面面积沿横浇道依次减小的办法来保证流量分配均匀。实验证明这种浇注系统比普通浇注系统（内浇道截面面积不变）能更均匀地分配流量（表 4-1）。但与此同时也会带来新的问题，最小截面的内浇道流速可能过快，也可能加速其氧化卷气等。

表 4-1 内浇道流量分配实验结果

$\Sigma F_{直}:\Sigma F_{横}:\Sigma F_{内}$	浇注流体	通过内浇道的流量（cm³/s）				总流量（cm³/s）	备注
		Ⅰ	Ⅱ	Ⅲ	Ⅳ		
1:2:1.72	水	265	270	270	275	1080	渐变
1:2:1.72	ZL-102	240	255	260	270	1025	渐变
1:2:2	水	200	240	285	320	1065	普通

内浇道流量不均匀对铸件质量影响显著。对大型复杂铸件和薄壁铸件易出现浇不足和冷隔缺陷；在流量大的内浇道附近会引起局部过热，破坏原来所预计的铸件凝固次序，使铸件产生氧化、缩松、缩孔和裂纹等缺陷。为了克服内浇道流量不均匀带来的弊病，通常采用尽可能将内浇道设置在横浇道的对称位置、设置浇口窝等以缓解该问题。

流量分配不均匀性并非所有情况下都是不利的，有时为了改善金属液充填效果，还要利用它的这一特性，这取决于铸件沿周长质量分布是否均匀。

4. 横浇道的挡渣作用

<u>横浇道是浇注系统的主要挡渣单元</u>。其挡渣作用与熔渣特性、横浇道本身结构、各浇道的相互配置关系有关。

在横浇道中采用重力分离除渣的原理如图 4-13 所示。随金属液进入横浇道的杂质，其运动受两个速度的作用，即随液流向前运动的速度 $v_{横}$ 和由于密度差引起的上浮（或下沉）速度 $v_{浮}$，最后杂质以两者的合速度 $v_{合}$ 向前上方运动。因此，横浇道的自然挡渣主要靠渣随金属液流动上浮而滞留在横浇道上部。横浇道的挡渣设计，应使杂质在金属液流入内浇道之前就上浮到金属液的表面。渣团的最大上浮速度可按拉宾诺维奇公式确定。

将渣团视为球形，可得出最大上浮速度 $v_{最大}$ 为

$$v_{最大} = 2\sqrt{\frac{d_{渣}}{3C} \cdot \frac{\rho_{液}-\rho_{渣}}{\rho_{液}}g} \qquad (4-9)$$

式中，$d_{渣}$ 为渣团直径；$\rho_{液}$ 为金属液密度；$\rho_{渣}$ 为渣团密度；g 为重力加速度；$v_{最大}$ 为渣团最大上浮速度；C 为渣团上浮的阻力系数，与 Re 数有关，实验得出其关系见表 4-2。

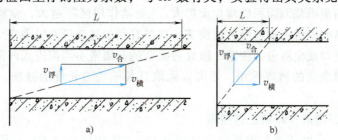

图 4-13 横浇道挡渣原理

表 4-2 渣团上浮阻力系数 C 与金属液流动 Re 的关系

Re	1	10^2	10^3	10^4	10^5	10^6
C	28	1.1	0.46	0.42	0.39	0.14

可见，当 Re 数为 $10^3 \sim 10^5$ 时，$C \approx 0.4$；而当 $d_{浇道}/d_{渣} \geq 10$ 时，$C \approx 1$，与 Re 数无关。

式（4-9）给出了渣团直径和最大上浮速度的关系。如果金属液在横浇道内流动出现紊流，当其自上向下作垂直运动，垂直分速度大小恰好等于 $v_{最大}$，与渣团上浮方向相反，则渣团将在一定水平位置上呈悬浮状态，这时金属液的流速称为悬浮速度。

从对图 4-13 和式 4-9 的分析可知，影响横浇道挡渣作用的主要因素有：

1) 渣团与金属液的密度差。密度差越大。渣团越易上浮除去。

铸造合金种类很多，熔渣特性也不同，但从其密度来看，黑色金属铸造中熔渣或混入的石英砂等的密度都低于金属液的密度，而铝、镁合金在熔炼和浇注时所形成的夹杂物就较为复杂。如铝合金在熔炼中形成的致密氧化物（Al_2O_3）的密度大于液态金属（沉于坩埚底部）；表面吸附有气体或熔剂的比较不致密的氧化物密度与金属液相近（悬浮在金属液中）；吸附大量气体和熔剂的疏松氧化物的密度小于金属液的密度（可上浮到金属液面）；镁合金在熔炼和浇注时所产生的氧化物和熔剂夹杂物的密度都大于金属液的密度。

熔渣特性不同，挡渣的原理和措施也不同。对于密度小于金属液的夹杂物一般采用重力分离的措施，而对于密度大于金属液的夹杂物，则在浇注系统中采用过滤挡渣的方法（如镁合金铸造）。铝合金的熔渣有大有小，所以在横浇道设计中需要综合采用以上两种挡渣措施。

2) 渣直径 d 的大小。直径越大，渣团上浮速度越大，越易除去。

3) 金属液在横浇道中的流动速度 $v_{横}$。$v_{横}$ 越大，液流在横浇道中的紊流程度越大，杂质上浮所遇到的干扰越大。当 $v_{横}$ 达到一定值时，杂质就浮不上来，而始终悬浮在液流中，此时的 $v_{横}$ 临界速度称为悬浮速度。

4) 金属液的黏度。黏度越大，则渣团上浮越慢，越难去除。

5. 内浇道的"吸动"作用

当横浇道中的液态金属达到一定高度时，在内浇道附近的液流除了有一个沿横浇道向前速度外，还有一个向内浇道流动的速度 $v_{内}$，而 $v_{内}$ 又会影响内浇道附近的横浇道中液流的运动，即将该处的液流"吸入"内浇道（图 4-14），此种现象称为"吸动"作用。"吸动"作用可使夹杂流入内浇口，进入铸型，十分有害。这种"吸动"作用的范围叫做"吸动作用区"，简称"吸动区"。"吸动作用区"超过了内浇道的断面范围，它随内浇道中液流速度的增加而扩大，随内浇道截面面积的增加而扩大。"吸动作用区"越大，横浇道挡渣越难，在生产中常采用较高的横浇道和较低的内浇道，这样有利于夹杂脱离吸动作用区；也可采用在横浇道末端开冒渣口或集渣包，使第一股含有夹杂的金属液不回流进入内浇道，而流入集渣包，有利于提高横浇道的挡渣作用。还可以采取延长横浇道长度的办法，减弱金属液回流作用。

6. 强化横浇道挡渣作用的工艺措施

1) 采用搭接式横浇道或双重横浇道（图 4-15），增加横浇道的流动阻力，这样可以降低金属液在横浇道的流动速度。采用双重横浇道同时加长了流程，使渣有机会上浮或下沉，

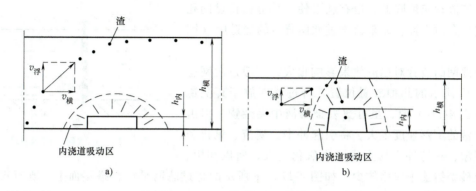

图 4-14 内浇道吸动区示意图
a）不影响横浇道挡渣 b）不利于横浇道挡渣

在镁合金中使用效果良好。采用扩张式浇注系统、增大横浇道的截面面积也有利于降低 $v_横$。

2) **采用底注式浇注系统等措施有利于使横浇道呈充满状态**。横浇道呈充满状态，有利于使渣团上浮到横浇道顶部而不进入内浇道。减小浇注系统的扩张程度，也有利于横浇道呈充满状态。

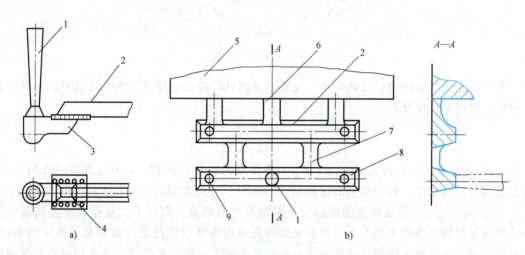

图 4-15 搭接式横浇道和双重横浇道
1—直浇道 2—横浇道 3—缓冲槽 4—过滤网 5—铸件 6—内浇道 7—过渡内浇道 8—过渡横浇道 9—出气孔

3) **内浇道的位置关系要正确**。内浇道距直浇道应有一定距离，使渣团能浮上横浇道顶部而不进入内浇道。内浇道不能设于横浇道末端，即距横浇道末端应有一定距离，以容纳最初进入横浇道的低温、含气及有夹杂的金属液，为防止聚集在横浇道末端的夹杂回游，还可在末端设置集渣包。

4) **在横浇道上设置过滤单元以滤除渣团**，如图 4-15a 所示。

① 过滤网过滤。铝、镁合金铸造生产中常使用耐热纤维织成的过滤网布，（网眼尺寸为 1.8mm×1.8mm 或 2mm×2mm），用数层叠放在横浇道的搭接面上。在浇注系统中放置过滤网后可将大部分杂质阻留于过滤网前。同时由于液流通过网孔时遇到过滤网的阻力和断面突然

扩大，使流动速度降低，也有利于使一部分已挤过网孔的气泡和杂质上浮，而阻留于过滤网背后的浇道中（图4-16）。

过滤网的放置对挡渣效果影响很大，一般过滤网有如图4-17所示的几种放置位置。将过滤网放于直浇道底部（图4-17a）时，虽可滤去金属液中夹杂物，但由于金属液的下落速度很大，将引起冲击、涡流、氧化和吸气现象，在铸件内易生成二次氧化夹杂，所以在铝、镁合金砂型铸造中应用较少。如图4-17b、c所示的将过滤网平放在搭接面上，既有很好的挡渣作用，操作工艺也比较方便，所以应用较多。将过滤网斜插入横浇道中，挡渣作用也比较好，但操作时易掉入砂子，必须注意。

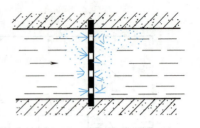

图4-16 过滤网作用示意图

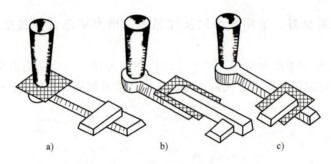

图4-17 过滤网安放位置

为了避免减少浇道的有效截面积，安置过滤网处的浇道应局部放大。浇道截面积局部放大程度，可用下式计算：

$$F_{扩} = \frac{F_{原}}{a \cdot b} \tag{4-10}$$

式中，$F_{扩}$为浇道扩大后的截面面积；$F_{原}$为浇道原来的截面面积；a为过滤网的孔洞率；b为过滤网的通过效率，孔小而密的过滤网，$b=90\%$，孔大而稀的过滤网 $b=80\%$。

② 过滤片过滤。过滤网仅能滤除大于网眼尺寸的杂质，而对于大量存在于金属液中的小于网眼尺寸的杂质则无能为力，目前更多的是采用泡沫陶瓷过滤片滤除金属液中的杂质。有资料介绍，采用泡沫陶瓷过滤的方法对滤除非金属夹杂物效果很好，当采用细孔泡沫陶瓷时，甚至可以滤除$1\mu m$的夹杂物。过滤片孔隙尺寸越小，厚度越大，过滤压力越小，效果就越明显。过滤后的合金其力学性能大大提高，对Al-4.5%Cu合金进行试验证明，使用不同的过滤片时，抗拉强度可提高14.1%～17.2%，屈服强度可提高4.2%～13.5%，断后伸长率可提高32.4%～104.0%。

泡沫陶瓷过滤片适用于多种铸造方法，如砂型铸造、金属型铸造和低压铸造等。过滤片可安放在浇注系统中的各个部位。图4-18是过滤片在浇注系统中通常放置的两种方式。

金属液流经过滤片时，增加了局部阻力。为了保证一定的充型速度，应将放置过滤片处的截面面积扩大4～13倍或增加直浇道的高度以提高静压头。在浇注直浇道已很高的大型铸件时，可不必再提高静压头高度。

5) 在横浇道上设置集渣槽是常用的除渣措施，在铝、镁合金铸造中一般采用图4-19所

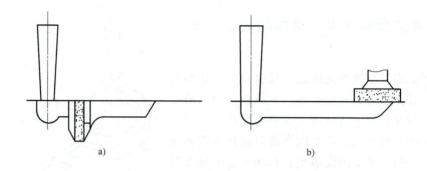

图 4-18　泡沫陶瓷过滤片在浇注系统中通常放置的两种方式

示的带集渣槽的浇注系统。而在铸铁件生产中则常用带有离心集渣包的浇注系统。金属流入集渣包因断面面积突然增大，流速降低并在集渣包内产生旋涡，使密度较小的渣团向旋涡中心集中并浮起。

7. 横浇道设计

1) 横浇道的断面形状，有圆形、半圆形、梯形等多种形式。以圆形的热损失最小，流动最平稳，但造型工艺较复杂。为了使直浇道与横浇道和内浇道连接方便和造型工艺简单，一般都采用高度大于宽度（高度/宽度 = 1.2 ~ 1.5）的梯形断面的横浇道。

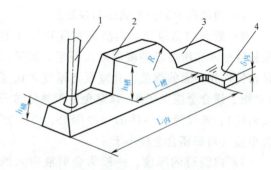

图 4-19　带集渣槽的浇注系统
1—直浇道　2—集渣槽　3—横浇道　4—内浇道

2) 与内浇道连接。内浇道和横浇道的相对位置设置的是否正确，对浇注系统的稳流和挡渣作用影响极大，确定时应考虑以下几点：

① 在长度方向上。第一个内浇道不要离直浇道太近，最后一个内浇道距横浇道末端要有一定距离。

② 高度方向上。内浇道一般应置于横浇道的中部（中置式），其底面与横浇道的底面平齐，如图 4-20a 所示。有人建议，对于扩张式浇注系统，为了使开始浇注时金属液中的杂质能

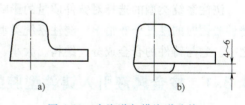

图 4-20　内浇道与横浇道连接

流到横浇道的末端而不立即进入内浇道，内浇道的底面应比横浇道高出 4 ~ 6mm（图 4-20b），但这种设置造型工艺较麻烦。中置式是目前应用得最多的。对镁合金铸造采用扩张式浇注系统时，采用上置式比较好（图 4-21）。把内浇道设置在横浇道上部，这样横浇道可以挡住密度大于金属液的杂质，横浇道易于充满，在轻合金金属型铸造中，这种形式应用较多。在铸铁件生产中，也有将内浇道置于横浇道下部的情况（下置式），这种挡渣作用很差，在轻合金铸造中很少应用。

③ 连接。横浇道与内浇道不能呈尖角连接，要圆弧过渡，否则易形成低压区，造成吸气。而且连接时内浇道一般不顺着横浇道液流方向，常用垂直于横浇道或逆着横浇道流向。

4.2.4 液态金属在内浇道中的流动情况

1. 作用

内浇道是浇注系统中把液态金属引入型腔的最后一个单元。其作用是控制充型速度和方向，分配液态金属，调节铸件各部位的温度分布和凝固次序，并对铸件有一定的补缩作用。单个内浇道只能具有引入金属液的作用，只有多个内浇道组合起来才有上述多种作用。

2. 断面形状及尺寸

1) 内浇道的断面形状多为扁矩形。

2) 断面的宽厚比。内浇道宽度和厚度的比例应按铸件壁厚和所要求的凝固形式而定，如果内浇道设置在铸件先凝固的部位，其宽度与厚度之比应选大些（对铝、镁合金应大于6，以避免由于热量过分集中造成缩松）；若设置在铸件的后凝固处，则其宽厚比宜选小些（对铝镁合金应小于4）。

3) 内浇道的厚度。一般为金属液引入处铸件壁厚的50%～100%。对某些铸件的局部厚大部分需要内浇道进行补缩时，则内浇道的厚度、断面形状和宽厚比不受上述的限制，应根据连接处的铸件形状和壁厚等具体情况来选定。

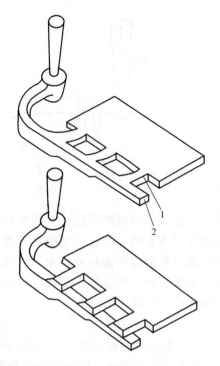

图 4-21　内浇道置于横浇道上部的情况
1—内浇道　2—横浇道

4.3　浇注系统的类型及应用范围

浇注系统类型的选择对铸件质量的影响很大，它将影响液态金属充填铸件型腔的优劣和铸件凝固时的温度分布情况。浇注系统类型的选择是正确设计浇注系统必须解决的重要问题之一。它与铸件的合金成分、结构、大小、技术要求和生产条件等因素有关。

4.3.1　按金属液引入铸件型腔的位置分类

1. 顶注式（又称上注式）浇注系统

以浇注位置为准，金属液从铸件型腔顶部引入的浇注系统称为顶注式浇注系统。

（1）特点

1) 液态金属从铸型型腔顶部引入，在铸件浇注和凝固过程中，铸件上部的温度高于下部（图 4-22），利于铸件自下而上顺序凝固，能够有效地发挥顶部冒口的补缩作用。

2) 在液态金属的整个充型阶段始终有一个不变的压头，液流流量大，充型时间短，充型能力强。

3) 造型工艺简单，模具制造方便，浇注系统和冒口消耗金属少，浇注系统切割清理容易。

顶注式浇注系统最大的缺点是液态金属进入型腔后，从高处落下，对铸型冲击大，容易导致液态金属的飞溅、氧化和卷入气体,形成氧化夹杂和气孔缺陷。另外,其排气、挡渣效果也差。

铝合金和镁合金铸件在使用顶注式浇注系统时必须考虑液流在型腔内下落高度不能太大,对于质量要求高的航空航天产品铸件,顶注式浇注系统一般只适用于形状简单、高度小于 80mm 的铝合金小型铸件和高度小于 40mm 的镁合金小型铸件。

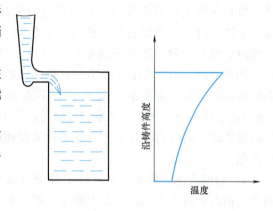

图 4-22 顶注式浇注系统沿高度温度分布

(2)形式

1)简单式。对一些结构简单、壁厚均匀的小型铸件在采用金属型铸造时,为了开型方便和简化模具制作,常使用简单的顶注式浇注系统(图 4-23)。液态金属直接从既是冒口又是直浇道的铸件顶部引入。虽然液态金属在型腔内流动不平稳,但由于铸件高度小,壁厚均匀,即使产生氧化夹杂也易于上浮至冒口中。故广泛应用于小型铝合金铸件。

2)完整式。用砂型生产小型铝合金和镁合金铸件时,有时也采用比较完善的顶注式浇注系统(图 4-24)。这种浇注系统一般都设有浇口杯、直浇道、横浇道和内浇道,液态金属在浇注系统中的流动比较平稳,并有条件采用各种挡渣措施。

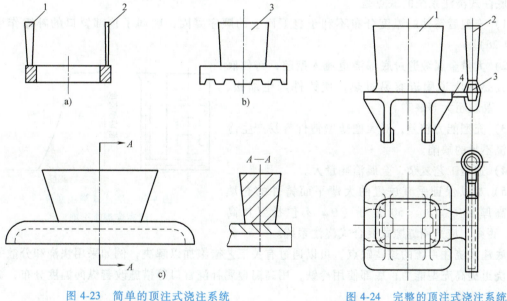

图 4-23 简单的顶注式浇注系统
1—直浇道 2—出气孔 3—冒口

图 4-24 完整的顶注式浇注系统
1—冒口 2—直浇道 3—横浇道 4—内浇道

3)压边浇口。压边浇口(图 4-25)也属于顶注式浇注系统的一种形式。它的特点是浇口以一条窄长的缝隙与铸件顶部连接,浇注时浇口能迅速地被充满并保持一定的液面高度,有利于熔渣上浮;金属液通过压边缝隙顺壁充型,水力学半径小,液流对铸型冲击也小;铸件可以自下而上地顺序凝固，而且通过窄长浇注口浇注，延长了浇注时间，可以边浇注边补缩，提高了补缩效率。但缝隙处容易过热，造成局部缩松。这种浇口结构简单，便于铸件清理，主要应用于中小件，特别是厚实的和形状简单的铸件。对于航空轻合金铸件，不宜采用压边浇口（常造成氧化夹杂、气孔、流痕和过烧等缺陷），只有在铸造质量要求不高的铝合金工艺装备零件和民用小铸件时才可使用。

4）雨淋式浇注系统。金属液由顶部分散的多个圆形通道，雨淋式的落入型腔。由于液流分散，对铸型的冲击减缓了很多，但暴露的表面积也大，易加剧金属液氧化，在轻合金铸造中不宜采用，铸铁件生产中常使用雨淋式浇注系统。

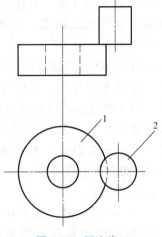

图 4-25　压边浇口
1—铸件　2—压边浇口

2. 底注式（下注式）浇注系统

内浇道位于铸件底部，金属液从型腔底部流入型腔的浇注系统称为底注式浇注系统。

（1）特点　底注式浇注系统优点有：

1）金属液从铸型底部充填型腔，流动平稳，不易产生冲击、飞溅、氧化和卷入气体。

2）便于排除型腔中的气体，铸型中浮渣效果也好。

3）无论浇道比多么大，横浇道基本工作在充满状态，有利于挡渣。

底注式浇注系统的缺点是：

1）充型后铸件的温度分布不利于自下而上的顺序凝固，削弱了顶部冒口的补缩作用（图 4-26）。

2）大量金属液通过底部浇道流入型腔，铸件底部尤其是内浇道附近容易过热，使铸件产生缩松、缩孔、晶粒粗大等缺陷。

3）充型能力较差，对大型薄壁铸件容易产生冷隔和浇不足的缺陷。

4）造型工艺复杂，金属消耗量大。

5）难以保证垂直放置的大薄平面铸件的充填性。高厚比 $H_{件}/\delta_{件} < 50$ 方可（$H_{件}$ 不包括冒口高度），否则，应采用缝隙式复合式浇注系统。

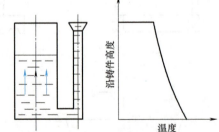

图 4-26　底注式浇注系统
沿高度温度分布

底注式浇注系统的这些缺点，可以通过有关工艺措施加以解决，例如采用快浇和分散的多内浇道提高充型能力；底部使用冷铁，用高温金属补浇冒口等措施改善纵向温度分布，提高冒口补缩能力。

底注式浇注系统广泛应用于铝镁合金铸件的生产，也适用于形状复杂，要求高的各种黑色铸件。

（2）形式

1）一般都具有比较完整的形式，具备各个单元。

2）牛角式。属于底注式浇注系统的一种（图 4-27）。此种浇注系统液流充型过程平稳，

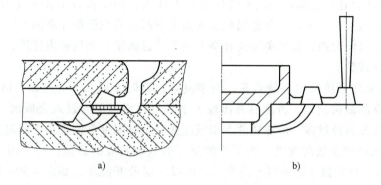

图 4-27 牛角式浇注系统的两种形式

但造型工艺复杂，只有在铸造中小型且质量要求较高的铸件，用一般的底注式难以解决时，才考虑使用。

一般有两种形式：

① 内浇道按一定弧度向下而后又向上与型腔底部相连接，如图 4-27a 所示，这种形式多用于铸件侧面形状复杂，不便开设内浇道，但又要求金属液平稳充型的铸件。

② 内浇道按一定弧度向下直接与型腔侧下部连接，如图 4-27b 所示。这种形式多用于分型面在铸件的某一高度，而这个高度又超过了金属液允许的最大下落高度的情况。

注意：①采用牛角式辅助浇道时，为提高挡渣效果，最好同时选用过滤网和双重横浇道；②为防止液态金属进入型腔时产生喷射现象，牛角浇道的出口处不应收缩得太细太薄，有时也可设计成断面朝型腔方向逐渐扩大的形式（当然，应确保牛角式浇道模样可在取模后从型腔中顺利取出）。

3. 中注式浇注系统

这种浇注系统的液态金属引入位置介于顶注式和底注式之间（图 4-28），对于分型面以下是顶注式，对于分型面以上则是底注式。其优、缺点也介于顶注与底注之间。它普遍应用于高度不大、水平尺寸较大的中小型铸件，在铸件质量要求较高时，仍应控制金属液的下落高度（即下半型腔的深度）。

采用机器造型生产铸件时，广泛使用中注式浇注系统。此时多采用两箱造型，内浇道开在分型面上，工艺简单，操作容易。

4. 阶梯式浇注系统

在铸件不同高度上开设多层内浇道的浇注系统称为阶梯式浇注系统（图 4-29）。

浇入金属液后，液态金属先通过底层的内浇道进入型腔，待型腔内液面上升至第二层内浇道时，直浇道中液面也升到第二层内浇道，金属液开始从第二层内浇道流入型腔，这样依次完成充填。阶梯式浇注系统中各个内浇道依次发挥作用，最后的内浇道将最后温度较高的金属液引入冒口，可保证顺序凝固和补缩效果。

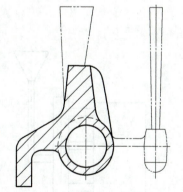

图 4-28 中间注入式浇注系统

（1）阶梯式浇注系统的特点

1) 结构设计合理的阶梯式浇注系统应有以下优点：金属液自下而上充型，充型平稳，型腔内气体排出顺利；充型后上部金属液温度高于下部，有利于顺序凝固和冒口的补缩，铸件组织致密；充型能力强，易避免冷隔和浇不到等铸造缺陷；利用多内浇道，可减轻内浇道附近的局部过热现象。

2) 阶梯式浇注系统的主要缺点是：造型复杂，有时要求几个分型面，清理也不方便；要求正确的计算和结构设计，否则容易出现上下各层内浇道同时进入金属液的"乱浇"现象，或底层进入金属液过多，形成铸件下部温度高而上部温度低的不理想的温度分布。

(2) 阶梯式浇注系统的改进　为了达到分层引入金属液的目的，可采用多种办法进行改进（图4-29）。分别独立设置各浇注单元，可以三层分开浇注，如图4-29a所示。有时为了提高顶部冒口中金属液的温度，增强补缩作用，也可采用<u>两层阶梯式浇注系统</u>（即底层充填铸件，上层充填冒口，类似于图4-29a。在大型铸钢件生产时，可使用如图4-29b所示的用<u>塞球法控制的阶梯式浇道</u>，多采用特制耐火砖管装成。控制直浇道不能过快充满，呈非充满式直浇道很重要，加大直浇道截面面积，采用图4-29e，设立立筒，直浇道与立筒之间通过底部浇道连通，确保各个内浇道按顺序充型，从而改善阶梯式浇注系统的充型效果。

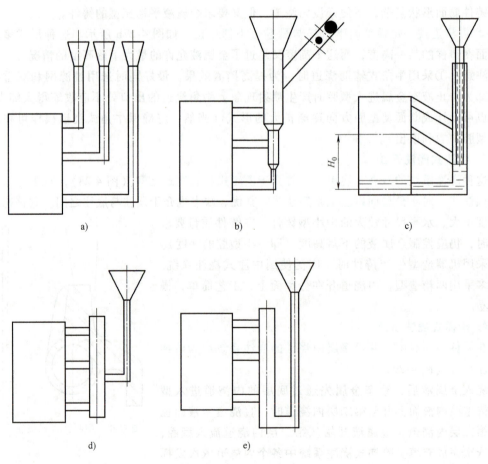

图 4-29　阶梯式浇注系统
a) 多直浇道　b) 用塞球控制　c) 控制各组元比例　d) 带缓冲直浇道　e) 带反直浇道

（3）适用范围　阶梯式浇注系统适用于高度大的大中型铸钢件、铸铁件。具有垂直分型面的中大件可优先采用。但从各层浇口进入的溢流在汇流处易产生氧化夹杂，因此在铝合金、镁合金铸造生产中很少采用阶梯式浇注系统。

5. 垂直缝隙式浇注系统

采用图 4-29e 所示阶梯式浇注系统，目的是确保分层引入。但实际还是存在金属液下落冲击现象，若再增加几个内浇道会有所改善。如若将所有内浇道上下连通，再将其宽度缩小一些，成为一条缝隙，就形成了垂直缝隙式浇注系统。

金属液由下而上沿着整个铸件高度开设的垂直缝隙状内浇道，依次平稳地进入型腔，这种浇注系统称为垂直缝隙式浇注系统（图 4-30），简称缝隙式浇注系统。

（1）缝隙式浇注系统的特点　缝隙式浇注系统的优点：

1）**液流充型过程十分平稳**。当金属液从底部流入立筒中，并逐渐上升，由于缝隙的流动阻力较大，只有当立筒中金属液上升到一定高度，金属液才能克服阻力通过缝隙流入型腔，型腔液面才能上升。因此型腔内液面的上升始终滞后于立筒内液面的上升。

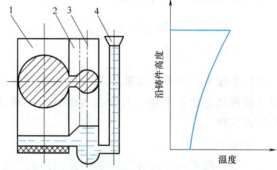

图 4-30　缝隙式浇注系统沿高度温度分布
1—铸件　2—立缝　3—立筒　4—直浇道

2）**温度分布良好**。在理想的情况下，刚进入立筒的金属液比立筒中原有的金属液温度高，而立筒截面面积较大，按照对流规律，温度较高的金属液有上升的趋势，使得立筒上部金属液总保持较高温度。由缝隙进入型腔的金属液每增加一层，其温度都比下一层高，从而建立了类似顶注式的温度分布，有利于铸件自下而上的顺序凝固，有利于上部冒口的补缩。

3）借助相当于横浇道的立筒，不仅不会产生新的氧化夹杂，而且有利于熔渣上浮于立筒和铸件顶部的冒口中。

缝隙式浇注系统的缺点是容易在缝隙处产生局部过热，导致铸件缩松；消耗液态金属多，工艺出品率低，浇道的清理切割既麻烦又费工。

（2）适用范围　缝隙式浇注系统广泛应用于轻合金浇注系统中，尤其对于缩松倾向较大的镁合金铸件，它是常用的浇注系统类型之一。对于高大圆筒状铸件（$h_件/\delta_件>50$），既要求纵向的顺序凝固，又要求横向有一定补缩作用，缝隙式是最合适的浇注系统，但由于切割困难、在铸钢件、铸铁件生产中较少应用。

6. 复合式浇注系统

对于大型复杂铸件，单独采用一种类型的浇注系统，往往难以得到合理的充型过程。尤其是大型、水平尺寸随高度变化而急剧变化的铸件，需要采用两种或两种以上类型的浇注系统复合使用，以取长补短，保证液流平稳地充满型腔，得到轮廓清晰的合格铸件。图 4-31 所示的浇注系统就是既有底注式又有缝隙式的复合式浇注系统。

复合式浇注系统的结构形式很多，阶梯式就是复合式浇注系统的一种，而中注式是最简单的复合式浇注系统。

在设计复合式浇注系统时,根据铸件的结构特点,设计出相应部分所应采用的浇注系统,然后加以复合。可以在一组浇注系统内设计几种类型,也可分开设计几组浇道;每一组浇道可以从铸件的同一高度进入型腔,也可以从不同高度进入型腔。当分开设计几组浇道和从不同高度进入铸型时,每一组浇道的截面面积、浇包的容量、浇口杯的容量以及浇注的先后次序都应进行详细的计算,避免金属液在铸型中产生对流、涡流或衔接不上的情况。

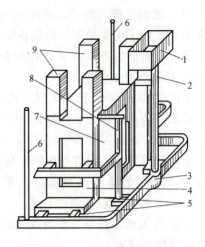

图 4-31 复合式浇注系统
1—浇口杯 2—直浇道 3—横浇道
4—铸件 5—内浇道 6—出气孔
7—立缝 8—立筒 9—冒口

4.3.2 按浇注系统各单元截面面积的比例分类

浇注系统按直浇道、横浇道及内浇道截面面积的比例(简称浇道比)关系,可分为收缩式、扩张式和半扩张式三种。

1. 收缩式浇注系统

直浇道、横浇道和内浇道的断面面积依次缩小(即 $\sum F_{直} > \sum F_{横} > \sum F_{内}$)的浇注系统称为收缩式浇注系统。

由于内浇道截面面积最小,在浇注初期,浇注系统就能被迅速充满,为充满式浇注系统,具有以下特点:

1) 充填性能好。

2) 充满式浇注系统有利于横浇道浮渣、挡渣。

3) 液态金属在这种浇注系统中流动时,由于浇道截面面积越来越小,流动速度越来越大,从内浇道进入型腔的液流,流动速度很大,对型壁产生冲击,易引起喷溅和剧烈氧化。

4) 浇注系统所占体积较小,减少了合金的消耗。易于切割。

主要用于不易氧化的铸铁件。铝、镁合金易于氧化,要求液流进入型腔时流动平稳,所以收缩式浇注系统应用很少。

2. 扩张式浇注系统

直浇道、横浇道和内浇道截面面积依次扩大(即 $\sum F_{直} < \sum F_{横} < \sum F_{内}$)的浇注系统称为扩张式浇注系统。

扩张式浇注系统的特点和收缩式恰恰相反,由于流动截面面积越来越大,故流速越来越慢,具体为:

1) 金属液在横浇道和内浇道中流速较慢,在进入型腔时流动平稳,可减少冲击氧化。

2) 横浇道在充填初期不易充满,在开始阶段,当横浇道液面低于内浇道顶面时,浮渣作用较差;浇注一段时间后,由于横浇道逐渐充满,其挡渣、浮渣效果逐渐好起来。初期可通过放置过滤网等方法予以弥补。

3) 浇注系统所占体积较大,耗费金属多。

易氧化的铝合金和镁合金要求液流平稳,大、中型铸件一般都采用扩张式浇注系统。

3. 半扩张式浇注系统

$\sum F_直 < \sum F_横 > \sum F_内$，而且 $\sum F_内 > \sum F_直$ 的浇注系统叫半扩张式浇注系统。

这种浇注系统直浇道一般很快充满，而横浇道面积最大，充满较慢，能够有效地减缓流速，其特点介于扩张式与收缩式之间，其特点是：
1) 液流比较平稳。
2) 充型能力和挡渣能力比较好。

适合于一般小型、结构简单的铝合金、镁合金铸件。

以上是从两个不同角度对浇注系统进行了分类，看似二者关系不大，实际上，上述三种浇注系统的特点和其组成单元的结构形式和金属液的引入位置有密切关系。例如，增加浇注系统中的流动阻力和采用底注式浇注系统时，可以改善收缩式浇注系统的流动不平稳状况；即使是扩张式浇注系统，若采用顶注式引入，那么金属液的充型也是不平稳的，挡渣作用也较差；在采用底注式并配合采用搭接式或双重横浇道时，在横浇道搭接面上安置过滤网时，不仅液流平稳而且具有良好的挡渣作用。

在浇注系统设计中，浇道比对铸件质量有较大的影响，正确选择浇道比也是浇注系统设计中的一个重要内容。在生产实践中，对浇道比的选择已积累了不少经验，也有不少专著文献，但由于铸件结构、生产工艺等具体条件不同，很难归纳出一个行之有效、简单易行的方法。表 4-3 推荐了铝合金、镁合金砂型铸造常用的浇道比，可供选择时参考。

表 4-3　铝、镁合金砂型铸造常用的浇道比（$\sum F_直 : \sum F_横 : \sum F_内$）

合金种类	大型铸件	中型铸件	小型铸件
铝合金	1 : 2~5 : 2~6	1 : 2~4 : 2~4	1 : 2~3 : 1.5~4
镁合金	1 : 3~5 : 3~8	1 : 2~4 : 3~6	1 : 2~3 : 1.5~4

确定浇道比时，还需考虑液态金属充型时的实际流动状态，充型是否真正平稳。在砂型铸造中，横浇道与直浇道连接处会出现涡流和吸气现象。所以，在采用单边横浇道时，横浇道截面不宜超过直浇道的三倍，双边横浇道总截面面积不宜超过直浇道五倍。确需加大横浇道时，必须在直浇道底部做出浇口窝，使直浇道和横浇道圆滑连接。

实际生产中存在盲目扩大浇道比，增大横浇道和内浇道尺寸的做法，这除了造成内浇道流量分配不均匀以外，还增加了金属的消耗和浇冒口的切割工作量，在经济效益上是不合算的。对于铝合金小型件，采用半扩张式浇注系统，往往效果很好，如对于金属型铸造，由于难以在横浇道上放过滤网，扩张程度太大又往往难以除去液态金属中的熔渣，此时采用半扩张式浇注系统效果更好。

4.4　液态金属引入位置的选择

4.4.1　概述

液态金属必须通过浇注系统引入铸型，而浇注系统多数都具有完整四单元，即液态金属多数都是通过内浇道进入铸型的。所以，关于选择液态金属引入位置的问题，实质上就是怎样正确地选择内浇道的位置。内浇道开设的位置是否正确，直接关系到浇注系统的作用能否充分发挥。浇注系统的作用有关键的两点：①合理引入金属液；②控制铸型铸件温度场，为铸件凝固提供有利的热学条件。换句话说，必须正确选择内浇道的开设位置，以保证液态金属合理地充填型腔和正确地控制铸件的凝固过程，从而获得合格、优质的铸件。

4.4.2 选择液态金属引入位置的原则

1. 充分考虑满足铸件凝固原则的需要

主要考虑凝固顺序的问题。

（1）凝固原则

① 顺序凝固。采取各种措施保证铸件结构上各部分，按照远离冒口的薄壁处和下部最先凝固，然后是厚处或上部凝固，最后才是冒口本身凝固的次序进行，即使铸件上远离冒口或浇口的部分到冒口或浇口之间建立一个递增的温度梯度。其优点是，冒口补缩作用好，可以防止缩孔和缩松，铸件致密。其缺点是，由于铸件各部分有温差，在凝固期间容易产生热裂，凝固后也容易使铸件产生应力和变形。

② 同时凝固。是采取工艺措施保证铸件结构上各部分之间没有温差或温差尽量小，使各部分同时凝固。在同时凝固条件下，扩张角等于零，没有补缩通道。采用同时凝固原则的优点是，凝固时铸件不容易产生热裂，凝固后也不易引起应力、变形。缺点是铸件中心区域有缩松，铸件不致密。

（2）引入位置的选择　液态金属的引入位置，对整个铸件的温度分布有很大的影响，因为，在引入位置附近的铸型壁，由于不断流过大量的金属液，而被剧烈地加热，故该处型壁以及金属液的温度较高；距引入位置越远，金属液的温度越低。因此，改变金属液的引入位置，可以改变铸件的温度分布情况，以利于实现预定的凝固原则（顺序或同时凝固原则）。因此，在实际生产中，金属液引入位置的选择是实现凝固原则的一个重要措施。在选择引入位置时，考虑这种热作用的因素，往往要比考虑流体动力学规律对铸件质量的影响更为复杂和重要。

当浇注系统类型确定后，在铸件（浇注位置）高度方向上的引入位置已基本被限定，实际上就是决定金属液从铸件水平方向在什么位置引入的问题。

① 如果铸件高度不大而水平尺寸较大时，则引入位置一般应保证铸件横向的顺序凝固，使金属液从铸件的厚处均匀引入，使得薄处先凝固，厚处后凝固。有时为了补缩厚处，会加侧冒口，此时，最好通过侧冒口引入金属液，可充分发挥侧冒口的补缩作用。

② 如果铸件壁厚不大而又均匀时，为了保证铸件整体的同时凝固和避免浇不足，金属液应在铸件四周均匀开设较多的内浇道，均匀地引入金属液。再把每个内浇道所能浇注到的区域进行划分，在铸件各区域的最后凝固处设置冒口，以便补缩。

③ 如果铸件具有一定高度或高度较大时，引入位置应首先保证铸件由下而上的纵向顺序凝固，最后由顶部冒口进行补缩。此时，任何减小铸件纵向温度梯度的倾向，对铸件的纵向顺序凝固和冒口的补缩都是不利的。所以引入位置应尽可能使铸件水平方向的温度分布均匀（有利于同时凝固），通常把内浇道均匀地设置在铸件的薄壁处，而在厚壁部分加置冷铁。

④ 若铸件水平方向的壁厚相差悬殊，特别是当厚壁部分的补缩通道被其相邻的薄壁部分切断时，在局部厚大处可采取冷铁和冒口联用的措施；若厚大部分也是均匀分布时（如安装边凸台），则金属液应通过侧冒口从厚处均匀引入。

当铸件较高时，若采用侧冒口引入金属液，侧冒口顶部金属液温度会较低，不利于补缩。卡尔金发明了在侧冒口加一隔板，使金属液始终在隔板上部流动，确保最终侧冒口上部金属液温度较高，利于补缩。

⑤ 在不破坏铸件凝固顺序的前提下，内浇道数应尽量多些，并分散均匀布置，以避免引入位置附近的铸件和铸型局部过热。这对采用底注式浇注系统的大、中型铸件（特别是镁合金铸件）尤为重要。但内浇道数多会带来造型、铸件清理的困难。另外，由于 $\sum F_内$ 一定，内浇道数增加，则使单个内浇道截面面积减小，可能导致流动阻力加大。

2. 最大限度满足液态金属合理充填铸型

在确定引入位置时，除了要考虑铸件的凝固顺序这个重要问题外，还必须注意金属液合理充填铸型的问题。

1) **内浇道开设应避免金属液正面冲击细小砂芯和型壁**（包括砂型、砂芯和薄弱的凸出部分）。如果正面冲击，就会造成飞溅、涡流、卷入气体和冲坏型壁（图4-32a)，使铸件产生氧化夹杂、气孔、夹砂以及缩松等缺陷，所以引入位置应选择在使金属液沿型壁的方向充型比较好（图4-32b)。

金属液从内浇道流出的速度较快时，附近的型腔形状对液流的运动状态也有很大影响。如某发动机压缩机匣的导管，由于内浇道结构不合理（内浇道出口断面面积过小，并通过斜壁使金属液与法兰处型壁形成冲击旋涡），在引入处附近A处造成氧化皮皱纹缺陷（图4-33a)，后将内浇道改成图4-33b的形式，导管处氧化夹杂基本被消除。

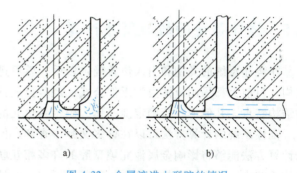

图 4-32 金属液进入型腔的情况
a) 正面冲击型壁　b) 沿型壁方向充型

2) 确定引入位置时，应仔细分析整个浇注过程中金属液在型腔中的流动情况，避免发生溢流（图4-34a)、喷射（图4-34b)和一股液流分散成数股等现象，必要时应改变引入

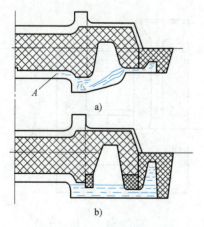

图 4-33 压缩机匣导管处浇道设置

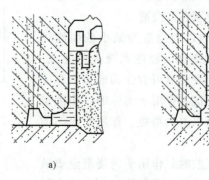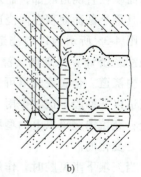

图 4-34 金属液在型腔中的溢流和喷射
a) 溢流　b) 喷射

位置或在型芯中增设辅助通道，这对防止氧化夹杂和冷隔缺陷有很大作用。

3) 对于大型复杂的薄壁铸件（如板类、盖类）的浇不足问题，应引起足够的重视。

4) 当内浇道不得已开在斜面上时，应尽可能使内浇道流出的金属液流向朝着下降的方向，而不朝着上升的方向流动。

3. 从铸造工艺角度考虑液态金属的引入位置的确定

1) 内浇道一般不希望开在铸件的重要部位，因为大量金属液流过内浇道，会将这部分铸型过热，造成结晶晶粒粗大，可能还会发生缩松。

2) 内浇道不能开设在铸件机械加工初基准面上，以避免因浇道切割残留量而影响铸件的夹持和定位，降低加工精度。

3) 内浇道最好不要开在铸件的凹面上，以免影响铸件浇冒口的切割、打磨和清整等，内浇道最好开设在铸件平面或凸出部位上。

4.5 浇注系统的截面尺寸计算

在浇注系统的类型和引入位置确定以后，就可进一步确定浇注系统各基本单元的尺寸和结构。目前大都采用流体力学近似公式或经验公式计算浇注系统的最小截面积，再根据铸件的结构特点、几何形状等确定浇道比，确定各单元的尺寸和结构。

浇注系统的计算方法可以在许多文献中查到，但到目前为止，还没有一个十分完美的理论计算方法能够将影响金属液充填型腔的许多相互联系、相互影响的因素都考虑进去。由于浇注系统中一些现象比较复杂，一般都用近似方法计算，再在实际中加以修正。

液态金属进入型腔的速度和流量对铸件质量影响很大，而控制金属液流速的最小截面面积又决定着充型速度，所以确定浇注系统各单元截面面积，首先应计算浇注系统的最小截面面积，然后再按浇道比确定其他单元的截面面积。目前常用的方法有以下几种。

4.5.1 按流体力学近似计算——奥赞公式

以流体力学为基础的计算方法，就是把金属液视作普通流体，浇注系统是液体流动的通道，这是用流体力学原理计算浇注系统最小截面面积的基础。对于扩张式浇注系统，其最小断面面积在直浇道底部，而对于收缩式浇注系统，其最小截面面积在内浇道。

图 4-35 所示为以内浇道为最小截面面积的浇注系统计算原理图。浇注系统为中注式，一个内浇道。金属液充填可看作两部分。充填内浇道以下型腔，这时作用于流体的压头固定不变；充填内浇道以上的型腔，作用于流体的压头是变化的。

当充填下半型腔时，作用于内浇道金属液静压力头不变。液流的一端是浇口杯中的金属液面，另一端是内浇道的出口，按伯努利方程

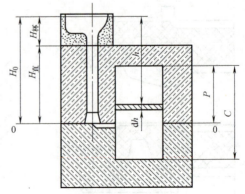

图 4-35 以内浇道为最小截面面积的
浇注系统计算原理图

可得出：

$$H_0 = \frac{v^2}{2g} + \sum h_{损} \tag{4-11}$$

式中，H_0 为内浇道以上金属液的静压头（m）；v 为内浇道金属液的流速（m/s）；g 为重力加速度（m/s²）；$\sum h_{损}$ 为金属液流经浇注系统时克服各种阻力的压头损失总和（其中包括金属液与浇道型壁的摩擦损失、转弯变向局部损失、浇道断面变化导致的损失等）。

$\sum h_{损}$ 是压头形式表示的，如用速度头表示则为

$$\sum h_{损} = \sum \xi_{浇} \frac{v^2}{2g} \tag{4-12}$$

式中，$\sum \xi_{浇}$ 为浇注系统的沿程和局部阻力系数的总和。

将式（4-12）代入式（4-11），得

$$H_0 = \frac{v^2}{2g}(1 + \sum \xi_{浇}) \tag{4-13}$$

内浇道出口速度为

$$v = \sqrt{\frac{2gH_0}{1 + \sum \xi_{浇}}} \tag{4-14}$$

流出内浇道的金属液质量为

$$G_1 = \rho F_{内} \tau_1 v = \rho F_{内} \tau_1 \sqrt{\frac{2gH_0}{1 + \sum \xi_{浇}}} \tag{4-15}$$

式中，G_1 为充满内浇道以下型腔的金属液质量（kg）；ρ 为金属液的密度（kg/m³）；$F_{内}$ 为内浇道截面面积，（m²）；τ_1 为充填下部型腔的时间（s）。

令

$$\mu = \sqrt{\frac{1}{1 + \sum \xi_{浇}}}$$

式中，μ 为实际流体流量与理想流体流量之间的比值，称为流量系数。这里不妨称 μ 为浇注系统的流量系数。这样

$$G_1 = \rho F_{内} \tau_1 v = \rho F_{内} \tau_1 \mu \sqrt{2gH_0} \tag{4-16}$$

$$F_{内} = \frac{G_1}{\rho \tau_1 \mu \sqrt{2gH_0}} \tag{4-17}$$

当金属液充填内浇道以上型腔时，内浇道出口被淹没，作用在内浇道金属液的静压头是变化的。阻力项除了流经浇注系统的阻力外还包括出口处阻力，出口处阻力是金属液流出内浇道以后全部阻力之和，包括内浇道以上型腔中沿程和局部阻力压头损失，以 $\sum \xi_{型} \frac{v^2}{2g}$ 表示。

根据伯努利方程可得

$$H_{均} = \frac{v^2}{2g}(1 + \sum \xi_{浇} + \sum \xi_{型}) \tag{4-18}$$

内浇口出口处速度为

$$v = \sqrt{\frac{2gH_{均}}{1+\sum\xi_{浇}+\sum\xi_{型}}} \qquad (4-19)$$

令

$$\mu = \sqrt{\frac{1}{1+\sum\xi_{浇}+\sum\xi_{型}}} \qquad (4-20)$$

式中，μ 为浇注系统和型腔中的流量系数。与前面相比，多了一个型腔部分阻力系数。为了统一起见，统称为流量系数。

流入上部型腔的金属液量为

$$G_2 = \rho F_{内}\tau_2 v = \rho F_{内}\tau_2 \mu\sqrt{2gH_{均}} \qquad (4-21)$$

$$F_{内} = \frac{G_2}{\rho\tau_2\mu\sqrt{2gH_{均}}} \qquad (4-22)$$

式（4-22）与式（4-17）相比，$H_{均}$ 与 H_0 不同，μ 值不同，τ 不同。如果在针对不同形式浇注系统时注意选择不同的 $H_{均}$、μ 以及 τ，那么两种情况下的 $F_{最小}$ 可通用一个公式，即

$$F_{最小} = \frac{G}{\rho\tau\mu\sqrt{2gH_{均}}} \qquad (4-23)$$

式中，$F_{最小}$ 为浇注系统最小截面面积，（m^2）；G 为充填铸型的金属液总质量（含铸件、浇注系统及由 $F_{最小}$ 提供充填冒口的质量）（kg）；ρ 为金属液的密度（kg/m^3）；τ 为充填型腔的时间（s）；μ 为金属液流量系数；$H_{均}$ 为金属液充型时实际平均计算压头（m）。

这样，就得到了浇注系统中最小截面面积的计算公式-奥赞公式（式4-23），式中 μ、τ、$H_{均}$ 需进一步确定。

1. 流量系数 μ 值的确定

μ 是金属液在充填浇注系统和铸件型腔的流动过程中，由于遇到各种摩擦阻力、水力学局部阻力和金属液与铸型的热作用、物理化学作用等的影响，引起实际液流速度下降，导致流量消耗的一个修正系数。

影响 μ 值的因素有很多，难以用数学计算方法确定，阻力系数 ξ 很难确定，流体力学参考数据不多，且有以下问题尚未解决：

1) 实际浇道长度不长，它们的局部阻力分布在很短距离内，各阻力相互强烈影响，从而影响了这些系数的精确度，流体力学中未能考虑。

2) 流体力学不考虑充填过程中的热作用和物理-化学作用。

3) 对于各种局部阻力，这些系数只在模拟的运动状态下（$Re>50000$）确定，在浇注系统中，$Re<50000$，这种状态下系数如何确定研究不够。

4) 不同的人选择不同的数据，给计算带来麻烦。

一般都按生产试验和参考试验结果选定。对于航空铝、镁合金铸件所用的扩张式浇注系统，其 μ 值可为 0.3~0.7。实际铸造时可根据铸件合金种类、浇注温度和铸件结构选择。

对于铝合金铸件：简单件　　　　　　　μ 值：0.55~0.70
　　　　　　　　中等复杂件　　　　　　μ 值：0.45~0.55
　　　　　　　　复杂件　　　　　　　　μ 值：0.30~0.45
对于镁合金铸件　　　　　　　　　　　　μ 值：0.45~0.50

根据下列条件的变化，可作适当调整：

1) **合金种类不同，应取不同的 μ 值**。表 4-4、表 4-5、表 4-6 分别列出了铝合金、镁合金、铸钢和铸铁的流量系数 μ 值，可供参考选用。从表 4-4 可以看出，铝硅、铝铜合金对 μ 值影响不明显。只有 Al-10%Mg 中，由于 Mg 量较多，易于氧化，氧化物易黏附在型壁上，阻碍流动，使流量减小，μ 值应选小些。

表 4-4　铝合金铸造流量系数 μ 值

合金	μ 值	合金	μ 值
Al	0.66	Al-3%Cu-4.5%Si	0.65
Al-12%Si	0.66	Al-1.5%Cu-5%Si-0.5%Mg	0.71
Al-7%Si-0.3%Mg	0.68	Al-4.5%Cu	0.69
Al-1.6%Cu-5.5%Zn-2.5%Mg	0.67	Al-10%Mg	0.59

表 4-5　镁合金铸造流量系数 μ 值

铸件结构类型	机匣类	盖板类	框架类
μ 值	0.34	0.42	0.48

表 4-6　铸钢及铸铁的流量系数 μ 值

种类		铸型阻力		
		大	中	小
湿型	铸铁	0.35	0.42	0.50
	铸钢	0.25	0.32	0.42
干型	铸铁	0.41	0.48	0.60
	铸钢	0.30	0.38	0.50

表 4-4 中所列数据适用于浇注系统结构简单的中小型铝铸件，对于大型铝合金铸件应将 μ 值适当减小。镁合金由于特别容易氧化，所生成的氧化膜黏附在浇道壁上，缩小了浇注系统的实际截面面积，使实际流量大大减少，所以其流量系数 μ 值比铝合金要小很多。

从表 4-7 可以看出，不论是否经过变质处理，流量系数无多少差别。

表 4-7　变质处理对铝合金流量系数的影响

合金	未经变质处理	经变质处理并保温	
		10min	50min
ZL102	0.778	0.780	0.784
ZL101	0.772	0.770	0.774

由于变质处理的铝合金黏度比未经变质处理的铝合金黏度高几倍，可以认为黏度对流量系数无多大影响。

2) **浇注温度对 μ 值的影响有一定的规律性**。随着浇注温度的提高，流量消耗减少，浇注系统中实际流量增大，μ 值也随之增大。试验结果表明，对铝合金，当浇注温度从 680°C 提高到 800°C 时，μ 值可增加 0.1。

3) 浇注系统的结构形状对 μ 值影响也很大。结构越复杂，尺寸越大，流程越长，流动阻力越大，则实际流量就越小，μ 值也越小。有资料介绍，流体在浇注系统中的压头损失主要集中在直浇道、横浇道和过滤网中。在镁合金铸造生产中，为了使液流流动平稳，并滤除氧化渣，常使用较复杂的浇注系统，同时使用钢丝棉、过滤网等其他阻流单元，增大了流体局部阻力，故一般应取较低的 μ 值。

4) 浇道比对 μ 值的影响。在选择 μ 值时，还应考虑浇道比的问题。在生产中，μ 值随着浇注系统扩张程度的增高而增大。

5) 浇注系统尺寸

① 当压头自 0.3m 增至 1.2m 时，流量系数减小 0.1~0.175，且与浇注系统的形式有关。浇口杯高度为 0.07~0.28m 时，浇口杯流量系数不发生大的变化。

② 直浇道截面面积大于 $1cm^2$ 时，随面积增大，μ 值变化不大；当其小于 $1cm^2$ 时，μ 值随直浇道截面面积的增加而急剧增加。这是因为随着浇道截面面积减小，水力学半径减小，摩擦损失增大，μ 值较小。直浇道截面形状对 μ 值也有影响。在水力学半径与压头相同的情况下，圆形截面直浇道的流量系数要比正方形和矩形截面直浇道的流量系数高，这是由于表面张力阻碍金属液充填矩形和方形截面的尖角部分，使流动阻力增大，μ 值减小。

③ 随着横浇道长度增大以及形状复杂化，μ 值减小。直角转弯比圆弧过渡转弯的 μ 值小。

④ 保持横浇道的长度和内浇道的总横截面面积不变，随着内浇道数量的增多，μ 值增大，并不是像预想的那样，由于内浇道增多，造成许多附加的局部阻力，使 μ 值减小。内浇道数量增至 8 时，μ 值继续增大；进一步增多内浇道时，μ 值没有显著的变化。

试验表明，横浇道长度相同的情况下，沿横浇道均匀布置内浇道的浇注系统的 μ 值比不带内浇道的类似浇注系统的 μ 值大，这可以解释为，在没有内浇道的横浇道中的沿程流动损失很大，所有的金属液都要通过横浇道而流出。而在带有内浇道的浇注系统中，只有一部分金属液完全通过横浇道的总长度，因而它的沿程流动损失较小。在扩张式浇注系统的内浇道中，液流的线速度相当小，内浇道局部阻力损失不大。所以，这种结构的浇注系统中，横浇道中的沿程损失超过内浇道中的局部阻力损失。

6) 铸件结构对 μ 值影响很大。铸件结构越复杂，则 μ 值应越小。在航空产品中，镁合金铸件按结构特点可分为机匣、盖板和框架三大类（表4-5）。机匣类铸件一般壁厚较小，几何形状复杂，型芯较多，金属液充型时的局部阻力大，一般取较小的 μ 值。盖板类铸件形状比较简单，流体局部阻力较小，其 μ 值大于机匣类铸件。框架类铸件形状一般较简单，铸造生产时大都增放了较大的工艺余量和加工余量，实际壁厚较大，对金属流动阻力小，所以其 μ 值应取大些。

铸件结构形成的型腔阻力对 μ 值的影响主要取决于铸件壁厚的大小。所有的影响不超过浇注系统阻力的 7%。航空产品中，铝合金、镁合金铸件主体壁厚一般为 5~11mm，大部分为 7~9mm。当壁厚小于 6mm 时，其 μ 值可减少 5%~7%，当壁厚为 7~10，其 μ 值可减少 5%，当壁厚超过 10mm 时，对 μ 值的影响可忽略不计。

2. 浇注时间 τ 值的确定

确定浇注时间是为了使金属液在预定的时间内充满型腔，获得较高的工艺出品率。浇注时间对铸件质量影响很大，尤其对大、中型铝、镁合金铸件质量的影响，更为明显。浇注时间过短，则流速太快，金属液在型腔中流动不平稳，易造成涡流，卷入气体，产生氧化夹杂；另外，型腔中的气体需要一定的时间才能逸出。还要注意避免刚浇注完毕时产生大的动压力而导致胀箱和抬箱。而浇注时间过长，金属液充填铸型的能力会下降，易造成浇不足和冷隔缺陷，同时在金属液引入位置附近造成局部过热，影响铸件自下而上的顺序凝固，使铸件组织粗大和产生缩孔缩松缺陷。底注式这个问题更为严重。另外，长时间浇注，使型腔上表面长时间烘烤，易产生夹砂、黏砂缺陷，尤其上部有大平面时问题更加突出。

应根据铸件具体结构和铸造工艺来确定合适的浇注时间。目前确定浇注时间的经验公式尚不完善，航空铝合金和镁合金铸件常以液面在型腔中适宜的上升速度为确定浇注时间的最基本依据，按下式计算浇注时间。

$$\tau = \frac{H_{件}}{v_{均}} \tag{4-24}$$

式中，$H_{件}$ 为铸件高度（如果冒口由浇注系统供给，应包括冒口高度）（cm），$v_{均}$ 为铸型型腔内金属液面的平均上升速度（cm/s）。

$v_{均}$ 值的选择尚无普遍适用的公式，取决于铸件的结构和技术要求等条件。一般参考工厂里生产同类铸件的经验数据来选定。有资料表明，在生产高度为 120~280mm、最小壁厚为 4mm，质量小于 5kg 的小型铝合金和镁合金铸件时，确定 $v_{均}$ 为 3.5~4.0cm/s；在统计了 150 多种 ZM5 合金飞机铸件后，认为 $v_{均}$ 为 1.5~2.5cm/s 是最适宜的。某企业在生产镁合金（ZM5）附件机匣等大型复杂件时，确定 $v_{均}$ = 2.14cm/s。

对于轻合金，既要求充型平稳，又要避免浇不足和冷隔，尤其是薄壁复杂件，常采用底注式、扩张式浇注系统。以型腔中最小允许上升速度代替 $v_{均}$ 更安全合理。

在砂型铸造铝、镁合金铸件时（浇注温度为 720℃），铸型中金属液面的最小上升速度可从表 4-8 中选择。铸钢件的最小上升速度见表 4-9。对于铸铁件，推荐用表 4-10 的经验数据来决定浇注时间。

表 4-8　在砂型铸造形状复杂的铝、镁合金铸件的 $v_{最小}$ （cm/s）

铸件高度/mm	铸件壁厚/mm										
	4	5	6	7	8	10	12	15	20	25	30
100	2.8	2.2	1.8	1.6	1.4	1.1	0.9	0.8	0.55	0.44	0.37
150	3.4	3.7	2.2	1.95	1.7	1.36	1.13	0.91	0.68	0.54	0.45
200	3.9	3.1	2.6	2.25	1.97	1.57	1.3	1.05	0.78	0.63	0.52
300	4.8	3.9	3.2	2.75	2.4	1.9	1.6	1.28	0.96	0.77	0.64
350	5.2	4.17	3.5	3.0	2.5	2.08	1.74	1.38	1.04	0.84	0.69
400	5.5	4.4	3.7	3.15	2.75	2.2	1.84	1.47	1.1	0.88	0.74
500	6.25	5.0	4.18	3.57	3.1	2.5	2.1	1.67	1.25	1.0	0.83
550	6.5	5.2	4.35	3.7	3.27	2.6	2.17	1.76	1.3	1.05	0.87
600	6.8	5.45	4.55	3.9	3.4	2.7	2.26	1.8	1.36	1.09	0.9
800	7.9	6.3	5.25	4.5	4.0	3.15	2.6	2.1	1.57	1.25	1.05
1000	8.75	7.0	5.8	5.0	4.37	3.5	2.9	2.3	1.75	1.4	1.17
1500	10.7	8.6	7.2	6.15	5.36	4.3	3.58	2.86	2.14	1.71	1.43

表 4-9 铸钢件型内液面最小上升速度 $v_{最小}$ （mm/s）

铸件质量/t	铸件特点		
	复杂	一般	实体
≤5	25	20	15
5~15	20	15	10
15~35	16	12	8
35~55	14	10	6
55~100	12	8	5

注：1. 对于大型合金钢件或试压件，值应增加 30%~50%；
2. 实体件是指形状简单的厚实铸件，如锤头、砧座等。

表 4-10 铸铁件浇注时间

铸件质量/kg	浇注时间/s	铸件质量/kg	浇注时间/s
<250	4~6	1000~3000	10~30
250~500	5~8	>3000	20~60
500~1000	6~20		

3. 静压头的计算和剩余静压头 H_M 的确定

（1）$H_{均}$ 的确定 $H_{均}$ 一般按照浇注系统直浇道压头所做功来导出，如图 4-36 所示。

充填内浇道以下型腔所消耗的功

$$A_1 = G_1 H_0$$

充填内浇道以上型腔所消耗的功

$$A_2 = G_2 H_2$$

假定 1：设充型所消耗的功等于直浇道作用下所做功，则

$$A = A_1 + A_2$$
$$A = G H_{均}$$
$$G \cdot H_{均} = G_1 H_0 + G_2 H_2$$
$$H_{均} = \frac{G_1}{G} H_0 + \frac{G_2}{G} H_2 \quad (4-25)$$

假定 2：设铸件截面面积不变，用高度比代替质量比，则

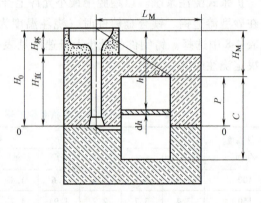

图 4-36 平均静压头和剩余压头计算

$$H_{均} = \frac{C-P}{C} H_0 + \frac{P}{C} H_2 \quad (4-26)$$

由于充满浇道以上型腔所做功是一个变量，它是高度的函数，所以

$$A_2 = G_2 H_2 = \int_{H_0-P}^{H_0} \gamma S h dh$$

$$H_2 = \frac{\int_{H_0-P}^{H_0} \gamma S h dh}{\gamma S P} = H_0 - \frac{P}{2} \quad (4-27)$$

代入式（4-26），得
$$H_{均}=H_0-\frac{P^2}{2C} \tag{4-28}$$

对于不同类型浇注系统，具体形式不同，见图4-37。

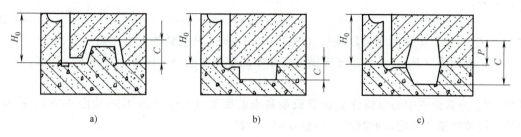

图 4-37 平均静压头的计算实例

a) 底注式浇注系统 b) 顶注式浇注系统 c) 中注式浇注系统

顶注式浇注系统，有 $P=0$ $\quad H_{均}=H_0$

底注式浇注系统，有 $P=C$： $\quad H_{均}=H_0-\dfrac{C}{2}$

如有明冒口，则 $H_0=P=C$ $\quad H_{均}=\dfrac{H_0}{2}$

中注式浇注系统，有 $P=\dfrac{C}{2}$ $\quad H_{均}=H_0-\dfrac{C}{8}$

式（4-28）为平均计算压头的通用公式，至今仍广为应用。其主要优点是计算简单方便。需要指出的是，在推导 $H_{均}$ 的过程中，引入两个假定条件，假定 1) 缺乏科学逻辑上的严密性，而假定 2) 对于非等截面的铸件，与实际情况不符。这都会带来 $H_{均}$ 的计算误差。

精确的计算应该是首先找出铸件截面面积与高度的函数关系 $S=f(h)$，然后计算 $\sqrt{H_{均}}$，即

$$\sqrt{H_{均}}=\frac{G}{\dfrac{G_1}{\sqrt{H_0}}+\rho\int_{H_0-P}^{H_0}f(h)\dfrac{\mathrm{d}h}{\sqrt{h}}}$$

当 $S=f(h)$ 为常数，即满足假定 2) 时，

$$\sqrt{H_{均}}=\frac{C}{\dfrac{C-P}{\sqrt{H_0}}+2(\sqrt{H_0}-\sqrt{H_0-P})}$$

还应指出，在伯努利方程应用的过程中，只考虑了静压头的影响，而忽略了从浇包嘴至浇口杯之间金属液下落动能的影响。这部分动能的影响有时相当大，特别是在浇注高度大，而又采用漏斗形浇口杯的条件下，下落动能的一部分，作为流股进入浇口杯液面的阻力损失而转换为热能，而另外一部分动能则作为充型的动力，增大了充型流量。最终使计算结果和实测结果有出入。

（2）静压头及剩余压头的确定

1) **静压头。静压头由直浇道高度与浇口杯中金属液面高度之和决定。**有明冒口时，根

据顶冒口、铸件高度确定。否则，需要根据吃砂量定，而后进行调整。还有其他因素应予考虑，如铸件壁厚、尺寸特点、流动阻力等其他因素也应考虑。

2）确定流体静压头时，应保证铸件上部轮廓清晰，防止产生冷隔和浇不到缺陷，其计算方法为：

$$H_0 = H_M + P \tag{4-29}$$

式中，H_M 为液态金属的剩余静压头（图 4-36）（cm），P 为铸件上半型高度（cm）。

剩余静压头（H_M）是为保证充满上部型腔的多增加的一个压头，可用下式计算：

$$H_M = L_M \cdot \mathrm{tg}\alpha$$

式中，L_M 为直浇道中心至铸件最远点或最高点的距离（cm）（图 4-36 和图 4-38），α 为压力角，随铸件壁厚的增加而减小，一般 $\alpha = 8° \sim 12°$。

通常情况下，铸型工艺方案确定后，直浇道的高度、位置已定，H_M 和 L_M 均为已知，通过上式可算出实际的压力角 α，以校核直浇道的高度（或剩余静压头 H_M）是否足够大。

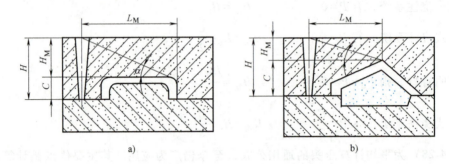

图 4-38 确定 L_M 值的方法例图

在确定了 μ、τ 及 $H_{均}$ 后，就可用式（4-23）求出浇注系统的最小截面积（如计算收缩式浇注系统，最小断面面积应是内浇道出口处的断面面积），再按已选定的浇注系统各单元断面面积之比以及各单元的结构形式即可初步确定浇注系统的具体尺寸。由于在最初计算时预定的 G、τ 的数值是估算值，并且各单元断面面积的实际比例与选定的也有出入，所以计算结果还需经过验算和调整。

4. 浇道比的确定

铝、镁合金铸件浇道比可按表 4-3 确定，对于黑色合金及青铜件可以查找有关手册。

4.5.2 反推法确定浇注系统截面尺寸

生产实践证明：内浇道的位置、数量、断面形状和大小对铸件质量影响很大，上述计算方法，有时并不能满足实际生产的要求。这是因为仅从金属液流的运动规律来考虑内浇道的数量及其断面面积是不充分的，尤其是采用底注式浇注系统时，内浇道的数量常取决于铸件的水平外廓尺寸，而每一个内浇道的断面又与其连接处的铸件结构有关。例如：当需要通过内浇道来调整凝固顺序时，设计内浇道就应尽量满足凝固所需温度场的要求，先凝固处的内浇道应该薄一些，后凝固处的内浇道可以厚一些。采用厚大断面的内浇道，可以利用内浇道进行补缩。这就是计算方法所得的内浇道总断面面积与实际所需要内浇道总断面面积有时存在较大差异的主要原因。因此在生产实践的基础上，已成功总结出利用"反推法"来确定浇注系统各单元的尺寸的方法。所谓"反推法",就是根据铸件的具体生产工艺,首先确定内浇道的数量及其断面面积,然后根据内浇道的总断面面积和已选定的浇道比,再确定其他单元的尺寸和结构,其具体步骤如下:

1) 根据铸件结构特点,选择浇注系统的类型和结构形式;

2) 根据合金种类、金属液引入位置附近的铸件结构特点和生产工艺等具体情况,凭经验确定内浇道的数量和总断面面积。一般都根据现场生产经验数据,通过归纳和总结,制出表格,供以后设计同类铸件的浇注系统时选用。

表 4-11 和表 4-12 是某企业从生产实践中归纳总结出的内浇道总断面面积、数量与铸件质量和水平面积之间的关系。表中数据适用于飞机的中、小型支架,摇臂,框架等的镁、铝合金铸件。

表 4-11 镁合金铸件内浇道断面面积选择

铸件质量/kg	铸件水平面积/cm²											
	0~30		31~70		71~120		121~200		201~500		501~1000	
	内浇道断面面积及其数量/cm²,个数											
	$F_内$	数量	$F_内$	数量	$F_内$	数量	$F_内$	数量	$F_内$	数量	$F_内$	数量
<0.10	0.4~1.0	1	1.0~1.8	1~2								
0.10~0.20	0.6~1.2	1	1.9~2.3	1~2	2.0~2.5	1~2						
0.20~0.35			2.0~2.5	1~2	2.3~3.0	1~2	2.5~3.0	2				
0.35~0.50			2.4~3.0	1~2	2.5~3.2	2	2.8~3.5	2				
0.50~0.65					2.7~3.5	2	3.0~4.0	2~3				
0.65~0.80					3.0~4.0	2~3	3.2~4.5	2~3	3.5~4.8	2~3		
0.80~1.0							3.4~4.8	2~3	3.8~5.5	2~3	4.0~9.5	3
1.0~1.5							3.8~5.5	2~3	4.0~6.5	2~4	5.5~10	3~4
1.5~2.5									4.5~9.5	3~6	6.0~15	4~6
2.5~5.0									5.5~10	3~6	6.5~10	4~8

表 4-12 铝合金铸件内浇道断面面积选择

铸件质量/kg	铸件水平面积/cm²											
	0~30		31~70		71~120		121~200		201~500		501~1000	
	内浇道断面面积及其数量/cm²,个数											
	$F_内$	数量	$F_内$	数量	$F_内$	数量	$F_内$	数量	$F_内$	数量	$F_内$	数量
<0.10	0.5~1.0	1	0.8~1.5	1								
0.10~0.20	0.7~1.5	1	1.0~2.0	1	1.2~2.3	1~2	1.8~3.0	1~2				
0.20~0.35			1.2~2.3	1~2	1.5~2.7	1~2	2.0~3.2	2				
0.35~0.50			1.5~2.5	1~2	1.8~3.0	1~2	2.3~3.6	2				
0.50~0.65					2.0~3.2	2	2.5~4.0	2	2.7~4.5	2~3		
0.65~0.80					2.5~3.8	2	3.0~4.5	2~3	3.5~5.0	2~3		
0.80~1.0							3.5~5.0	2~3	4.0~5.5	2~3	6.0~7.5	3~4
1.0~1.5							4.0~5.5	2~3	4.5~7.0	2~4	6.8~8.0	3~4
1.5~2.5									5.0~8.0	2~4	7.5~10	3~6
2.5~5.0									6.5~10	3~6	9.0~15	4~6

3) 根据与内浇道相连接的铸件壁厚,选择内浇道的厚度、宽度和长度。

4) 根据铸件特点选择浇道比,确定横浇道直浇道等各单元的尺寸。

这种方法来源于实践,尺寸往往要根据具体情况确定。如图 4-39 所示,根据铸件的特点,只能开设一个 60mm×5mm 的内浇道,其截面面积为 3cm²。如果只是简单套用铝合金常用扩张式浇注系统的浇道比 $F_直:F_横:F_内=1:2:4$,横浇道截面面积只有 1.5cm²,直浇道截面面积仅为 0.75cm²(若为圆形直浇道,其直径只有约 9.8mm)。实践证明,这样的直浇道截面面积过小,浇注时间过长,会产生浇不足缺陷。后将浇道比改为 1:2:1,就能生产出合格铸件。

又如在试制减速机匣时(合金为 ZM5),为了使内浇道能有一定的补缩作用,将扁平内浇道改为 95mm×50mm 的厚大截面,并增大直浇道截面,确定浇道比为 1:3.6:6.4。

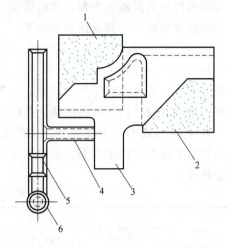

图 4-39 浇注系统实例
1、2—砂芯 3—铸件 4—内浇道
5—横浇道 6—直浇道

4.5.3 缝隙式浇注系统的设计

缝隙式浇注系统的常见的结构形式如图 4-40 所示。这种浇注系统的作用和效果主要取决于立缝和立筒的结构形式及尺寸大小,它的设计方法与一般的浇注系统不同。如果把立缝和立筒视为一般的内浇道和集渣道来依次进行计算,不仅达不到预期目的,甚至会出现相反的结果。

缝隙式浇注系统的设计步骤和方法大致如下。

1. 立缝数量和位置的确定

(1) 立缝数量 确定立缝数量,首先应保证其充型性能和对铸件有充分的补缩作用。如果立缝数量不足,立缝补缩不到的部位将因内部组织不致密而使力学性能下降,甚至因产生缩松而使铸件报废。试验证明,在立缝两侧各 100mm 范围内,铸件的力学性能最好,随着与立缝距离的继续增大,力学性能逐渐降低。

有时在立缝附近产生局部过热(由于立缝数量不足,厚度过薄等原因所致),也会出现组织不致密或产生缩松、裂纹和氧化夹杂等缺陷。增加立缝数量,在相应位置安放冷铁,不仅可以使铸件得到充分补缩,还能使水平方向的温度分布更趋均匀,防止局部过热现象发生。这对获得优质铸件有重要的意义。增加立缝数量,会增加金属液的消耗、立缝的切割和清整工作量增加,增加铸件的生产成本。

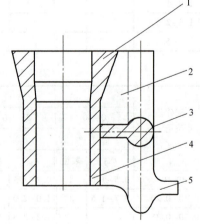

图 4-40 缝隙式浇注系统示意图
1—冒口 2—立缝 3—立筒
4—铸件 5—内浇道

立缝数量主要取决于铸件外廓尺寸和铸件的质量要求,对于中等大小的铸件,立缝数量一般可按下列经验公式确定。

$$n=\frac{(0.016\sim0.024)P}{\delta} \tag{4-30}$$

式中,n 为立缝的数量;P 为铸件外廓周长(mm);δ 为立缝的厚度(mm)。

上式适用于对质量要求一般的铸件。航空航天产品对铸件质量要求比较高,铸件比较薄,横向补缩比较困难,采用的立缝数量应更多一些,一般为上式计算值的 1.5~2 倍。

(2)立缝位置 立缝应尽可能均匀地分布在铸件外廓上。为了保证铸件横向朝向立缝、立筒,纵向朝着顶部冒口的方向顺序凝固,立缝应设置在铸件的厚壁部位。在铸件的复杂型面(如凸台、台阶或法兰等曲面)上,最好不要设置立缝,以简化立缝切割和铸件清整工作。

2. 立缝和立筒尺寸的确定

立缝厚度对缝隙式浇注系统的作用有直接的影响。立缝过薄,将导致大部分金属液因流动阻力加大而从底部进入型腔,破坏铸件自下而上的凝固顺序,削弱顶部冒口和立筒的补缩作用,得到和底注式浇注系统相似的结果;立缝过厚,由于过热,又会使铸件容易在立缝附近产生裂纹。立缝厚度一般取连接处铸件厚度的 80%~150%。对于航空镁合金铸件,有时立缝厚度可达铸件壁厚的 200%~300%。

为了使金属液能够逐层地从立缝上部流入型腔,以利于铸件自下而上地顺序凝固,常把立缝做成由下向上逐渐扩大的锥形,其锥度一般为 2°~3°。为加强补缩作用,立缝在宽度方向上也可做成向着立筒逐渐扩大的形式(图 4-41)。立缝与铸件相连处应圆弧过渡(图中 r_1),这样不仅使金属液流动平稳,可以避免因尖角处应力集中产生裂纹的情况发生,同时也符合造型工艺的要求。

立缝的宽度一般应控制为 15~35mm。立缝宽度窄些利于补缩,但过小又会使断面较大的立筒过于靠近铸件,引起局部过热,使立缝对面的铸件壁上产生连续或不连续的纵向裂纹。

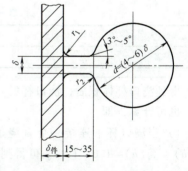

图 4-41 立缝和立筒的断面结构示意图

立筒主要起调节温度、补缩铸件的作用,为了充分发挥其补缩作用,同时也能浮渣挡渣,立筒应有足够的尺寸。立筒的直径根据立缝的大小来取值,一般为立缝厚度的 4~6 倍。立缝与立筒的连接处也应倒成圆弧(图 4-41 中的 r_2)。

立缝和立筒的高度通常与型腔的高度相等,即立缝和立筒都是自下而上地与型腔相连接。

3. 其他各单元的设计

缝隙式浇注系统除立缝和立筒外,还有直浇道、横浇道及将金属液引入立筒的内浇道。它们的作用、结构形式和尺寸确定办法与一般的底注式浇注系统相同。但内浇道的位置,即金属液引入立筒的位置,对缝隙式浇注系统的影响很大。设计时应尽可能把内浇道置于立筒的底部。立筒底部应比铸件底面低 20~30mm,这样可以使金属液由内浇道进入立筒后有一个向上的流动趋势,而不会立即流入型腔。实践证明,这样的设计可以保证金属液逐层充填和流动平稳，立筒上部金属液温度更高，流入型腔的金属液的温度分布有利于自下而上的凝固，对浮渣也更为有利。

应用和设计缝隙式浇注系统时，还应注意与冒口、冷铁配合使用。对于高大的圆筒状铸件使用缝隙式浇注系统时，通常需要在铸件底部放置厚度较大的冷铁激冷，使下部金属液迅速降温。而在铸件顶部放有较大的冒口，将冒口和立缝、立筒自下而上地连通起来。这样的设计可以加强冒口的补缩作用，对充分发挥缝隙式浇注系统的作用更加有利。

4.5.4 浇口杯尺寸的确定

浇口杯分为两种：一种是先将直浇道塞住，把需要浇注的全部金属液一次性倒入浇口杯中，然后拔掉浇口塞，使金属液流入铸型。这种浇口杯的体积

$$V_{杯} = \frac{\alpha \cdot G}{\rho} \tag{4-31}$$

式中，α 为系数，取 1.05~1.2；G 为铸件质量（包括浇冒口）；ρ 为金属密度。

另一种是先将直浇道塞住，待浇口杯中金属液达到一定量后，拔掉浇口塞，边浇注边充型，即

$$V_{杯} = K\frac{G}{\rho\tau} \tag{4-32}$$

式中，G 为通过浇口杯的金属液总质量，τ 为浇注时间，ρ 为金属密度，K 为系数，与 G/ρ 的关系见表 4-13。

表 4-13 系数 K 与 G/ρ 的关系

G/ρ	<15	15~75	75~150	>150
K	3	4.4	6	7.5

得到浇口杯体积后，浇口杯的具体尺寸（图 4-42）可查表，也可计算，即

1) 当浇口杯下连接一个直浇道时，浇口杯的长(L)：宽(b)：高(h) = 1.6：1：1，可得到

$$b = \sqrt[3]{\frac{V_{杯}}{1.12}} \tag{4-33}$$

2) 当浇口杯下连接两个直浇道时，浇口杯的长(L)：宽(b)：高(h) = 1.3：1：1，可得到

$$b = \sqrt[3]{\frac{V_{杯}}{0.91}} \tag{4-34}$$

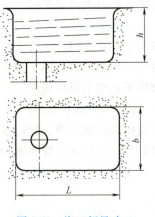

图 4-42 浇口杯尺寸

4.6 浇注系统大孔出流理论及设计

在充分过热的条件下，液态金属在浇注系统中的流动遵循流体力学的连续流动定律。浇

注系统计算的奥赞公式是依据伯努利方程推导出来的。有人认为托里拆利比伯努利（Bernoulli）早一个世纪发现小孔出流定律：在一个液体高度不变的容器壁上开一个小孔（或管嘴），孔口截面面积为 A_2，孔口中心至容器液面高度为 H，液体以流出量相应的速度补充。则小孔出流的压头为 H，出流速度 $v=\varphi\sqrt{2gH}$，与孔口截面面积 A_2 的大小无关。根据这一定律，当浇注系统充满以后，内浇道的出流压头为"浇口杯内液面到内浇道中心的垂直距离"，内浇道的出流速度为 $v=\varphi\sqrt{2gH}$，和小孔出流一样，内浇道出流速度与截面面积大小无关。流体力学中研究的小孔出流，没有给出小孔与液箱截面面积的相对大小，可以理解为液箱截面面积 A_1 比小孔口面积 A_2 大得多，两者不在一个数量级，如水库的闸口出流和储水池的孔口出流。在这种情况下，闸口和孔口的截面面积远小于水库和储水池的水面面积，两者一般相差 2~8 个数量级。此时闸口和孔口是真正的"小孔"。"小孔"出流时，水库和储水池液面下降速度趋近于零，可以忽略不计，可以将水库和储水池中的液体看成是静止的。此时，液箱液面到孔口中心的垂直距离可以作为孔口出流的静压头。

而铸造中的浇注系统中直浇道、横浇道与内浇道截面面积比值多为 1~3，最大值亦很少超过 5，属于同一数量级。根据连续流动定律，直浇道中的流速和横浇道、内浇道的流速也同属一个数量级，不可以忽略。因此，不能把包括直浇道在内的浇口杯液面到内浇道中心的垂直距离作为内浇道出流的静压头。即浇注系统的内浇道出流已经超出了小孔出流的条件，建立在小孔出流基础上的浇注系统计算，存在以下问题

1）内浇道截面面积理论计算值偏小；

2）不能解释收缩式浇注系统和扩张式浇注系统都呈充满状态时，内浇道出流速度存在的差别；

3）在浇注系统充满和不充满的研究中，缺少充满程度和不充满程度的定量研究和计算。

砂型既具有透气性又对金属流股有约束作用，浇注系统各单元截面积比值接近，直浇道、横浇道、内浇道呈相互直角连接，液流转向突变，不能把浇注系统看成是纯管道系统和小孔出流系统，而要把它看成是由液箱、管道和孔口组成的相互有影响的液面系统。通过水力模拟和实际浇注，测定压头、流速、流量等数据，研究浇注系统各组元的实际作用压头、流速和流量之间的关系，建立以浇注系统类型、形状、结构、尺寸为条件的充满理论与判据，结合浇注系统的收缩与扩张、充满与不充满的条件，实施连续定量计算，可使浇注系统理论计算值偏小的问题得到改善。

4.6.1　浇注系统截面比与内浇道出流速度的关系

1. 孔口出流的实验观察

由液箱、孔口（管嘴）和储液容器组成的水模拟孔口出流系统，如图 4-43 所示。当液箱横截面面积 A_1 远大于孔口截面面积 A_2 时（例如 $A_1/A_2>10$），根据托里拆利小孔出流定律，孔口出流速度为

$$v_2=\varphi\sqrt{2gH} \tag{4-35}$$

式中，v_2 为孔口出流速度；H 为液箱液面到孔口中心的垂直距离；φ 为流量系数；g 为重力加速度。

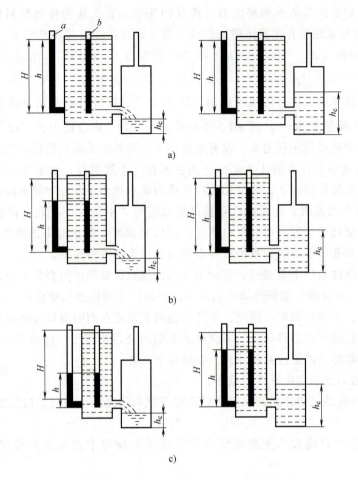

图 4-43 液箱、孔口和储液容器出流观测系统
a) $A_1/A_2>10$ b) $A_1/A_2<10$ c) $A_1/A_2<5$

孔口出流是由于受到液箱液体对侧壁的压力所致。在与孔口中心等高处的液箱侧壁安装一个测压管 a ($\phi 8mm$)，测压管中液面高 h 即为孔口受到的侧压力，为孔口出流的实际作用压头。

当 $A_1/A_2>10$，孔口出流时，液箱内流速 v_1 和孔口流速 v_2 相比其值很小，可以忽略不计，测压管 a 内液面高度和液箱液面高度基本"平齐"，如图 4-43a 所示，即 $h=H$。此时认为孔口出流的实际作用压头是 h 还是 H 都是一样的。孔口出流速度 v_2 只和液箱液面高度 H 有关，而和孔口截面面积 A_2 大小无关，属小孔出流，$v_1 \approx 0$，视为液箱内液体不流动，测压管和液箱可以看成是连通器。

减小液箱截面面积 A_1，使 $5<A_1/A_2<10$，如图 4-43b 所示，观测测压管液柱高度 h 和孔口出流速度 v_2，发现：

1) 测压管 a 液柱高度 h 下降，低于液箱液面高度 H，即 $h<H$。
2) 孔口流速 v_2 减小，液箱流速 v_1 增加。

这说明液箱和孔口截面面积大小处于一个数量级时，液箱流速 v_1 不可以忽略，液箱中的液体在流动，就不能再用连通器原理来分析测压管口和液箱液面之间的关系。试验结果表明：当 $5<A_1/A_2<10$ 时，A_1/A_2 对孔口出流压头和由此决定的出流速度 v_2 存在影响。但也看到，液箱截面面积相对孔口截面面积较大时（$A_1/A_2>5$），测压管液柱高度 h 和液箱液面高度 H 相差较小（在5%以内）。用液箱液面高度 H 表示孔口处的压头，此时用式（4-35）计算孔口出流速度 v_2，不会带来很大误差。

进一步缩小液箱的截面面积 A_1，使 $A_1/A_2<5$，如图 4-43c 所示，观测测压管液柱高度 h 和孔口出流速度 v_2，发现：

1) 测压管液柱高度明显下降，远低于液箱液面高度 H，即 $h<<H$。
2) 孔口流速 v_2 明显减小，液箱流速 v_1 明显增大。
3) 在液箱中插入的测压管 b（$\phi 9mm$），b 的液面和测压管 a 的液面等高，同为 h。

当孔口截面面积 A_2 和液箱截面面积 A_1 相近时，继续采用液箱液面高度 H 作为孔口出流速度 v_2 的压头计算，会产生较大误差。事实上，在液箱中存在两个液面，一个是液箱液面，它是以 v_1 速度"下降"的液面，另一个是孔口处实际作用压头测压管内液面高度 h，h 是一个静压头。在液箱中插入的测压管 b 已将这两个液面分离并显现出来。

以上观察表明：在液箱、孔口和储液容器组成的系统中，当液箱和孔口截面面积相近时，即为同一个数量级时，液箱流速 v_1 不可忽略不计，运动着的流体对侧壁压力的降低使表征孔口实际压头的测压管液面高度 h 低于液箱液面高度 H，即孔口出流速度 v_2 不仅取决于液箱液面高度 H，还取决于 A_1/A_2，因而也对储液容器液面高度 h_c 有调节作用。当储液容器液面淹没孔口时，对测压管液面 h 也有影响，故此称 H、h、h_c 三个液面为相互有影响的液面系统，简称液面系统。

2. 浇注系统大孔出流

浇注系统各组元的截面面积相近，基本上属于 $A_1/A_2<5$ 的液面系统，相对于直浇道和横浇道，内浇道已不能算作小孔。加上各单元直角连接，液流转向突然，能耗作用强，使内浇道的出流压头、速度及流量随截面比值不同而在较大范围内变化，描述能量变化的伯努利方程难以精确求解。以图 4-43 水力模拟试验为例，A_1 取值范围为 $50\sim 10cm^2$，A_2 取值范围为 $10\sim 3cm^2$，H 取 25cm，测压管 a 液面高度 h 的变化如图 4-44 所示，孔口出流速度 v_2 变化如图 4-45 所示。

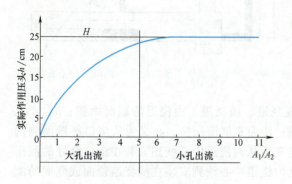

图 4-44 实际作用压头随截面比的变化

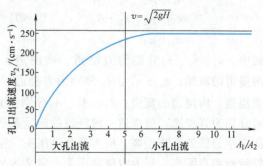

图 4-45 孔口出流速度随截面比的变化

我们可以假定：图 4-43 的液箱为直浇道，孔口（管嘴）为内浇道，储液容器为型腔，则它是一个简单的浇注系统。由于浇注系统中直浇道与内浇道截面比值对内浇道出流压头、流速有明显影响，小孔出流定律只适用于 $A_1/A_2>5$ 的范围。在这个范围内，孔口出流只与液箱液面高度 H 有关，而和孔口截面积 A_2 的大小无关，如图 4-44 中实际作用压头 h 与截面比 A_1/A_2 关系曲线的 $A_1/A_2>5$ 的"直线"部分。

当 $A_1/A_2<5$ 时，实测压头 h 和流速 v_2 与传统意义的压头 H 和流速 $\sqrt{2gH}$ 有根本区别，不能再用小孔出流定律进行分析和计算。为了表示区别，称其为大孔出流，在这个范围内，孔口出流不仅和压头 H 有关，还和截面比 A_1/A_2 的大小有关。

大孔出流的定义：在直浇道几何高度一定的条件下，当直浇道、横浇道与内浇道截面比值在小于 5 的范围内变化时，内浇道出流压头和速度变化的幅度较大；当截面面积比值大于 5 且继续增大时，内浇道出流压头和速度变化的幅度逐渐减小并趋于一个定值。大孔出流时，内浇道出流压头和速度不仅与浇口杯液面到内浇道中心的垂直距离有关，还与浇注系统截面面积比值的大小有关。

4.6.2 浇口杯、直浇道、横浇道、内浇道四单元浇注系统大孔出流研究

四单元浇注系统，是指以浇口杯、直浇道、横浇道和内浇道为基本组成单元的浇注系统。根据大孔出流理论，从浇注系统截面比这个重要的工艺参数出发，通过水力模拟，研究四单元浇注系统各组元实际作用压头的计算公式和横浇道充满判据，为流速、流量和流态控制提供新的数学模型和工艺途径。

1. 四单元浇注系统实际作用压头

采用内浇道中心标准法，即直浇道压头 H、横浇道压头 h_2、内浇道压头 h_3。均以内浇道中心线为起点，如图 4-46 所示。

试验观测和回归分析表明

$$v_1 = \varphi_1 \sqrt{2g(H-h_2)} \quad (4-36)$$
$$v_2 = \varphi_2 \sqrt{2g(h_2-h_3)} \quad (4-37)$$
$$v_3 = \varphi_3 \sqrt{2g h_3} \quad (4-38)$$
$$q_{v1} = \mu_1 \cdot v_1 \cdot A_1 \quad (4-39)$$
$$q_{v2} = \mu_2 \cdot v_2 \cdot A_2 \quad (4-40)$$
$$q_{v3} = \mu_3 \cdot v_3 \cdot A_3 \quad (4-41)$$

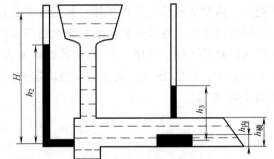

图 4-46　四单元浇注系统实际压头内浇道中心标准法

式中，v_1、v_2、v_3 分别为直浇道、横浇道、内浇道的流速；q_{v_1}、q_{v_2}、q_{v_3} 分别为直浇道、横浇道、内浇道的流量；A_1、A_2、A_3 分别为直浇道、横浇道、内浇道的截面面积；μ_1、μ_2、μ_3 分别为直浇道、横浇道、内浇道的流量系数；H 为直浇道压头，定义为从浇口杯液面到内浇道中心线的垂直距离；h_2 为横浇道压头，定义为从内浇道中心线到安装在浇口窝处的测压管液面垂直距离；h_3 为内浇道压头，定义为从内浇道中心线到安装在横浇道顶面或侧面的测压管液面垂直距离。

根据液体流动的连续性方程，浇注系统处于稳定的出流状态时，$q_{v_1}=q_{v_2}=q_{v_3}$，即

$$\mu_1 \cdot A_1 \sqrt{2g(H-h_2)} = \mu_2 \cdot A_2 \sqrt{2g(h_2-h_3)} \quad (4-42)$$
$$\mu_1 \cdot A_1 \sqrt{2g(H-h_2)} = \mu_3 \cdot A_3 \sqrt{2g h_3} \quad (4-43)$$

设
$$k_1 = \mu_1 \cdot A_1 / (\mu_2 \cdot A_2)$$
$$k_2 = \mu_1 \cdot A_1 / (\mu_3 \cdot A_3)$$

联立式 (4-42) 和式 (4-43)，求得

$$h_2 = \frac{k_1^2 + k_2^2}{1 + k_1^2 + k_2^2} H \tag{4-44}$$

$$h_3 = \frac{k_2^2}{1 + k_1^2 + k_2^2} H \tag{4-45}$$

式中，k_1 为直浇道与横浇道有效截面比；k_2 为直浇道与内浇道有效截面比。

式 (4-44)、式 (4-45) 就是横浇道、内浇道实际作用压头的数学解析式。

h_2、h_3 的物理意义为：

1) h_2 是横浇道液体流动的实际压头，同时也是直浇道液体流动的反压头当直浇道底部截面面积小于顶部时，决定直浇道流速的压头为 ($H - h_2$)，h_2 越大，直浇道流速越小，将有利于渣、气在直浇道中的分离上浮。

在 h_2 的直浇道高度内，直浇道一定呈正压状态，不管直浇道形状如何（上大下小或上小下大），h_2 段直浇道（砂型）壁都不会产生吸气现象。

2) h_3 是作用在内浇道上的实际压头。H 一定时，调整浇注系统有效截面比 k_1、k_2，就可以调整 h_3 的大小，从而达到控制内浇道出流速度、流量及平稳性的目的。

h_3 也是金属液在 h_2 压头作用下流入横浇道的反压头，($h_2 - h_3$) 的大小决定了横浇道的流速。凡是有利于减小 ($h_2 - h_3$) 值的因素，都可以降低横浇道流速，减小紊流程度，提高金属液在横浇道中流动的平稳性，减轻氧化，从而利于熔渣上浮。

3) h_3 可以作为横浇道的充满判据。设横浇道高度为 $h_横$，内浇道高度为 $h_内$。

① 当 $h_3 < (h_横 - h_内/2)$ 时，横浇道未充满，未充满的程度用 $(h_横 - h_内/2) - h_3$ 的值表示。

② 当 $h_3 = (h_横 - h_内/2)$ 时，横浇道临界充满，金属液已和横浇道顶部接触，但对顶部型壁无压力。

③ 当 $h_3 > (h_横 - h_内/2)$ 时，横浇道充满，而且充满有余。用 $h_3 - (h_横 - h_内/2)$ 的值表示横浇道充满有余的程度。

为简化起见，直接称 h_3 为横浇道充满程度判据或充满判据。这里的"程度"包含两个意思：一是不充满程度 $h_欠$，二是充满有余程度 $h_余$，其值分别为

$$h_欠 = \left(h_横 - \frac{h_内}{2}\right) - h_3 \tag{4-46}$$

$$h_余 = h_3 - \left(h_横 - \frac{h_内}{2}\right) \tag{4-47}$$

应该指出，横浇道处于不充满状态时，式 (4-46) 的计算值会有一定误差，这是由于内浇道中心标注法的缘故。

2. 水力模拟试验分析

用有机玻璃制作四单元浇注系统水力模型，模型结构尺寸如图 4-47 所示。在横浇道始端和内浇道处设有调节截面面积的闸门，调节范围为 $0 \sim 8 cm^2$。在内浇道水平中心线的浇口窝处安置测压管 a，测定横浇道出流压头 h_2，在横浇道顶面安置测压管 b，测定内浇道出流

实际压头 h_3，测压管 a、b 为内径 9mm 的玻璃管。水力模拟实验动态观察表明：

1) 当内浇道截面面积 $A_3 = 0$ 时，有 $h_3 = h_2 = H$，液体没有流动，这种状态下，H、h_2、h_3 是连通器真正的静压头。当内浇道截面面积由零增加一个较小的数值时，浇注系统中的液体"动"了起来，流体对浇注系统侧壁的静压头变为动压头，h_2、h_3 的值从 H 值开始下降，出现了 $h_3 < h_2 < H$。如 A_3 再增大，h_2、h_3 继续下降，当保持 A_1 和 A_3 不变时，A_2 增加，h_2 下降，决定横浇道流速的压头（$h_2 - h_3$）变小，流速 v_2 下降，而内浇道流速增加。

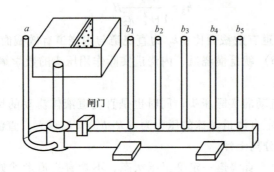

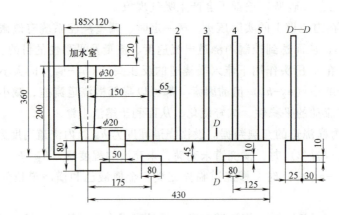

图 4-47　闸门横浇道四单元浇注系统水力模型

2) 按浇注系统分类，$A_1 > A_3$ 为封闭式浇注系统，$A_1 < A_3$ 为开放式浇注系统。当两种情况下浇注系统都能充满时，其充满有余的程度是不同的。封闭式比开放式充满有余的程度高。这表明"封闭"和"开放"并没有一个明显的界限，它是一个连续的状态。根据 h_3 值的大小可以定量判断浇注系统的充满和不充满。因此"封闭"和"开放"表达的是浇注系统截面面积比值关系，与"充满"和"不充满"并无必然联系。但应指出：在直浇道压头 H 一定的条件下，封闭式浇注系统容易充满，且充满有余的程度高；开放式浇注系统也可以充满，但充满有余的程度低。当开放比大到一定数值时，横浇道就会出现不充满情况。

3) 横浇道上 5 支测压管 b_1、b_2、b_3、b_4、b_5 的数值存在差别，其主要原因是横浇道沿长度方向上的各断面处流速不同。流速大处测压管液面高度 h_3 小，流速小处测压管液面高度 h_3 大。横浇道末端由于液体不流动，压头 h_3 有最大值。横浇道沿长度方向上压头值 h_3 的差别，是多道内浇道等截面不等流速的原因。

在收缩比较大时（$k_2 \gg 1$，$k_1 > 1$），横浇道沿长度方向上的压头 h_3 值接近，（$h_2 - h_3$）值较小，横浇道流速较低，对 h_3 沿横浇道长度方向上的分布影响也小，h_3 值基本上处于一个水平。在多内浇道时，各内浇道流速相近。当各内浇道截面面积相同时，其流量也基本相等，为等流量出流。

在扩张比较大时（$k_2 \ll 1$），内浇道压头 h_3 较小，(h_2-h_3) 值较大。离直浇道近的测压管 b_1、b_2 压头低，离直浇道远的测压管 b_4、b_5 压头高。相对应的是，离直浇道近的内浇道流速小（和较小的 h_3 相对应），离直浇道远的内浇道流速大（和较大的 h_3 相对应）。流速的差异是多道内浇道为等截面不等流量出流的原因。

为达到等流量出流，可采用以下方法：

① 采用较大的收缩比（$k_1>1$，$k_2>1$）。

② 采用变截面横浇道，通过调整截面比 k_1 实现横浇道沿长度方向上流速的一致，实现内浇道等截面、等流速、等流量出流。

③ 采用不等截面内浇道，使流速小的内浇道的截面面积变大，使流速和截面面积的乘积相等，实现内浇道不等截面、不等流速、等流量出流。

根据大孔出流液面系统提出的四单元浇注系统各组元的流速和实际作用压头的数学表达式所得的理论计算值和试验测定值相符，曲线类型相同，拟合的较好。影响横浇道压头 h_2 和内浇道压头 h_3 的主要因素是直浇道压头和浇注系统截面比，将其他结构因素纳入流量系数 μ，得出的理论公式有较高的精度。

在直浇道截面面积 A_1、内浇道截面面积 A_3 和直浇道压头 H 不变的条件下，改变横浇道截面面积 A_2，可以显著影响横浇道压头 h_2 和内浇道压头 h_3，从而影响内浇道的流速和流量。当 A_2 和最小截面面积 A_3 数值相近时，A_2 的大小变化影响内浇道流速和流量的幅度较大。而 $A_2(A_2=2A_3 \sim 3A_3)$ 远大于最小截面面积 A_3 时，影响幅度就变小了。

例如，当 $A_1=3.14 cm^2$，$A_3=2 cm^2$，$H=32 cm$ 时，横浇道截面面积 $A_2=5 cm^2$ 时，内浇道出流流量（$340 cm^3/s$）比横浇道截面面积 $A_2=2 cm^2$ 时的内浇道出流流量（$260 cm^3/s$）大 27%。即在横浇道不是最小截面时，改变其截面面积也会较大幅度地影响整个浇注系统的出流速度和流量，从而影响充填的平稳性和浇注时间。即认为浇注系统中只有最小截面面积才是"控制浇注期间充型速度"的"阻流截面"的观点已得到修正。

内浇道截面面积 A_3 增大，有效截面比 k_2 减小，内浇道压头 h_3 显著下降，内浇道流速相应下降，使金属液进入型腔的冲击能减小，可以称之为"充型平稳"。由于流量 q_{v_3} 和 A_3 成正比，和 h_3 的平方根成正比，所以虽然内浇道流速降低，但总流量还是增加。加大内浇道截面面积 A_3 是实现"大流量、低流速"充型的有效措施。

A_3 增大后，h_3 减小，对 h_2 的反作用减小，使 (h_2-h_3) 增加，横浇道流速增大，横浇道的流动变得不平稳。横浇道是金属液挡渣、排气的主要单元，由于流速增加会减弱这些作用。当 h_3 低于横浇道顶面时，横浇道出现不充满状态，横浇道流速达到最大值，属于不平稳流动，会造成金属的氧化及渣、气与金属液的混合流动，为此选择适当的浇注系统截面比，控制 k_1、k_2 值，使 h_2、h_3 有一个合理的搭配，达到同时控制横浇道和内浇道流动平稳性的目的。这个平稳性可用 (h_2-h_3) 和 h_3 来表示。

3. 四单元浇注系统充填过程动态参数的确定

浇注过程中，当型腔中金属液体淹没内浇道后，会对浇注系统的流动产生反压作用，横浇道压头 h_2、内浇道压头 h_3 要发生变化。下面对 h_2、h_3 及型腔液面位置的变化规律进行分析。顶注、底注、中注条件下的高度标注情况如图 4-48 所示。

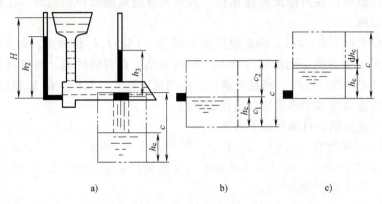

图 4-48 顶注、底注、中注条件下的高度标注示意图
a）顶注 b）中注 c）底注

（1）顶注 浇注开始后，金属液体充满浇注系统并充填型腔，型腔中液面上升对浇注系统中的金属液体无反压作用，各测压管液柱稳定，内浇道出流速度、流量也保持稳定，出流参数为：横浇道压头 h_2 用式（4-44）计算；内浇道压头 h_3 用式（4-45）计算；内浇道流量

$$q_{v_3} = \mu_3 \cdot A_3 \sqrt{2g\,h_3} \tag{4-48}$$

型腔液面上升速度

$$v = \frac{q_{v_3}}{A} \quad (A\text{ 为型腔横截面面积})$$

$$= \frac{\mu_3 \cdot A_3}{A} \sqrt{2g \frac{k_2^2}{1+k_2^2+k_3^2} H}$$

设

$$B_1 = \frac{\mu_3 \cdot A_3}{A} \sqrt{2g \frac{k_2^2}{1+k_2^2+k_3^2}}$$

则

$$v = B_1 \sqrt{H} \tag{4-49}$$

当 $H=1$ 时，$v=B_1$，称 B_1 为型腔液面上升速度系数。

τ 时刻型腔液面高度

$$h_c = B_1 \sqrt{H} \tau \tag{4-50}$$

型腔充填高度为 h_c 时所用时间

$$\tau = \frac{h_c}{B_1 \sqrt{H}} \tag{4-51}$$

型腔充满时间

$$\tau = \frac{c}{B_1 \sqrt{H}} \tag{4-52}$$

式中，c 为型腔总高度。

(2) **底注** 当型腔中积存的金属液体淹没内浇道后,随着型腔中液面升高,横浇道和内浇道压头 h_2、h_3 也要相应升高。

1) 横浇道压头 h_2 和内浇道压头 h_3 随型腔液面高度 h_c 的变化规律。当型腔液面升高到 h_c 后,有

$$\mu_1 \cdot A_1 \sqrt{2g(H-h_2)} = \mu_2 \cdot A_2 \sqrt{2g(h_2-h_3)}$$
$$\mu_1 \cdot A_1 \sqrt{2g(H-h_2)} = \mu_3 \cdot A_3 \sqrt{2g(h_3-h_c)}$$

联立二式,解得

$$h_2 = \frac{k_1^2 + k_2^2}{1 + k_1^2 + k_2^2} H + \frac{1}{1 + k_1^2 + k_2^2} h_c \tag{4-53}$$

$$h_3 = \frac{k_2^2}{1 + k_1^2 + k_2^2} H + \frac{1 + k_1^2}{1 + k_1^2 + k_2^2} h_c \tag{4-54}$$

2) 型腔液面高度 h_c 随时间 τ 的变化规律。设 $d\tau$ 时间内型腔液面上升高度 dh_c,则

$$A \cdot dh_c = \mu_3 \cdot A_3 \sqrt{2g(h_3-h_c)} \cdot d\tau \tag{4-55}$$

将式(4-54)代入式(4-55)

令

$$B_1 = \frac{\mu_3 \cdot A_3}{A} \sqrt{2g \frac{k_2^2}{1 + k_2^2 + k_3^2}}$$

解得

$$\tau = -\frac{2}{B_1} \sqrt{H-h_c} + C_3 \quad (C_3 \text{为常数})$$

代入初始条件:当 $\tau = 0$ 时,$h_c = 0$,有

$$C_3 = 2\sqrt{H}/B_1$$

则

$$\tau = \frac{2}{B_1}(\sqrt{H} - \sqrt{H-h_c}) \tag{4-56}$$

型腔充满时间

$$\tau_c = \frac{2}{B_1}(\sqrt{H} - \sqrt{H-c}) \tag{4-57}$$

τ 时刻型腔液面高度

$$h_c = B_1 \sqrt{H} \cdot \tau - \frac{1}{4} B_1^2 \cdot \tau^2 \tag{4-58}$$

3) 横浇道压头 h_2、内浇道压头 h_3 随时间的变化规律。将式(4-58)代入式(4-53)和式(4-54),得

$$h_2 = \frac{k_1^2 + k_2^2}{1 + k_1^2 + k_2^2} H + \frac{1}{1 + k_1^2 + k_2^2}\left(B_1 \sqrt{H} \cdot \tau - \frac{1}{4} B_1^2 \cdot \tau^2\right) \tag{4-59}$$

$$h_3 = \frac{k_2^2}{1 + k_1^2 + k_2^2} H + \frac{1 + k_1^2}{1 + k_1^2 + k_2^2}\left(B_1 \sqrt{H} \cdot \tau - \frac{1}{4} B_1^2 \cdot \tau^2\right) \tag{4-60}$$

4) 型腔液面上升速度。上升速度为

$$v = \frac{dh_c}{d\tau} = -\frac{1}{2} B_1^2 \cdot \tau + B_1 \sqrt{H} \tag{4-61}$$

(3) **中注** 内浇道从型腔中部引入,内浇道下部型腔高度为 c_1,内浇道上部型腔高度

为 c_2，铸件型腔总高度为 $c=c_1+c_2$。充填下半型时，相当于顶注条件，可以用顶注公式；充填上半型时，相当于底注条件，可以用底注公式。两者相结合，可以得出中间注入式充填动态参数的理论计算公式。

习 题

1. 试述对浇注系统的要求。
2. 简要描述液态金属在浇口杯中的涡旋现象，其压力与速度分布有何特点？对铸件质量有何影响？
3. 分析液态金属在直浇道中流动时的离壁现象，并分析其利弊。
4. 加强横浇道挡渣作用的措施有哪些？
5. 在浇注系统中能采用的过滤方法有哪些？分析其作用机理。
6. 顶注式、底注式浇注系统各有何特点？
7. 垂直缝隙式浇注系统有何特点？
8. 奥赞公式中流量系数 μ 的物理意义是什么？
9. 大孔出流浇注系统理论与奥赞公式的区别是什么？

第 5 章

冒口及冷铁

5.1 概述

铸件成形过程中，由于温度下降会出现体积收缩现象，如果这些铸件在凝固时得不到适当的补偿，体收缩较大的合金中容易出现缩孔和缩松等缺陷。在航空铸件生产中，铝镁合金占比重较大，它们的凝固收缩比较大，容易产生缩孔缩松缺陷。这些缺陷的存在减小了铸件的有效受力面积，降低了铸件的强度。特别是隐藏在铸件内部的缩孔缩松，对那些质量要求高、机械加工量大的铸件，危害很大。有些要求耐压的铸件往往由于内部有缩松，经受不住液体的压力而发生渗漏，致使铸件报废。

因此，需要采取一定的工艺措施来减少由于铸件体积收缩可能带来的缺陷。在生产中，为了防止缩孔和缩松的产生，常在最后凝固的部位设置冒口和冷铁等，从而有效地控制铸件的凝固过程，补充铸件的收缩，防止铸件产生缩孔、缩松、裂纹和变形等缺陷。

合适的冒口工艺可以有效地防止或减少铸件的收缩缺陷。收缩缺陷与合金的凝固特性有关，也与冒口自身的设计有关。

逐层凝固方式的合金易产生集中缩孔，只要冒口有适当的容积和产生足够的温度梯度就能防止铸件产生缩孔和在其中心部分出现的宏观缩松。

宽结晶温度范围的合金与逐层凝固的合金相比，对冒口产生的温度梯度更敏感。较大的冒口会在冒口附近区域产生不利的温度梯度，使得邻近冒口的铸件区域内产生缩松缺陷。因此，对于糊状凝固方式的宽结晶温度范围的合金，应当采用尽可能小的冒口，以便防止宏观缩松出现。这样也将使显微缩松减至最小限度。如果采用一个较小的绝热冒口，它产生的温度梯度将更有利于得到较高质量的铸件。

铸件凝固后，冒口部分（残留在铸件上的凸块）将从铸件上除去。因此，在保证铸件质量的前提下，冒口应尽可能小，以节约金属，提高铸件的成品率。

5.2 冒口的作用、种类及对它的要求

冒口是铸型内用以储存金属液的空腔，习惯上把冒口所铸成的金属实体也称为冒口，如图 5-1 所示。

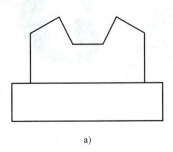 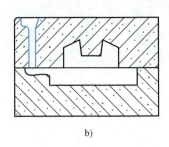 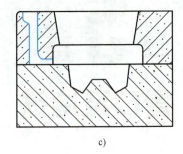

图 5-1 冒口对铸件质量的影响
a) 铸件 b)、c) 铸件在型腔中的位置

5.2.1 冒口的作用

冒口的主要作用如下：

1) 补偿铸件凝固时的收缩。将冒口设置在铸件最后凝固的部位，由冒口中的金属液补偿铸件的体收缩，使收缩形成的孔洞移入冒口，防止在铸件中产生缩孔、缩松缺陷。

2) 调整铸件凝固时的温度分布，控制铸件的凝固顺序。铝、镁合金铸件及铸钢件的生产中，一般都使用较大的冒口，冒口内蓄积了大量的液态金属并且散热缓慢，对凝固前的温度调整和凝固过程中铸件的温度分布会产生了一定的影响。现在普遍采用保温冒口，或将冒口置于横浇道、内浇道上，或将冒口和缝隙浇道连通及开设辅助浇道充填冒口等工艺措施来提高或保持冒口内金属液的温度，这对铸件在凝固阶段形成向着冒口方向的顺序凝固有积极的作用。

3) 集渣排气。

4) 利用明冒口观察铸型中金属液充填情况。

5.2.2 对冒口设计的要求

冒口设计应遵循的基本原则如下：

1) 冒口的凝固时间应大于或等于热节处（被补缩部位）的凝固时间。

2) 冒口应有足够大的体积，以保证有足够的金属液补充铸件的液态收缩和凝固收缩。使缩孔留在冒口内，而不留在铸件内（图 5-2）。

3) 在铸件整个凝固过程中，需有一定的补缩压力及补缩通道，即使扩张角始终向着冒口。对于结晶温度间隔较宽、易于产生分散性缩松的合金铸件，还需要注意将冒口与浇注系统、冷铁、工艺补贴等配合使用，使铸件在较大的温度梯度下，自远离冒口的末端逐渐向着冒口方向实现明显的顺序凝固。

4) 在满足上述条件的前提下，使冒口体积最小，结构简单，以方便后续清理。

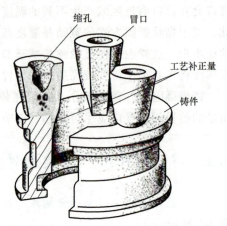

图 5-2 冒口示意图

5.2.3 冒口的种类

冒口的分类方法很多，其种类繁多，如图 5-3 所示。

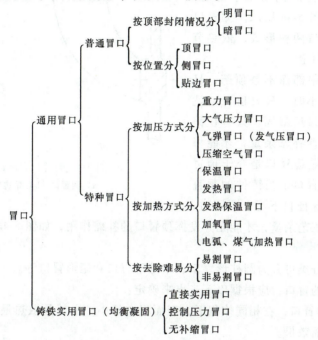

图 5-3　冒口的分类

1. 按冒口在铸型中的封闭情况分

按冒口在铸型中的封闭情况可分为明冒口和暗冒口。

明冒口的顶面是敞开的，暗冒口的顶面是封闭的。选用哪一种要根据铸型结构等来确定。

明冒口因与大气相通，其作用比暗冒口强。明冒口的排气、浮渣作用较好；有利于采取补充浇道和点冒口等措施，以减少内浇道液态金属的输送量，防止在内浇道附近出现局部过热。通过明冒口还可以观察到浇注情况，并可检查铸型。但明冒口造型时易掉杂物；金属液因热辐射而造成热量损失。

暗冒口的优点：造型时不易掉杂物；安放位置灵活；对铸钢、铸铁件来说热损失少。暗冒口的缺点：不与大气相通，补缩效果差；造型不方便。

什么情况下采用暗冒口呢？一般在需补缩部位与铸型顶面的距离较大冒口的上部受铸件另一部分结构的阻碍或在加压罐中浇注时，才采用暗冒口。采用暗冒口，应有出气孔，以保证浇注时气体逸出，防止浇不满冒口，降低实际冒口高度。

对于铸钢件，由于浇注温度较高。如果采用明冒口，顶面辐射较大，热量散失大，冒口的作用减弱，而采用暗冒口，则效果会比明冒口好。

对于轻合金，由于轻合金极易氧化，排气、浮渣极为重要；轻合金缩松倾向较强，防止局部过热很重要，所以轻合金尽量采用明冒口。

2. 按在铸件上的位置分

按在铸件上的位置分类可分为顶冒口、侧冒口和贴边冒口。

顶冒口一般采用明冒口的形式，位于铸件最高位置或热节上部，这样的补缩压力大，也便于浮渣排气。顶冒口也可采用暗冒口。

当热节位于铸件的侧面或下部时，应选用侧冒口，如图 5-4a 所示。侧冒口也有明冒口和暗冒口两种形式，依热节在铸件所处的位置而定。

当热节在铸件中部而不是顶部，且垂直壁厚又比热节小时，只放顶冒口就很难补缩，热节将最后凝固。只有在铸件上垂直壁部分设置补贴余量，才能将热节上移至冒口。贴边冒口是介于顶冒口和侧冒口之间的冒口，当铸件的垂直壁厚度较小、很难保证自下而上凝固时，

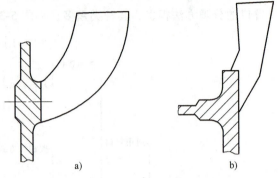

图 5-4　侧冒口和贴边冒口
a) 侧冒口　b) 贴边冒口

只有加较大的补贴工艺余量，才能充分发挥顶冒口的补缩作用，如图 5-4b 所示。

3. 按冒口的形状分

按冒口的形状分类可分为圆柱形冒口、半球形冒口和矩形冒口等。

采用什么形状的冒口，应根据以下三点来确定：

1) 各种形状的冒口，在相同体积下，表面积应最小，也就是散热最少的情况下，延长凝固时间，提高补缩效果。

常用模数 M 来衡量，$M = V/F$，$\sqrt{\tau} = \dfrac{M}{K} = \dfrac{V}{FK}$

式中，V 为冒口体积；F 为散热面积。

V 越大表示所含热量越多，F 越大，表示散热越多。M 越大，凝固时间越长，因此可以根据 M 数来选择冒口的形状。在体积相同的情况下，球形表面积最小，长方形表面积最大，而凝固时间半球形最长，然后依次为圆柱形、正方柱体形，长方柱体形。

2) 考虑到铸件被补缩部分的结构，应与该处形状相适应。

3) 还要考虑造型工艺是否方便。

从凝固时间的角度出发，应选择球形冒口。但其造型工艺复杂，常用半球形作暗冒口。

圆柱形冒口的应用较广泛，它的凝固时间比较长，造型方便。

矩形冒口在转角处冷却快，不能发挥整个冒口的作用，应制成圆角，成为椭圆形冒口。

应用最多的是圆柱形明冒口和顶面呈半球形的圆柱形暗冒口，这些冒口补缩效果好，造型方便。当然有时由于铸件结构形状的需要，也采用长方柱体形冒口和扇形冒口，不过要将其四棱的尖角改为较大的圆角，以防止发生边角效应，影响补缩效果。这些冒口被称为椭圆柱体冒口和腰形冒口。

另外，特别需要注意的是选择冒口形状还应考虑冒口自身的凝固顺序。为了防止冒口中缩孔伸入铸件，一般也将冒口纵向断面形状做成上大下小的圆锥形式。这样，冒口自下而上顺序凝固，利于热节上移。钢锭中缩孔深度 h 与钢锭高度 H 的比例关系为

对于圆柱，$h = 49\%H$。

对于倒锥，$h = 75.5\%H$。

对于圆锥，$h = 29\%H$。

冒口也应与其相似，锥形斜度为 3°~5°。这种形式的冒口只适用于明冒口，暗冒口不适用，采用暗冒口将造成取模困难，故一般暗冒口仍做成上小下大的形状，不可避免地影响了暗冒口的补缩效果。只有在对暗冒口补缩作用要求较高时，才采用上大下小的形状。

4. 按冒口加压方式分

（1）**重力冒口** 这种冒口应用最为广泛，一旦凝固了一层壳，冒口内金属液将与大气隔绝，其补缩主要靠金属液的自重，故称为重力冒口。

（2）**大气压力冒口** 鉴于重力冒口靠重力补缩，没有大气压的作用效果不太好，当采用透气性较好的型芯棒插入冒口时，由于芯棒被加热，芯上不会结壳，加之透气性好，冒口中液态金属随时与大气相通，冒口内的内压力和大气压相等，而大于重力冒口的内压力。当壳顶下面出现空间时，外面的大气压就可继续作用在冒口内金属液上，使补缩效果得以提高。

（3）**气弹冒口（又叫发气压冒口）** 在暗冒口中加入一个用耐火材料做弹壳的内装发气物质（用 $CaCO_3$+木炭）的气弹。在热金属作用下，热解出大量气体，在冒口中瞬间产生很大气压力，使铸件在凝固期间受到压力而紧实。铸钢件工艺实收率可提高到 75%~85%（原来为 50%）。

这种冒口发气时间难以控制，应用不便，发气过早或过晚都会失去作用。

（4）**压缩空气冒口** 将压缩空气通入暗冒口内，使冒口内压力增大。这种冒口的优点在于它的压力可以控制（与气弹冒口相比），但要一套附加设备，工艺复杂，有时用于铸钢件。

5. 按对冒口的加热方式分

（1）**保温冒口** 冒口部分型腔由保温隔热材料形成，以保证冒口最后凝固，以利于提高冒口的补缩效果。

（2）**发热冒口** 为了使冒口最后凝固，如果增大冒口体积，会引起铸件工艺实收率的下降，为此采用绝热和发热材料来制作冒口部分型腔，这种冒口称为发热冒口，由于发热剂产生大量的热量，大大延缓了冒口的凝固时间。

（3）**发热保温冒口** 上述保温冒口和发热冒口结合起来就构成发热保温冒口。

（4）**加氧冒口**

（5）**电弧、煤气加热冒口** 用正电极向液态金属（负极）靠拢，产生电弧，以加热冒口中金属，使凝固时间大大延长，可使原冒口占铸件体积 2/3 降低到只占 1/2。

6. 按冒口去除的难易程度分

（1）**易割冒口** 这种冒口与铸件的接触面比冒口本身的截面小，可以用锤击，有的甚至能自动掉下（由于内应力）。

（2）**非易割冒口** 这种冒口与铸件的接触面积几乎等于冒口下端的截面面积，要用气割或在车床上切割才能去除。

5.3 冒口位置的选择

冒口位置选择是否恰当，对于能否获得优质铸件有着重大影响。如果冒口选择不当，将会造成不良影响，不仅不能消除铸件上的缩孔和缩松，反而造成应力裂纹，加重冒口附近的缩松程度，还会使清理、切割冒口更加不便。

5.3.1 冒口的补缩原理

冒口在什么样的条件下才能对铸件起补缩作用？要了解这些问题，就必须阐明补缩通道的形成和变化，阐明冒口的有效补缩距离及影响因素。

1. 冒口与铸件间的补缩通道

铸件凝固过程中，要使冒口中的金属液能够不断地补偿铸件的体收缩，冒口与铸件被补缩部位之间应始终保持着畅通的补缩通道。否则，冒口再大也起不到补缩的作用。图 5-5 所示为铸件的凝固过程，由于凝固是从下部和从壁的两侧同时推进的，这样在液相线之间便形成了向冒口方向扩张的夹角 φ，φ 为补缩通道扩张角。在向着冒口张开的扩张角 φ 范围内的合金都处于液态，且始终与铸件凝固区域保持畅通，形成补缩通道，使冒口中的合金液在重力作用下能畅通无阻地补充到铸件凝固区域。这说明，冒口的补缩效果不仅取决于冒口大小和凝固时间，还取决于铸件凝固时的补缩通道是否畅通。

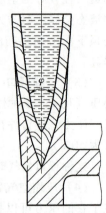

图 5-5 铸件的凝固过程

补缩通道扩张角的大小和方向决定着补缩通道畅通与否和畅通的程度，扩张角 φ 越大，通道越畅通、补缩越容易。扩张角 φ 的大小，主要取决于铸件凝固方向上温度梯度的大小。随着朝冒口方向的温度梯度的增加，扩张角 φ 也变大，向着冒口张开，则补缩通道畅通，使铸件顺序凝固。温度梯度越大，则 φ 角越大；反之，则 φ 角越小。合金种类不同，为保证补缩通道畅通所需最小的温度梯度也不同。研究结果表明，对于普通碳素钢，为保证板状铸件无缩松，朝着冒口的铸件纵向最小温度梯度应大于或等于 0.5℃/cm。而对于结晶温度间隔较宽的铝镁合金铸件，要求达到的最小温度梯度比铸钢件要高得多，例如，Al-7%Mg 合金，最小温度梯度为 1℃/cm，Al-4.5%Cu 合金，最小温度梯度为 4℃/cm，Al-3%Cu-4.5%Si 合金，最小温度梯度为 1℃/cm，Mg-6%Al-3%Zn 合金，最小温度梯度为 4.6℃/cm。

2. 冒口的有效补缩距离

（1）冒口有效补缩距离的概念　图 5-6 所示为一个板状铸件的凝固过程。很明显，在远离冒口的一端，由于铸件存在冷却端面，形成一定的温度梯度，末端部分凝固比中间区快，前沿呈楔形，补缩通道扩张角 φ_1 比较大，凝固时易于补缩，末端区 l_3（图 5-7）是致密的无缩孔、无缩松区。而靠近冒口一侧，由于冒口中金属液的热量集中，使其结晶速度比平板的中心部分慢，凝固前沿也呈楔形，补缩通道扩张角 φ_2 也比较大，因此 l_1 区也是致密的。l_1 区称冒口作用区（冒口区）。如果末端区 l_3 与冒口区 l_1 是连接的，便可获得致密铸件（图 5-7 左半部）。如果 l_3 与 l_1 之间存在一个 l_2 的中间区域时，冒口的热作用和末端的激冷作用都达不到，凝固前沿互相平行，补缩通道扩张角很小，到凝固后期，由于枝晶的生长，阻碍了补缩通道，这里就会产生轴线缩松（图 5-7 右半部分）。

由此可见，一个冒口只能在铸件壁的某一段范围内有补缩效果，这个范围就是冒口末端区与冒口作用区之和，称之为冒口的有效补缩距离。用 L 表示，即 $L=l_1+l_3$。如果铸件需要被补缩部分的长度超过这个距离，就会产生缩孔或缩松。反之，被补缩部分是致密的。

第5章 冒口及冷铁

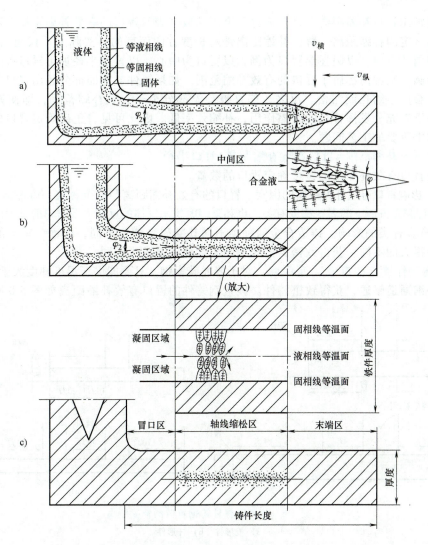

图 5-6 板状铸件凝固示意图

a) 末端区开始凝固，补缩通道畅通　b) 末端区凝固完毕轴线区通道消失
c) 铸件凝固三个区域

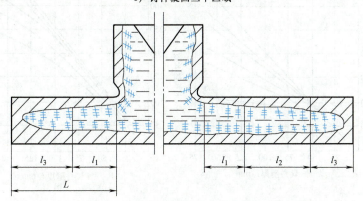

图 5-7 冒口有效补缩距离示意图

L—有效补缩距离　l_1—冒口补缩区　l_2—缩松区　l_3—末端边角激冷区

人们常用冒口补缩距离长度与铸件厚度的倍数来表示冒口的有效补缩距离。不同类型的冒口都有一定的补缩距离。冒口补缩距离是对长度方向而言的,实际上不仅包括长度方向,也包括四周各方向。以圆柱形冒口为例,以冒口为中心,以冒口半径加上冒口有效补缩距离为半径画圆,则圆内都属于冒口的有效补缩范围。如果铸件被补缩部分超出冒口的有效补缩范围,就会产生缩孔或缩松。反之,如果被补缩部分小于有效补缩范围,即使铸件是致密的,但由于未充分发挥冒口的补缩作用,补缩效率低。由此可见,正确确定冒口的有效补缩距离是非常重要的工艺问题。

冒口有效补缩范围=冒口有效补缩距离+冒口半径

通过冒口有效补缩范围,可确定冒口的数量。

（2）影响冒口有效补缩距离的因素　冒口的有效补缩距离与合金种类、铸件结构、几何形状以及铸件凝固方向上的温度梯度有关,也和凝固时析出气体的反压力及冒口的补缩压力有关。

1）合金种类的影响。铸造合金的种类不同其凝固特性也不同,因而,冒口的有效补缩距离也有很大的不同。获得致密铸件对最小温度梯度要求也不同。

① 铸钢件冒口的有效补缩距离。对于普通碳素钢,只要能保证温度梯度大于0.5℃/cm,就可使补缩通道畅通,获得致密铸件。碳素钢铸件的冒口有效补缩距离如图5-8所示,一般

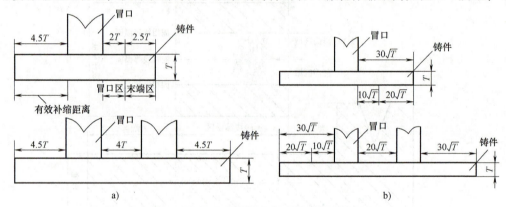

图 5-8　板件及杆件铸钢冒口的补缩距离
a）板形件　b）杆形件

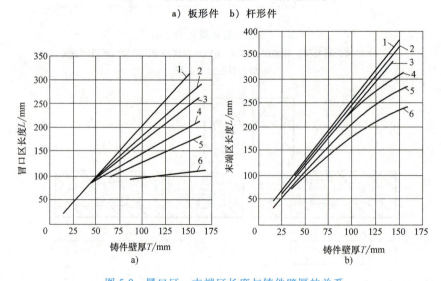

图 5-9　冒口区、末端区长度与铸件壁厚的关系

1—5:1（厚度比,余同）　2—4:1　3—3:1　4—2:1　5—1.5:1　6—1:1

的 $L=4.5T$。更精确的数据可从图5-9曲线查出,这些曲线是用$w(C)=0.2\%\sim0.3\%$的碳素铸钢件的试验取得的。

② **有色合金的冒口有效补缩距离**,铝合金中结晶温度间隔较窄的ZL102、ZL104等合金(共晶型),易于形成集中缩孔,一般可取较大的冒口有效补缩距离,有关资料认为,在端部未放冷铁时,冒口的补缩距离为 $4.5T$。而大多数铝、镁合金属于非共晶型,其结晶温度间隔较宽,合金密度小,冒口的补缩效果很差,有效补缩距离很小。对这类铝合金常取冒口补缩距离为 $2T$。而对镁合金,很难确定其补缩距离,因为不论板件长度如何,均存在不同程度的缩松,一般都采用冒口和冷铁配合使用的方法,来消除铸件整个断面上分散的缩松缺陷。

锡青铜和磷青铜类合金的凝固范围一般较宽,冒口的有效补缩距离较短,锡锌青铜板件有效补缩距离为 $4T$、杆件为 $10\sqrt{T}$,铝青铜和锰青铜的冒口有效补缩距离为 $(5\sim8)T$。黄铜的凝固范围较窄,其冒口有效补缩距离较大,锰铁黄铜板件为 $7.5T$。

③ **铸铁件冒口的补缩距离**。灰铸铁件通用冒口的补缩距离如图5-10所示。由于可利用石墨化共晶膨胀压力来克服缩松,灰铸铁件冒口的补缩距离较大。而高牌号铸铁的共晶度低,结晶温度范围宽,共晶转变前会析出奥氏体,阻碍补缩,故冒口有效补缩距离较小。

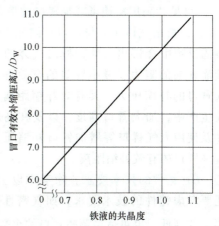

图5-10 灰铸铁冒口补缩距离与共晶度的关系

球墨铸铁件基本上属于糊状凝固方式,补缩条件不好。因而球铁件冒口的有效补缩距离比灰铸铁小。根据有关资料介绍,当球铁件壁厚在25.4mm以下时,在绝大多数情况下冒口的有效补缩距离为 $(3\sim4)T$,见表5-1。

表5-1 球墨铸铁冒口的补缩距离　　　　　　　　　　（单位:mm）

铸件壁厚 δ	水平补缩			垂直补缩
	湿型	湿型	湿型	壳型
6.35	—	31.75	—	—
12.70	101.6~114.3	101.6	88.9	88.9
15.86	—	—	127.0	—
19.05	—	—	—	133.4
25.40	101.6~127.0	114.3	127.0	165.1
38.10	139.7~152.4	—	—	228.6
50.80	—	228.6	—	—

注:表中三组湿型数据是在不同条件下试验得到的。

2)**铸件形状的影响**。铸件的结构和形状对冒口的有效补缩距离影响很大。形状不同的铸件,形成的补缩通道不一样。板状铸件的补缩通道较宽,有效补缩距离可以大一些,如铸钢的有效补缩距离 $L=4.5T$,而杆状铸件的补缩通道较窄,有效补缩距离就小些,$L=30\sqrt{T}$,如图5-8所示。

3)**冷铁的影响**。在铸件上合理地安放冷铁,利用冷铁的激冷作用使铸件朝冒口方向的温度梯度增大，加强铸件的顺序凝固，从而增加冒口的有效补缩距离。如图 5-11a 所示，由于在板件的端部安放了冷铁，末端区的长度扩大了 l_4，对低碳钢板件，l_4 约为 50mm。

4）多冒口的影响。当有多个冒口存在时，冒口与冒口之间的有效补缩距离须减去末端作用区，如图 5-11b 所示。如在两个冒口之间放置冷铁。相当于在铸件中间增加了激冷端，如图 5-11c 所示，可使原来的冒口作用区 $2l_1$ 增加了两个末端作用区，于是两个冒口之间的有效补缩距离从 $2l_1$ 增加到 $2(l_1+l_3+l_4)$。可见，采用冷铁可减少冒口数量。

5）析出气体压力与冒口补缩压力的影响。铸件凝固过程中会析出气体，析出气体的反压力会增加液流补缩的阻力，减小冒口的有效补缩距离。而增大冒口的补缩压力，其有效补缩距离会增加。所以在生产中，加大冒口高度，以及在高压釜中浇注铸件及使用大气冒口等增加冒口补缩压力的措施都会提高冒口的有效补缩距离。

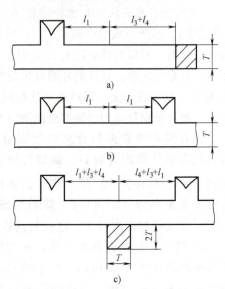

图 5-11 冷铁对冒口有效补缩距离的影响

6）铸件的技术要求。除考虑以上影响因素外，还要考虑铸件的技术要求，如气密性要求等。根据要求的高低，也可适当调整冒口的个数。如果要求高，冒口的有效补缩距离可取短些，个数可选多些；如果要求不高，冒口的有效补缩距离可选长些，这样冒口的个数就会少些。

3. 工艺补贴

实际生产中，往往有些铸件需补缩的高度超过冒口的有效补缩距离。由于铸件结构或铸造工艺不便，难以在中部设置暗冒口，此时单靠增加冒口直径和高度不能显著提高补缩效果，况且增大冒口会使大量金属液流经内浇道，造成内浇道附近和冒口根部因过热而产生缩松。在这种情况下，一般在铸件壁板的一侧增加工艺补贴，利用壁厚差，提高温度梯度，增加冒口的有效补缩距离，提高冒口的补缩效率，如图 5-12 所示。

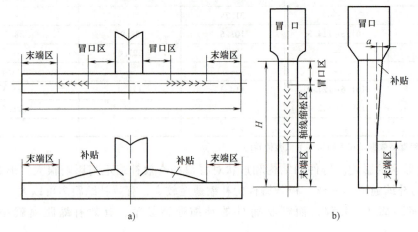

图 5-12 铸造工艺补贴示意图
a）水平补贴 b）垂直补贴

根据在铸件上的位置不同，补贴可分为垂直补贴和水平补贴两类（图5-12）。水平补贴量的最大长度为冒口模数的4.7倍。对$w(C) = 0.25\%$的钢铸件，板形铸件只需2/100的斜度；杆件的补贴斜度为9/100，可供参考。对垂直补贴的板状钢铸件，其补贴厚度、壁厚和壁的高度之间的关系如图5-13所示。

杆形铸件的有效补缩距离比板件小，需要较大补贴值，才能保证铸件致密。在求杆形铸件的补贴值时，首先按杆的厚度从图5-13中查出补贴厚度，再根据杆的宽厚比从表5-2中查出补偿系数，两者乘积即为杆的补贴上口厚度。

在铝、镁合金铸造中，工艺补贴一般从铸件末端区之后开始向上取，其斜度为3°~5°。有时为了简单，也可以从铸件底部开始向上取，也有用内切圆法来确定冒口的补贴工艺余量。补贴工艺余量，常附加在铸件的加工表面，最后用机械加工的方法切除。

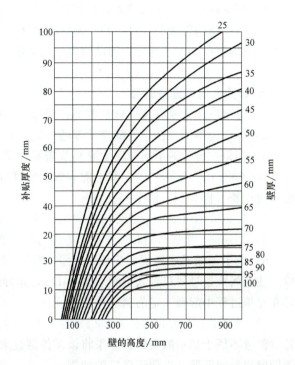

图5-13 补贴厚度、壁厚和壁的高度的关系曲线图

表5-2 垂直补贴的补偿系数

补偿原因	补偿条件		补偿系数
杆件比板件的冒口补缩距离小，需要有较大的补贴厚度才能保证铸件致密	杆件断面宽厚比	4:1	1.0
		3:1	1.25
		2:1	1.5
		1.5:1	1.7
		1.1:1	2.0
充型方式和化学成分不同	底注式，碳素钢及低合金钢铸件		1.25
	顶注式，高合金钢铸件		1.25
	底注式，高合金钢铸件		1.58

5.3.2 冒口位置的选择

冒口位置选择是否恰当，对于能否获得优质铸件有着重要影响。如果选择不当，将会造成不良影响，不仅不能消除铸件上的缩孔和缩松，反而会造成应力裂纹，加重冒口附近缩松程度并使清理、切割冒口不便。

1. 确定冒口位置的程序

1) 综合考虑铸件的结构特点、浇注位置、金属液引入位置、浇注系统类型、冷铁情况等工艺因素。

2) 用画内切圆或等温等固线的方法，找出"热节"，大致确定冒口位置。

3) 铸件结构复杂时，可把铸件划分成若干个简单的形状，并对所划分的每个部分提供一个适当的冒口。对于壁厚均匀的铸件，则需根据冒口的有效补缩距离来确定冒口的位置和个数。

2. 选择冒口位置的原则

1) 冒口应尽量放在铸件被补缩部位或最后凝固热节的上方或侧方。

2) 冒口应尽量放在铸件最高最厚的位置，以利于金属液进行重力补缩。

3) 如果在铸件的不同高度上有热节需要补缩，可按不同水平面安放冒口，但不同高度上冒口的补缩压力是不同的。有可能导致上面冒口补缩下面冒口，应采取措施将其隔离，一般采用冷铁（图5-14、图5-15）。

4) 冒口应尽可能不阻碍铸件的收缩，冒口不应放在铸件应力集中处，避免裂纹产生。

5) 尽量使一个冒口同时补缩一个铸件的几个热节，或几个铸件的热节，如图5-16所示。

6) 为了加强顺序凝固，应设法使冒口最后凝固。尽可能使内浇道靠近冒口或通过冒口。使金属液通过冒口进入型腔（图5-17）。这样流入型腔的金属液对冒口有预热作用，同时在充填过程中起到一定的挡渣作用。

7) 冒口最好布置在铸件需要机械加工的表面，以减少精整铸件的工时。图5-18所示为冒口位置不便于切割的实例。如果将该铸件倒过来放，把冒口移到铸件的上部和外侧，这样既能解决补缩问题，也便于冒口的切割。

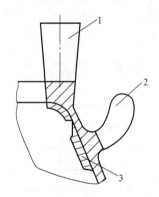

图5-14 应用冷铁使冒口分区补缩
1—明冒口 2—暗冒口 3—冷铁

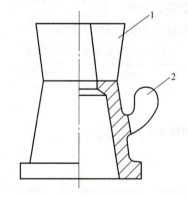

图5-15 镁合金机匣铸件原补缩方案
1—明冒口 2—暗冒口

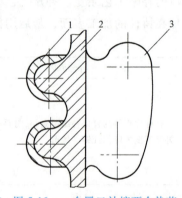

图5-16 一个冒口补缩两个热节
1—冷铁 2—铸件 3—暗冒口

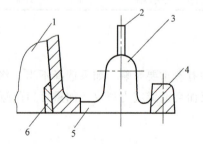

图5-17 在内浇道上安放冒口
1—铸件 2—出气孔 3—暗冒口 4—横浇道
5—内浇道 6—冷铁

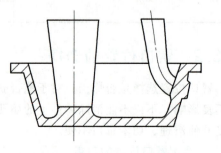

图5-18 冒口位置不便切割

5.4 冒口尺寸的计算

合理确定冒口尺寸,在铸造生产中是一个很重要的工艺问题。目前还缺少一种适合各种合金、各类结构铸件、被大家公认的确定冒口尺寸的办法,往往都采用在特定条件下根据生产经验总结出来的近似计算法。因此在应用这些方法时,要注意结合生产的具体情况,才能得到较好的结果。

5.4.1 比例法

比例法是确定冒口尺寸最常用的方法,广泛应用于铝、镁合金铸件的生产中。它以冒口根部直径 d_M(或根部宽度)为冒口的主要尺寸,以铸件热节圆直径 d_y(或厚度 T)为确定 d_M 的主要依据,即在不同的情况下用 d_y 乘上一定的比例系数求得 d_M,冒口的其他尺寸由 d_M 决定。

比例法是从长期生产实践中总结出来的,每个工厂都有适合于本厂的 d_y 与 d_M 的比例关系。这里只对这种方法加以介绍,具体数据仅供参考。

1. 确定补缩方式

不同的补缩方式,其补缩效果不同。如垂直补缩的补缩通道是竖直方向上的,有利于重力补缩;而水平补缩的补缩通道是水平的,不利于重力补缩。

2. 顶冒口尺寸的确定

(1) 垂直补缩方式 当冒口沿铸件垂直方向向下补缩时,如图 5-19a 所示,其补缩效果较好,冒口直径 d_M 与 d_y 的比值可查表 5-3。根据铸件热节圆直径 d_y(或壁厚 T)和铸件高度 H_Z 与 d_y 的比值找出 d_M/d_y 的比值,就可算出 d_M。一般 $d_M/d_y = 1.1 \sim 1.8$,即

$$d_M = (1.1 \sim 1.8) d_y \tag{5-1}$$

确定 d_M 之后,可根据冒口高度 H_M 与 d_M 的比值确定冒口高度。为了保证铸件凝固时有足够的合金液补充铸件收缩,并在一定的压头下提高合金液的补缩效果,冒口要有一定的高度。根据航空铝、镁合金铸件的生产经验,有

$$H_M = (1.5 \sim 2.5) d_M \tag{5-2}$$

冒口高度不能过低(不低于 $60 \sim 80$ mm),否则补缩效果不好。但也不能过高(不高于 $180 \sim 200$ mm),因为冒口过高不仅不能显著提高其补缩作用,反而会增加金属液的消耗,使铸件在内浇道附近或冒口附近产生过热和缩松缺陷。如果按 H_M/d_M 关系算出的冒口不符合上述范围,应作适当调整。

表 5-3 垂直补缩 d_M/d_y 的比值

d_y 或 T		<30	30~40	40~70	>70
$H_Z/d_y = 2 \sim 3$	d_M/d_y	1.4~1.5	1.2~1.3	1.2~1.3	1.1~1.1
$H_Z/d_y = 3 \sim 5$		1.5~1.8	1.4~1.6	1.3~1.5	1.2~1.4

(2) 水平补缩方式 冒口沿水平方向补缩铸件,如图 5-19b 所示,其补缩效果不如垂直方向好,所以水平补缩的冒口直径要比垂直补缩时大,一般情况下,有

$$d_M = (1.1 \sim 2.3) d_y \tag{5-3}$$

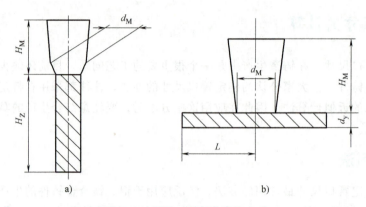

图 5-19 顶冒口的两种补缩方式

$$H_M = (1.5 \sim 2.5)d_M \tag{5-4}$$

当铸件较薄时，d_M/d_y 应取大一些，铸件较厚时，则可取小一些。冒口高度的确定方法与垂直补缩相同。

(3) 侧冒口尺寸的确定　由于侧冒口的补缩效果较差，所以选取的比例系数应比顶冒口要大（图 5-20）。根据生产经验，可按下列比例确定：

$$d_M = (1.5 \sim 2.5)d_y \tag{5-5}$$

$$d_颈 = (1.1 \sim 1.5)d_y \tag{5-6}$$

$$H_M = (1.5 \sim 2.5)d_M \tag{5-7}$$

如果金属液通过侧冒口流入型腔，冒口尺寸可适当缩小。

侧冒口与铸件之间应保持一定的距离，一般应控制在 $(0.15 \sim 0.2)d_M$ 范围内（不小于15mm）。如果相距太近，将使冒口与铸件之间的型壁受冒口中高温金属液的热作用，加之该处散热困难，从而引发局部过热，使铸件产生缩孔或缩松；相距太远，则会降低冒口的补缩效果。

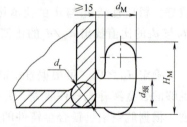

图 5-20 侧冒口尺寸的确定

比例法也适用于各种不同结构的铸钢件，其比例关系式为

$$D = cd \tag{5-8}$$

式中，D 为冒口根部直径；d 为铸件被补缩热节处内切圆直径；c 为比例系数。

铸件被补缩热节处内切圆的直径可按铸件实际尺寸作图量出，也可以根据铸件相交壁的尺寸计算。比例系数是应用比例法的关键，可根据铸件结构特点及要求高低，参照有关生产经验确定，表 5-4 给出的比例数据，可供参考。应用表 5-4 时应注意以下几点：

1) 确定冒口根部直径 D 的比例系数值在一定范围内变动，当热节圆直径 d 小时，此值取上限；当 d 值大时，此值取下限。

2) 冒口根部直径 D 值确定以后，再由表 5-4 中选择恰当的比例值确定冒口高度 H。H 越大，冒口中金属液的补缩压力越大，有利于补缩。但是，由于工艺操作等因素，H 也不能选择过大。当 D 值较小时，比例系数取上限，D 值大时，比例系数取下限。

3) 冒口延续度是指冒口根部沿铸件长度方向尺寸之和占铸件被补缩部分长度的百分比。如齿轮铸件轮缘直径为 D，一个冒口沿轮缘长度方向的尺寸为 l，冒口数量为 n，则冒口延续度 $L=\dfrac{nl}{\pi D}\times 100\%$。反过来，按表5-4查出冒口延续度，知道冒口个数 n，据此式即可算出冒口长度 l 值；同样，当 l 值确定时，也可求出冒口的个数 n。

表 5-4 铸钢件冒口比例关系

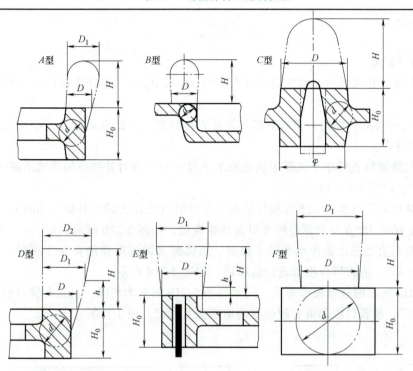

类型	$\dfrac{H_0}{d}$	D	D_1	D_2	h	H	冒口延续度(%)	应用实例
A型	<5 >5	$(1.4\sim1.6)d$ $(1.6\sim2.0)d$	$(1.5\sim1.6)D$			$(1.8\sim2.2)D$ $(2.0\sim2.5)D$	35~40 30~35	车轮、齿轮联轴节
B型	$1<d<50$	$(2.0\sim2.5)d$				$(2.0\sim2.5)D$	30~35	瓦盖
C型	<5 >5	$D=\varphi$				$(1.3\sim1.5)D$ $(1.4\sim1.8)D$	100 100	
D型	<5 >5	$(1.5\sim1.8)d$ $(1.6\sim2.0)d$	$(1.3\sim1.5)D$	$1.1D_1$	$0.3H$	$(2.0\sim2.5)D$ $(2.5\sim3.0)D$	30~35	车轮
E型	<5 >5	$(1.3\sim1.5)d$ $(1.6\sim1.8)d$	$(1.1\sim1.3)D$ $(1.3\sim1.5)D$		15~20	$(2.0\sim2.5)D$ $(2.5\sim3.0)D$	100	制动臂
F型		$(1.4\sim1.8)d$ $(1.5\sim1.8)d$	$(1.3\sim1.5)D$			$(1.5\sim2.2)D$ $(2.0\sim2.5)D$	50~100	锤座立柱

（4）确定冒口的个数　计算冒口个数的通式为

$$n=\dfrac{铸件长度}{2L+d_M} \tag{5-9}$$

对于环形铸件：
$$n = \frac{\pi D}{2L + d_M}$$

式中，D 为中心圆直径。

对于圆形铸件：
$$n = \frac{D}{2L + d_M}$$

式中，D 为铸件直径。

对于矩形件：
$$n = \frac{C}{2L + d_M}$$

式中，C 为铸件长度。

(5) 确定冒口其他尺寸　确定冒口主要尺寸 d_M 和 H_M 后，还应设计好冒口根部的形状和尺寸。

1) 冒口与铸件的连接角。冒口根部与铸件直接相连，因此其形状、大小应与该处铸件的形状大小相符合。

① 当算出的冒口直径小于或等于该处的水平尺寸时（或对补缩作用要求不高时），冒口斜度取 3°～5°，如图 5-21a 所示。

② 如果算出的冒口直径大于连接处的水平尺寸时（或需要较强补缩作用时），可将冒口根部斜度取为 10°～15°直至与算出的冒口直径相连接，如图 5-21b 所示。

③ 如果冒口直径超出铸件水平尺寸很多，而铸件又需要很强的补缩作用时，冒口根部的斜度可增至 45°，或将冒口根部设计成球形，如图 5-21d 所示。

④ 图 5-21c 所示的冒口根部形状，尺寸与图 5-21b 的基本相同，只是在冒口根部有一个很小的"缩颈"，使冒口根部留有较明显的切割位置标记，便于切割。

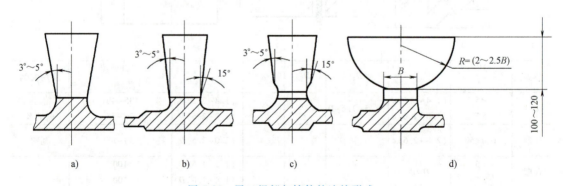

图 5-21　冒口根部与铸件的连接形式

2) 冒口根部的缩颈。冒口根部缩颈不宜过高（小于 6mm），直径不宜过小（不小于冒口根部直径的 90%），否则，将显著影响冒口的补缩效果。

3) 冒口根部与铸件连接处应倒圆角，以免造成裂纹。

(6) 校核

1) 实收率 α。有关工厂都根据本厂铸件的合金种类、结构特点和技术要求的高低，规定了本厂不同类型铸件的冒口设计指标，即铸件实收率的大小。铸件实收率又称工艺出品率，常用下式表示

$$\alpha = \frac{G_c}{G_c+G_r+G_g} \times 100\% \tag{5-10}$$

式中，α 为铸件实收率（%）；G_c、G_r、G_g 分别为铸件、冒口和浇注系统的质量。

将按上式计算的结果与根据生产经验所规定的同类铸件的实收率相比较，若计算结果小于经验数据，则说明冒口尺寸过大，应予以适当减小（一般是减小冒口高度）；如果大于经验数据，则冒口尺寸可能偏小，应适当加大冒口尺寸或采取其他工艺措施提高冒口的补缩效率。

2) 冒口的金属利用率（η）

$$\eta = \frac{V_s}{V_r} = \frac{\beta(V_c+V_r)}{V_r} \times 100\% \tag{5-11}$$

式中，V_c、V_r、V_s 分别为铸件、冒口和缩孔的体积，β 为液态和凝固收缩率。η 一般为 13%~20%。

3) 冒口的延续度，为冒口根部沿铸件长度方向之和 $\sum d_i$ 或 $\sum B_i$ 与铸件应被补缩部分长度之比。

冒口延续度的物理意义是冒口根部尺寸在铸件水平长度 l 上占有一定比例时，才能保证整个长度都能补缩完全，不出现缩孔、缩松。简而言之，冒口延续度能确定冒口水平方向补缩范围的大小。如果补缩范围确定过大，则铸件上可能有地方补缩不到，会出现缩孔和缩松；如果水平范围（补缩）太小，延续度大，则会浪费金属。实质上，冒口延续度反映了冒口有效补缩距离的长短。

5.4.2 公式计算法

根据前面所述对冒口设计的四条要求，人们推导和总结了各式各样的冒口计算公式。其中尤以"冒口方程式"介绍最多，Chvorinov 从冒口应比铸件凝固得晚以及冒口应有足够的金属液补偿铸件凝固时的收缩这两条原则出发，经过数学推导，得出了通用的冒口方程式。

当铸造合金，铸型及浇注条件确定后，铸件的凝固时间主要取决于铸件的结构形状和尺寸。千差万别的铸件形体，对凝固时间的影响主要表现在铸件的体积和表面积上。铸件体积越大，金属液越多，它所包含的热量也越多，凝固时间越长；表面积越大，散热面积越大，凝固时间越短。

为了反映铸件体积和表面积对凝固时间的影响，引用了模数这个概念

$$M = \frac{V}{A}$$

假定下列条件
① 凝固在恒温下进行，温度间隔为零；
② 无过热；
③ 铸件与铸型为理想接触。
则凝固时间为：

$$凝固时间\ \tau = \left(\frac{M}{K}\right)^2 \tag{5-12}$$

但是，在实际当中，上述三个条件不可能同时满足，它们对凝固都有影响。这样，就需要对这个公式进行修正。

① 考虑到形状、结构对凝固的影响，需要形状修正系数 μ_s。

② 考虑到铸造合金绝大多数都是有结晶温度间隔，不同合金成分的结晶温度间隔不同，冷却速度、导热及补缩情况不同，所以需要结晶温度间隔修正系数 $\mu_{\Delta t}$。

③ 不同的浇注温度，其凝固时间是不同的。这样冒口的体积也将不同。故须考虑过热修正系数 μ_h。

④ 铸件与铸型之间的间隙，对凝固时间也有较大影响，间隙大，冷却慢。所以，也要考虑间隙修正系数 μ_g。

因此有

$$\tau = \left(\frac{M}{K}\right)^2 \cdot \mu_s \cdot \mu_h \cdot \mu_g \cdot \mu_{\Delta t} \tag{5-13}$$

根据冒口满足第一个要求 $\tau_r \geq \tau_c$，得

$$\left(\frac{M_r}{K_r}\right)^2 \cdot \mu_{sr} \cdot \mu_{hr} \cdot \mu_{gr} \cdot \mu_{\Delta tr} \geq \left(\frac{M_c}{K_c}\right)^2 \cdot \mu_{sc} \cdot \mu_{hc} \cdot \mu_{gc} \cdot \mu_{\Delta tc} \tag{5-14}$$

在计算冒口模数时，如果取冒口凝固完毕时的体积 V_{rf} 作为冒口体积，就把铸件和冒口的液态、凝固期间体积收缩以及冒口的固态收缩都计算在内，因而算出的冒口体积已经包含了一定的余量。

于是，有 $M_r = \dfrac{V_{rf}}{A_r}$ $M_c = \dfrac{V_c}{A_c}$ 代入式（5-14）得

$$\left(\frac{\frac{V_{rf}}{A_r}}{K_r}\right)^2 \cdot \mu_{sr} \cdot \mu_{hr} \cdot \mu_{gr} \cdot \mu_{\Delta tr} = \left(\frac{\frac{V_c}{A_c}}{K_c}\right)^2 \cdot \mu_{sc} \cdot \mu_{hc} \cdot \mu_{gc} \cdot \mu_{\Delta tc}$$

$$\frac{V_{rf}}{A_r} = \frac{V_c}{A_c} \cdot \frac{K_r}{K_c} \cdot \sqrt{\frac{\mu_{sc}}{\mu_{sr}}} \cdot \sqrt{\frac{\mu_{hc}}{\mu_{hr}}} \cdot \sqrt{\frac{\mu_{gc}}{\mu_{gr}}} \cdot \sqrt{\frac{\mu_{\Delta tc}}{\mu_{\Delta tr}}}$$

令 $f_s = \sqrt{\dfrac{\mu_{sc}}{\mu_{sr}}}$；$f_h = \sqrt{\dfrac{\mu_{hc}}{\mu_{hr}}}$；$f_g = \sqrt{\dfrac{\mu_{gc}}{\mu_{gr}}}$；$f_{\Delta t} = \sqrt{\dfrac{\mu_{\Delta tc}}{\mu_{\Delta tr}}}$ 则

$$\frac{V_{rf}}{A_r} = \frac{V_c}{A_c} \cdot \frac{K_r}{K_c} \cdot f_s \cdot f_h \cdot f_g \cdot f_{\Delta t} \tag{5-15}$$

冒口必须满足第二个要求，

$$V_{rf} = V_r - \beta(V_r + V_c) \tag{5-16}$$

式中，β 为需要补缩的金属百分率（可取金属液的液态和凝固收缩率），将式（5-16）代入式（5-15），得

$$(1-\beta)\frac{V_r}{V_c} = \frac{A_r}{A_c} \cdot \frac{K_r}{K_c} \cdot f_s \cdot f_h \cdot f_g \cdot f_{\Delta t} + \beta \tag{5-17}$$

此式即为赫沃瑞诺夫（Chvorinov）公式。

式中，V_r、A_r、K_r 分别为冒口的体积、表面积和凝固系数；V_c、A_c、K_c 分别为铸件的体积、表面积和凝固系数；f_s 为形状因素，表示在体积和模数相同的情况下，铸件和冒口形状对凝

固时间的影响；f_h 为过热因素，合金过热度对凝固时间的影响；f_g 为间隙因素，铸件和冒口与铸型间隙对凝固时间的影响；$f_{\Delta t}$ 为结晶温度间隔因素，铸件和冒口的金属结晶温度间隔对凝固时间的影响。

砂型铸造时，铸件与铸型的间隙和冒口与铸型的间隙很小，且两者基本相同，f_g 可忽略。冒口与铸件用同一炉浇注，$f_{\Delta t}$ 可不予考虑。于是得到简化形式的赫沃瑞诺夫（Chvorinov）公式，即

$$(1-\beta)\frac{V_r}{V_c}=\frac{A_r}{A_c}\cdot\frac{K_r}{K_c}\cdot f_s\cdot f_h+\beta \tag{5-18}$$

当冒口和铸件所用造型材料一致，并用同一炉金属液浇注时，$K_r=K_c$，$f_h=1$。得

$$(1-\beta)\frac{V_r}{V_c}=\frac{A_r}{A_c}\cdot f_s+\beta \tag{5-19}$$

此即为 Adams-Taylor 公式，适用于窄温度及宽温度结晶范围的合金，但系数有所不同。宽结晶温度间隔时，f_s 大，因为补缩不好，形状上给予修正。

用"冒口方程式"等公式可以比较方便地算出冒口的尺寸，但所得结果与生产实际尚有一定的差距，因为这些公式都是针对简单形状铸件并作了许多假设推导出来的。而实际铸件结构却比较复杂，影响因素也很多。另外，有关 f_s、f_h 等系数的实验数据很少，所以用公式法来计算复杂的铝、镁合金铸件的冒口尺寸在实际生产中的应用还较少。

5.4.3 模数法

在铸钢件冒口设计中，模数法得到了广泛应用，随着铸造工艺计算机辅助设计的发展，模数法被认为是一种方便可行的方法。模数法的基本条件有两条：

1) 冒口凝固时间应大于或至少等于铸件被补缩部位的凝固时间。在冒口计算中引入模数概念后，只要满足 $M_r \geq M_c$ 时冒口就能比铸件晚凝固。

根据实验，对于钢铸件来说，只要满足下列比例即能实现补缩。

顶明冒口　　　　　　　　　$M_r=(1.1 \sim 1.2)M_c \tag{5-20}$

侧暗冒口　　　　　　　　　$M_c:M_n:M_r=1:1.1:1.2 \tag{5-21}$

内浇道通过侧暗冒口浇注时：

$$M_c:M_n:M_r=1:(1\sim 1.03):1.2 \tag{5-22}$$

冒口颈长度　　　　　　　　$L=2.4M_c=2M_r \tag{5-23}$

式中，M_c 为铸件被补缩处的模数；M_n 为冒口颈模数；M_r 为冒口模数。

2) 冒口必须具有足够的合金液补充铸件和冒口在凝固完毕前的体积收缩，使缩孔不致留在铸件内。因此有

$$V_r-V_{rf}=\beta(V_r+V_c) \tag{5-24}$$

在保证铸件无缩孔的条件下，式（5-24）也可写成

$$\beta(V_r+V_c)\leqslant V_r\eta \tag{5-25}$$

$$\eta=\frac{\beta(V_r+V_c)}{V_r}=\frac{V_r-V_{rf}}{V_r}\times 100\% \tag{5-26}$$

式中，η 为冒口补缩效率，η 的经验数字列于表 5-5；V_r、V_{rf} 分别为冒口初始和凝固终了的金属体积；V_c 为铸件被补缩热节处的体积；$\beta(V_r+V_c)$ 为缩孔体积。

表 5-5 冒口的补缩效率 η

冒口种类	圆柱形和腰圆柱形冒口	球形冒口	补浇冒口	发热保温冒口	大气压力冒口	压缩空气冒口	气弹冒口
η(%)	12~15	15~20	15~20	25~30	15~20	35~40	30~35

计算冒口时，通常根据第一个基本条件，即式 5-20~式 5-23 计算冒口尺寸，用第二个基本条件校核冒口的补缩能力，即检查是否有足够的合金液补偿铸件的收缩。

设计步骤：

1) 把铸件划分为几个补缩区，计算各区的铸件模数 M。
2) 计算冒口及颈的模数。
3) 确定冒口形状和尺寸（应尽量采用标准系列的冒口尺寸）。
4) 检查顺序凝固条件，如补缩距离是否足够，补缩通道是否畅通。
5) 校核冒口补缩能力。

5.4.4 三次方程法

三次方程法是模数法的延伸，主要用于计算机辅助设计中。原理：补缩时冒口中的金属液不断进入铸件，冒口体积 V_r 和模数 M_r 逐渐减小。相应，铸件体积 V_c 和模数 M_c 不断增大。理想的冒口设计应使补缩终了时的冒口模数 M'_r 和铸件模数 M'_c 相等，即保证冒口和铸件的凝固时间相同。这样的冒口才是最节约的。据此，$M'_r = \dfrac{(V_r - \beta V_c)}{A'_r}$，$M'_c = \dfrac{V_c + \beta V_c}{A'_c}$，则

$$\frac{(V_r - \beta V_c)}{A'_r} = \frac{V_c + \beta V_c}{A'_c} \tag{5-27}$$

式中，β 为合金的体收缩率；

A'_r、A'_c 为冒口、铸件补缩终了时的散热表面积，对普通冒口，近似认为冒口散热表面积在补缩过程中无变化。可用 A_r、A_c 代替。

对不同形式的冒口，都可把冒口体积和表面积化为冒口几何尺寸的函数。例如，对圆柱形明冒口有：$V_r = K_1 d_r^3$，$A_r = K_2 d_r^2$。

把上述关系代入式 5-27 中得

$$d_r^3 - \frac{K_2(1+\beta)M_c}{K_1}d_r^2 - \frac{\beta}{K_1}V_c = 0 \tag{5-28}$$

式中，K_1、K_2 为常数，与冒口形式和合金体收缩 β 有关。

对圆柱形冒口，$K_1 = \dfrac{\pi f_1}{4}$，$K_2 = \pi\left(f_1 + \dfrac{1}{2}\right)$，若去除冒口底部与铸件接触的表面积，则 $K'_2 = \pi\left(f_1 + \dfrac{1}{4}\right)$。$f_1 = \dfrac{h}{d_r}$，$h$ 为冒口高度。式（5-28）为计算冒口直径的三次方程。

5.4.5 补缩液量法

补缩液量法的基本原理是建立在两点假定基础上的，即：①假定铸件的凝固层增长速度与冒口相等；②假定冒口内供补缩用的金属液体积（缩孔体积）为直径 d_0 的球。这样，当

冒口高度和直径相等时，铸件中最大凝固层厚度为壁厚的一半。依假定①，冒口中凝固层厚度也为铸件厚度一半，因而，冒口中缩孔球直径 d_0 等于冒口直径与铸件厚度之差（图 5-22）。

$$d_0 = D_r - T$$

故 $$D_r = T + d_0 \quad (5\text{-}29)$$

式中，D_r 为冒口直径；T 为铸件壁厚。

如果冒口能满足补缩要求，则直径为 d_0 的球体积应等于铸件（被补缩部分）的总体收缩容积。

$$\frac{1}{6}\pi d_0^3 = \beta V_c$$

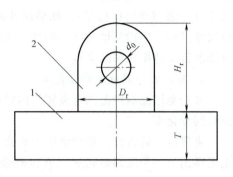

图 5-22 补缩液量法示意图
1—铸件 2—冒口

故 $$d_0 = \sqrt[3]{\frac{6\beta V_c}{\pi}} \quad (5\text{-}30)$$

式中，β 为铸件金属的凝固体收缩率。

β 值可由表查出，计算出铸件体积 V_c，利用式（5-30）可得出补缩球直径 d_0，然后用式（5-29）可求出冒口直径 D_r。

在实际生产中，为保证冒口补缩可靠，常使冒口高度 H_r 大于冒口直径 D_r，取

$$H_r = (1.15 \sim 1.8) D_r \quad (5\text{-}31)$$

需要说明的是，理论上，冒口中补缩球的体积应包括冒口本身的体收缩容积，而式（5-30）中并未计入此值，所以这种计算方法，从假定到推算是很粗略的，计算结果与实际之间有一定误差。但实际应用中，冒口高度都大于其直径，故安全系数足够大，补偿了计算误差。根据一些工厂实践，使用效果良好，简单易算。

5.4.6 评定冒口补缩作用的方法

冒口尺寸确定的是否可靠、合理，冒口是否发挥了有效补缩作用，应通过生产实践的检验。检验或评定的方法除上述比较铸件实收率外，还有以下几种方法：

1. 实际检验铸件质量

按照有关标准和验收技术文件规定的项目来检验铸件质量，如通过 X 射线透视检查铸件是否有与冒口设计有关的缩孔和缩松缺陷。此种方法对结晶温度范围较窄、易产生集中缩孔的合金铸件比较有利。

2. 检验冒口的缩孔深度

从铸件上锯下冒口，再沿其中心线锯开，测定冒口中缩孔的深度，如图 5-23 所示。冒口中的缩孔应与冒口根部有一定的距离（安全高度 h_a）。因为在缩孔下部附近存有一定的缩松区；同时，冒口中金属液混有某些金属或非金属夹杂物，在补缩过程中它们会随金属液面的下降而下降。如果缩孔与冒口根部的距离小于安全高度，甚至缩孔深度 h_s 恰好等于冒口的高度，则缩松区和夹杂物就会侵入铸件。安全高度 h_a 一般控制在 $(0.2 \sim 0.3) d_r$。如果冒口中的缩孔远离根部，

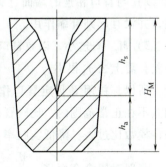

图 5-23 冒口中的缩孔情况

即比安全高度 h_a 大很多时，则说明冒口尺寸过大。为了提高铸件实收率，应适当缩小冒口尺寸（一般减小冒口高度）。如果缩孔离冒口根部的距离小于 h_a，甚至侵入铸件，则说明冒口尺寸过小，应适当增大（一般增大冒口直径或宽度），以保证铸件质量，这种方法适用于对结晶温度范围较窄的合金。

3. 测定冒口凝固时间变化率

评定宽结晶温度范围合金铸件的冒口有效补缩作用的最简单易行的方法是测定冒口的凝固时间变化率。

将冒口与铸件分开单独浇注可得出一个凝固时间 τ_s，另外冒口与铸件组合到一起浇注也可得出另一个凝固时间 τ_b。冒口凝固时间变化率（F_r）可按下式确定：

$$F_r = \frac{\tau_s - \tau_b}{\tau_b} \times 100\% \tag{5-32}$$

式中，τ_s 为冒口单独浇注的凝固时间（min）；τ_b 为冒口与铸件组合浇注的凝固时间（min）。

（1）测定方法 把一根套有外径为 2mm 的双孔陶瓷管的热电偶，置于冒口型腔中心（图 5-24），用一台普通的记录仪直接得到冒口凝固时间的温度-时间曲线，则冒口的凝固时间就可直接获取。

（2）条件 冒口在单独或与铸件组合浇注时，所使用的合金种类、浇注温度和铸型材料等工艺条件均相同。

（3）判别 当 $\tau_s > \tau_b$ 时，$F_r > 0$，则冒口的补缩通道未被截断，可认为冒口中的热量流向铸件，冒口具有一定的补缩作用。F_r 越大，冒口给予铸件的热量越多，冒口的补缩作用就越大；当 $\tau_s < \tau_b$ 时，$F_r < 0$，说明冒口尺寸过小，热量从铸件流向冒口，冒口比铸件凝固早，未起到补缩作用，反而起了反作用。

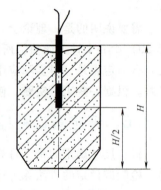

图 5-24 测定冒口凝固时间的示意图

（4）注意 对 F_r 要客观分析。有时 F_r 很大，但不一定能说明补缩效果。这是因为：

1）由于冒口缩颈尺寸过小，截断了冒口的补缩通道。虽传递热量，但不能补缩。

2）与冒口相连的端面（铸件）处成为较大的散热面，虽有较大的 F_r，但热量向外传递，并没有起到补缩作用。

3）M_r/M_c 过小，以致冒口尺寸过小，合金液面降到热电偶测定点以下，造成测量上的误差，看上去 τ_b 很小。

所以，在用 F_r 评定冒口作用时，首先要检查冒口与铸件的模数比是否在正常范围内。如其不在正常范围内，比较冒口凝固时间变化率没有意义。模数比太小，铸件会产生缩孔缩松；模数比过大，降低实收率，降低铸件致密度（因为延缓了凝固时间）。

一般对铝合金而言：$\dfrac{M_r}{M_c} \approx 1.2 \sim 1.3$。

5.5 铸铁件实用冒口

5.5.1 铸铁的体收缩

灰铸铁、蠕墨铸铁和球墨铸铁在凝固过程中,由于析出石墨而体积膨胀,且膨胀的大小、出现的早晚,均受冶金质量和冷却速度的影响,因而有别于其他合金。以球墨铸铁为代表,其凝固过程可分为:一次收缩、体积膨胀和二次收缩三阶段(图5-25)。特点为:

1) 凝固完毕前要经历一次(液态)收缩、体积膨胀和二次收缩过程。
2) 一次收缩、体积膨胀和二次收缩的大小并非确定值,而是在很大范围内变化。液态体收缩系数为 $(0.016 \sim 0.0245) \times 10^{-2}/℃$,体积膨胀量为 3%~6%。

影响铸铁的一次收缩、体积膨胀和二次收缩的大小、进程的主要因素是冶金质量、冷却速度和化学成分。

1. 冶金质量的影响

冶金质量好的铸铁,在同样化学成分、冷却速度下,液态收缩、体积膨胀和二次收缩值都小,因而形成缩孔、缩松和铸件胀大变形的倾向小,容易获得健全的铸件。

2. 冷却速度的影响

冷却速度越大,铸铁的液态收缩、体积膨胀和二次收缩值也越大。在砂型铸造条件下,铸件的冷却速度主要取决于铸件模数。对小模数的薄壁件,例如 $M_c < 2.5 cm$,就应安放冒口补缩。相反,大模数铸件,$M_c \geq 2.5 cm$,凝固时间长、降温慢,对补缩要求低,创造适当工艺条件,甚至可用无冒口工艺。

3. 化学成分的影响

碳量对消除球墨铸铁件的缩松比硅的作用强 7 倍之多。碳硅比 $(w_C/w_{Si}) = 1.18$ 时,球铁的体收缩具有最小值。

5.5.2 实用冒口设计法

实用冒口设计法是让冒口和冒口颈先于铸件凝固。利用全部或部分的共晶膨胀量在铸件内部建立压力,实现自补缩,更有利于克服缩松缺陷。实用冒口的工艺出品率高,铸件品质好,成本低,比通用冒口更实用。

实用冒口的种类及适用范围(以球铁为代表)如图 5-26 所列。

1. 直接实用冒口(包括浇注系统当冒口)

(1) 基本原理 安放冒口是为了补给铸件的液态(一次)收缩,当液态收缩终止或体积膨胀开始时,让冒口颈及时冻结。在刚性好的高强度铸型内,铸铁的共晶膨胀形成内压,迫使液体流向缩孔、缩松形成之处,这样就可预防铸件于凝固期时内部出

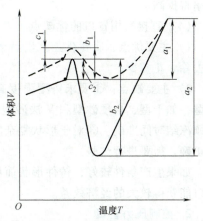

图 5-25 球墨铸铁的体积变化

(实线—冷却速度高,冶金质量差;
虚线—冷却速度低,冶金质量高)

a_1、a_2——次收缩 b_1、b_2—体积膨胀 c_1、c_2—二次收缩

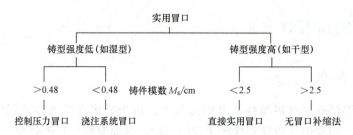

图 5-26 实用冒口种类及适用范围

现真空度,从而避免了缩孔、缩松缺陷。这种冒口又称为压力冒口。

对于一般湿型铸造,只有很薄的铸件,球墨铸铁件模数小于 0.48cm,灰铸铁件模数小于 0.75mm,才适宜采用直接实用冒口。为了避免铸件膨胀压力超过铸型的承压能力,而导致铸件胀大变形,产生缩松,要求采用干型、自硬型等高强度铸型。

(2) 冒口和冒口颈

1) 冒口体积。冒口体积比铸件所需补缩的铁液量要大些。特别要注意:冒口的有效体积是高于铸件最高点水平面的那部分冒口体积,只有这部分铁液才能对铸件进行补缩。

为了更好地发挥直接实用冒口的补缩作用,推荐采用大气压力冒口的形式,在冒口顶部放置大气压力砂芯或造型时做出锥顶砂。

2) 冒口颈。原则是:铸件液态收缩结束或共晶膨胀开始时刻,使冒口颈及时冻结。

(3) 用浇注系统当冒口 对于薄壁铸铁件,冒口颈很小,可用浇注系统兼起直接实用冒口的作用,内浇道依冒口颈计算,超过铸件最高点水平面的浇口杯和直浇道部分实质上就是冒口。由于湿型的承压能力所限,确定球墨铸铁件的模数小于等于 0.48cm 时,灰铸铁件模数小于 0.75mm 时,适宜采用浇注系统当冒口。

理论上,所有铸件都能用浇注系统当冒口,但当铸件较厚时把冒口和浇口分开,工艺出品率将提高。

(4) 直接实用冒口的优缺点

1) 主要优点:①铸件工艺出品率高;②冒口位置便于选择,冒口颈可很长;③冒口便于去除,花费少;

2) 主要缺点:①要求铸型强度高。模数超过 0.48cm 的球墨铸铁件,要求使用高强度铸型,如干型、自硬砂型和 V 法砂型等。②要求严格控制浇注温度范围 (±25℃)。保证冒口颈冻结时间准确。③对于形状复杂的多模数铸件,关键模数不易确定。为了验证冒口颈是否正确,需要进行试验。

如果生产条件较好,铸件形状简单,或铸件批量大,能克服上述缺点,则应用直接实用冒口能获得较大的经济效益。

2. 控制压力冒口

(1) 基本原理 控制压力冒口适于在湿型中铸造 (0.48cm<M_c<2.5cm) 的球墨铸铁件 (图 5-27)。安放冒口补给铸件的液态收缩,在共晶膨胀初期冒口颈畅通,可使铸件内部铁液回填冒口以释放"压力"。控制回填程度使铸件内建立适中的内压用来克服二次收缩缺陷——缩松。从而达到既无缩孔、缩松,又能避免铸件胀大变形。这种冒口又叫"释压冒口"。

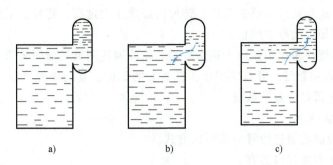

图 5-27 控制压力冒口示意图
a) 浇注完毕 b) 液态收缩 c) 膨胀回填

有三种控制方法：
1) 冒口颈适时冻结。
2) 用暗冒口的容积实现控制。暗冒口被回填满，即告终止。
3) 采用冒口颈尺寸和暗冒口容积的双重控制。
以上三种方法都有成功的实例，但比较起来，以第三种方法更经济可靠。

（2）冒口设计

1) 冒口和冒口颈。冒口模数 M_r 可依图 5-28 确定。试验表明，控制压力冒口的模数主要与铸件厚大部分的模数（M_s）和冶金质量有关。当冶金质量好时，取下限；反之，则应取上限；平常情况下，应依两条曲线的中间点决定冒口模数。

冒口应靠近铸件厚大部位安置，以暗冒口为宜。按确定的模数决定冒口尺寸，依冒口有效体积——高于铸件制高点水平面的冒口体积，大于铸件所需补缩体积（图 5-29）加以校核。采用短冒口颈。冒口颈的模数 M_n 依下式确定

$$M_n = 0.67 M_r \tag{5-33}$$

冒口颈的形状可选用圆形、正方形或矩形。

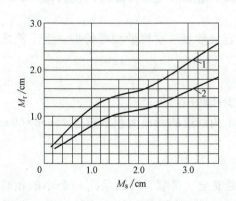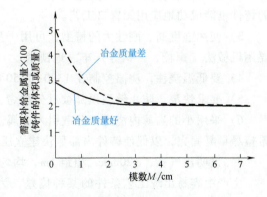

图 5-28 控制压力冒口模数和铸件关键模数的关系
1—冶金质量差 2—冶金质量好

图 5-29 需要补缩金属量和铸件模数的关系

2) 冒口的补缩距离。冒口的补缩距离与传统冒口的补缩概念不同。控制压力冒口的补缩距离，不是表明由冒口把铁液输送到铸件的凝固部位，而是表明由凝固部位向冒口回填铁液，能输送多大距离。该距离与铁液冶金质量和铸件模数密切相关。冶金质量好，模数大，

输送距离也大。输送距离达不到的部位，铸件内膨胀压力过高，将导致型壁塑性变形，使铸件胀大变形，内部却可能存在缩松。

灰铸铁与球墨铸铁相比更倾向于逐层凝固，铁液输送距离较球墨铸铁大。

3) 冒口的位置和数目。冒口应安放在模数大的部位。复杂铸件可依铁液输送距离和模数-体积份额图决定冒口位置及数目。

4) 其他注意事项。

① 尽量采用内浇道通过边冒口的引入方式。

② 采用大气压力暗冒口为宜。

③ 采用扁薄内浇道，长度至少为厚度的4倍。要求浇注后迅速凝固，促使冒口中快速形成大缩孔，以便容纳回填铁液。

④ 要求快速浇注。

⑤ 宜高温浇注。要求浇注温度为（1371～1427）℃±25℃；

⑥ 希望采用冶金质量好的铁液。

⑦ 适用于湿砂中铸件模数 $M_c=0.48\sim2.5\mathrm{cm}$ 的球墨铸铁件和 $M_c=0.75\sim2.0\mathrm{cm}$ 的灰铁件，要求铸型硬度应大于85。

3. 无冒口补缩法的应用条件

无冒口铸造是高效益的方法，只要球墨铸铁冶金质量高，铸件模数大，采用低温浇注和紧固的铸型，就能保证浇注型内的铁液，从一开始就膨胀，从而避免了收缩缺陷——缩孔的可能性，因而无需冒口。尽管以后的共晶膨胀率较小，但因为模数大，即铸件壁厚大，仍可以得到很高的膨胀内压（高达5MPa）。在坚固的铸型内，足以克服二次收缩缺陷。从现代观点看，球墨铸铁件的无冒口铸造是一种可靠的方法，应大力提倡。一般应满足下列应用条件：

1) 铁液的冶金质量好。

2) 球墨铸铁件的平均模数应大于2.5cm。当铁液冶金质量非常好时，模数比2.5cm小的铸件也能成功地应用无冒口工艺。

3) 使用强度高、刚性大的铸型，可用干型、自硬砂型、水泥砂型等铸型。上下箱之间要用机械法（螺栓、卡钩等）牢靠地锁紧。

4) 要低温浇注，浇温控制在1300～1350℃。

5) 要求快浇，防止铸型顶部被过分烘烤，减少膨胀的损失；

6) 采用小的扁薄内浇道，分散引入金属。每个内浇道的断面面积不超过15mm×60mm。希望尽早凝固完，以促使铸件内部尽快建立压力；

7) 设明出气孔，ϕ20mm，相距1m，均匀布置。

生产中容易出现工艺条件的某种偏差，为了更安全、可靠，可以采用一个小的顶暗冒口，质量可不超过浇注质量的2%，通常称为安全冒口。其作用仅是为弥补工艺条件的偏差，以防万一，当铁液呈轻微的液态收缩时可以补给，避免铸件上表面凹陷。在膨胀期内，它会被回填满。这仍属于无冒口补缩范畴。

5.5.3 铸铁件的均衡凝固技术

均衡凝固技术既强调用冒口进行补缩，又强调利用石墨化膨胀的自补缩作用。

1. 均衡凝固（Proportional Solidification）的定义

铸铁液冷却时产生体积收缩，凝固时因析出石墨又发生体积膨胀，膨胀可以抵消一部分收缩。均衡凝固技术就是利用收缩和膨胀的动态叠加，采取工艺措施，使单位时间的收缩与补缩、收缩与膨胀按比例进行的一种凝固原则，可以理解为有限的顺序凝固。

2. 均衡凝固的工艺原则

1) 铸铁（灰铸铁、球铁和蠕铁）件的体收缩率是不确定的。不仅与化学成分、浇注温度有关，还和铸件大小、结构、壁厚、铸型种类、浇注工艺方案有关。

2) 越是薄小件越要强调补缩。厚大件补缩要求低。

3) 铸铁件的冒口不必晚于铸件凝固，冒口模数可以小于铸件模数，应充分利用石墨化膨胀的自补缩条件。

4) 冒口不应放在铸件热节点上。要靠近热节以利于补缩，又要离开热节，以减少冒口对铸件的热干扰。这是均衡凝固的技术关键之一。

5) 开设浇冒口时，要避免在浇冒口和铸件接触处形成接触热节。

6) 推荐耳冒口、飞边冒口（图5-30）等冒口颈短、薄、宽的形式。

7) 铸件的厚壁热节应放在浇注位置的下部。如果铸件大平面处于上箱，可采用溢流冒口保证大平面的表面品质。

8) 采用冷铁，平衡壁厚差，消除热节。不仅能防止厚处热节的缩松，且可使石墨化膨胀提前，减小冒口尺寸，增强自补缩作用；

9) 优先采用顶注工艺。使先浇入的铁液尽快静止，尽早发生石墨化膨胀，以提高自补缩程度。避免切线引入，防止铁液在型内旋转，降低石墨化膨胀的自补缩利用程度。

3. 冒口设计基础

铸铁件体积收缩与膨胀的叠加原理如图5-31所示。P点称为均衡点，对应着铸件收缩值正好等于膨胀值的时间，此时表观收缩为零，即为冒口补缩的中止时间。

(1) 收缩时间分数 P_t P_t为铸铁件表观收缩时间AP与铸件凝固时间AC之比值，即

$$P_t = AP/AC$$

或

$$AP = P_t \cdot AC \tag{5-34}$$

在研究中，可用计算机对铸件进行数值计算，求得AC、AP及P_t值；也可用截颈法，即时截断冒口颈，中断对铸件补缩的方法来测定表观收缩时间AP。在生产中，则用观测冒口或浇口杯液面停止下降的时间来判定AP值。

(2) 收缩模数 M_P 定义为均衡点P对应的模数，即凝固时间为AP的铸件模数

$$M_P = f_2 M_c \tag{5-35}$$

式中，M_c为铸件模数；f_2为收缩模数系数，$f_2 = \sqrt{AP/AC} = \sqrt{P_t}$。

(3) 周界商 q 周界商即铸件形状系数，$q = V_c/M_c^3$。球体件具有最小的q值，$q_{min} = 113$；正方体的$q = 216$；大平板件$q = 8xy$（x为长厚比，y为宽厚比）。由此可见，薄壁的大平板件具有极大的q值。在模数等条件相同时，周界商大的铸件在单位时间、单位表面积的散热能力相对较大，这在某种程度上反映了铸铁件的自补缩能力。

(4) 铸铁件的补缩率 铸件从冒口和浇口中得到的补缩液液体体积与铸件、冒口体积之比称为补缩率F，即

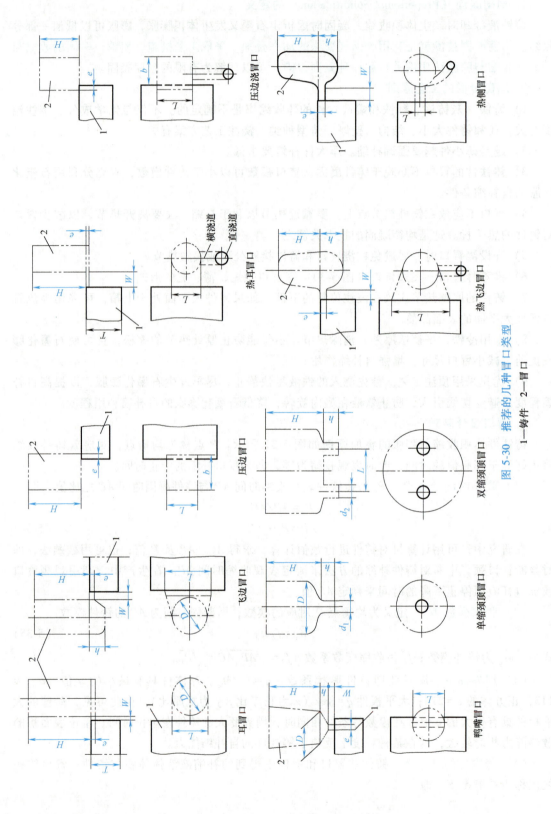

图 5-30 推荐的几种冒口类型
1—铸件 2—冒口

$$F = \frac{补缩液体体积}{铸件体积+冒口体积} \times 100\%$$
(5-36)

铸件的补缩率 F 和合金的体收缩率 ε_V 不同。ε_V 是在一定条件下,用特定的试样测定的。而铸件的补缩率不仅与 ε_V 有关,而且还与工艺条件、铸件结构密切相关。这些工艺条件有:浇注温度和时间、内浇道开设的位置、方向、大小、铸型的强度及热物理性能等。铸件的补缩体积,可以用滴定法、填砂法、称重法和排水法测定。

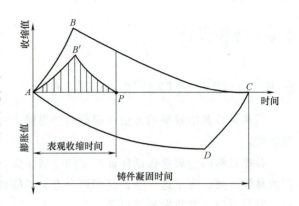

图 5-31 铸铁件的体积收缩值和
膨胀值叠加原理示意图
ABC—铸件的总收缩,为液态收缩和凝固收缩之和
ADC—铸件的石墨化膨胀
$AB'P$—膨胀与收缩相抵的净收缩,
称为表观收缩,是铸件表现出来的收缩值
P—均衡点

4. 冒口设计的收缩模数法

(1) 冒口模数
$$M_r = f_1 f_2 f_3 M_c$$
(5-37)

式中,M_r、M_c 为冒口、铸件的模数;f_1 为冒口平衡系数,为冒口原始模数与残余模数之比,取 $f_1 = 1.2$;f_2 为收缩模数系数,$f_2 = 0.25 \sim 0.85$,和铸件模数、质量、周界商有关;f_3 为安全系数,$f_3 = 1.1 \sim 1.5$。

(2) 冒口体积 V_r
$$V_r = \frac{V_c F}{\eta - F}$$
(5-38)

式中,V_r 为冒口体积;V_c 为铸件体积;F 为铸件补缩率(%);η 为冒口补缩效率(%),生产现场统计结果 η 平均值为 17%,一般 $\eta = 10\% \sim 30\%$,计算时取 $\eta = 10\% \sim 30\%$。

(3) 冒口颈模数 M_n 理论上 M_n 应等于铸铁件的收缩模数 M_P。但因采用短、薄、宽的冒口颈,考虑冒口和铸件对冒口颈凝固的热影响;铁液流经冒口颈时的流通热效应,冒口颈的凝固时间会延长,约为其几何模数所达到的凝固时间的 2~4 倍。因此有

$$M'_n = M_P = f_2 M_c = f' M_n$$
(5-39)

故
$$M_n = (f_2/f') M_c$$
(5-40)

式中,M'_n 为考虑流通热效应后的冒口颈模数;f' 为流通效应的模数增大系数,$f' = 1.4 \sim 2$,上限值用于压边冒口、冒口颈极短(1~3mm)的耳冒口和热飞边冒口。

5. 冒口设计的分段比例法

小件:$D = (1.2 \sim 2.0) T$

中件:$D = (1.0 \sim 1.2) T$

大件:$D = (0.6 \sim 1.0) T$

式中,D 为冒口直径或冒口内切圆直径;T 为铸件壁厚或热节圆直径。

对薄件和周界商大的铸件取用上限值;反之,则取下限值。

5.6 特种冒口

5.6.1 提高冒口补缩效率的方法

提高冒口补缩效率的方法一般沿两条思路去考虑：一是补给足够的金属液；二是强化补缩效果。

补缩足够的金属液包括保证一定的金属压头，以补充铸件金属液的收缩，关键是延长冒口的凝固时间。有了这一点，前面两个方面都能得到保证。延长冒口凝固时间可采用保温冒口、发热冒口、发热保温冒口等。

强化补缩，需确保有补缩通道并要求尽快补缩。铸件凝固时间不可能太长，要想加快补缩，只有加大补缩压力。加大补缩压力的方法有很多，如大气压力冒口、压缩空气冒口、气弹冒口等。

1. 保温冒口

保温冒口是用保温性能好的材料制成保温冒口套，置于冒口型腔中，并在冒口顶面覆盖保温板或松散保温粉粒。这样可大大延长冒口的凝固时间，从而提高冒口的补缩效率，减小冒口尺寸，减少金属液的损耗。

保温冒口为什么能够显著提高冒口的补缩效率，只要分析普通冒口和理想保温冒口的金属平衡图就能理解。

图 5-32 中 $G_冒$ 代表冒口金属质量，$\tau_件$、$\tau_冒$ 分别代表铸件及冒口凝固时间。冒口内 1~2 部分表示用于补偿铸件收缩的金属，2~3 部分是为了保持一定压头和防止缩孔及异物进入铸件的残留金属液余量，3~4 部分是冒口内已凝固的金属。通过比较，图 5-32 中的普通冒口和保温冒口金属分配情况可以看出，普通冒口 3~4 部分比例特别大，且这部分金属对于铸件并不直接起补缩作用，这就是普通冒口补缩效率不高的原因。保温冒口的作用就是把 3~4 部分的金属消耗减少到最低限度。理想的保温冒口要在铸件凝固期内金属液完全处于液态，使 3~4 部分趋近于零。

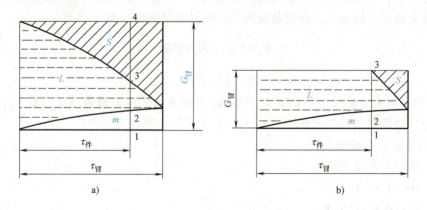

图 5-32 普通冒口和保温冒口金属平衡示意图
a）普通冒口 b）保温冒口
L—液态 S—固态 m—用于补缩铸件的金属

保温冒口的金属利用率与保温材料的保温性能有关。保温性能越好，冒口凝固时间越长，冒口的金属利用率就越高。可制作保温冒口的保温材料有：

（1）纤维类保温材料　常用的有矿渣棉和陶瓷棉。矿渣棉是把高炉炉渣或冲天炉炉渣熔化后用高压气体吹成的絮状材料，矿棉中 Al_2O_3 的含量较低（大约 3%～20%），保温性能好，但因高温时卷曲收缩大，一般仅用于 500～850℃ 的工作温度。

陶瓷棉是用普通陶瓷（或电熔刚玉）制成的絮状纤维，其中 Al_2O_3 含量一般高于 40%，耐热性能好，可在 850～1250℃ 使用，但成本较矿棉贵。适用于铝、镁合金铸件的陶瓷棉保温套。

纤维类保温材料制作保温套一般用木质纤维素作黏结剂，制作工艺比较简单，但劳动条件较差。陶瓷棉具有很好的保温性能，其蓄热系数约为湿砂型的 1/6。据有关资料报道，在 Al-4.5%Cu 合金板状铸件上应用陶瓷棉保温冒口后，与使用普通冒口相比，冒口体积比普通冒口小 4 倍，铸件实收率提高了 25%。

（2）空心珠体保温材料　常用的有膨胀珍珠岩和粉煤灰空心微珠两种。膨胀珍珠岩是由含硅土的酸性火成岩矿石粉碎后在 880～1100℃ 焙烧而成。由于矿石中的水分汽化，细粒矿石膨胀变成空心的珠体，称作膨胀珍珠岩。膨胀珍珠岩耐火度较低，一般在 850℃ 以下使用。膨胀珍珠岩保温性能良好，其蓄热系数仅为湿砂型的 1/5。其材料来源较广，价格便宜，制作冒口套的成形工艺简单（与制造砂芯相仿）。用膨胀珍珠岩制作冒口套时常用水玻璃作黏结剂，其劳动条件较好，在铝、镁合金铸造生产中应用会有明显的效果。

粉煤灰空心微珠是由煤灰高温熔融后骤冷形成的玻璃质球。根据其容重大小，一般分为两类：能漂浮于水面的称漂珠和半浮于水中及沉于水底的称微珠，这两类通称为空心微珠。空心微珠是比较理想的保温材料，颗粒细小、容重低（自然堆集密度 0.34～0.38g/cm³），热导率极小（常温为 454J/m·h·℃），保温性能良好，是当前应用较多的保温材料。

铸钢件的生产中也常用蛭石，大孔陶粒作保温材料来制作冒口套，保温效果也很好。

保温冒口套的厚度和尺寸的设计是否合理对保温效果影响很大。设计保温冒口套时，保温冒口的模数可依下式计算

$$M_E = \frac{M_r}{E} = \frac{1.2M_c}{E} \tag{5-41}$$

式中，M_E、M_r、M_c 分别为保温冒口模数、普通冒口模数、铸件模数；E 为保温冒口的模数增大系数。

E 可用实验测定。基原理为：当其他条件相同时，在同一铸型内制作相同几何尺寸的保温冒口和普遍冒口各一个。浇注后分别测出两个冒口的凝固时间 τ_E 和 τ。根据 Chvorinov 公式有

$$E = \frac{\sqrt{\tau_E}}{\sqrt{\tau}} \tag{5-42}$$

求出保温冒口模数 M_E 后，即可按前述方式确定保温冒口的尺寸。

2. 发热冒口

发热冒口就是用发热保温材料做成一个发热保温套来代替冒口周围的型砂，构成型腔内表面，浇注后发热套剧烈发热，使冒口内合金液温度提高，凝固时间延长，故称发热冒口。

图 5-33a 为发热明冒口，在合金液面上要撒保温剂，防止冒口顶面散热过快。图 5-33b 为发热暗冒口，它比发热明冒口的补缩效率更高。

发热冒口主要应用于铸钢件的生产。它的发热材料由发热剂、保温剂和黏结剂三部分组成。其尺寸可比一般冒口小 2~4 倍，工艺实收率可达 80%，多用于中小型铸钢件。

发热剂多采用铝粉、硅铁粉、氧化铁皮，而用木屑和木炭作保温剂。在金属液的热作用下，当发热剂的温度超过 1250℃ 时，铝和硅都可以激烈氧化而放出大量的热。化学反应生成物的温度超过 3000℃，生成物呈熔融

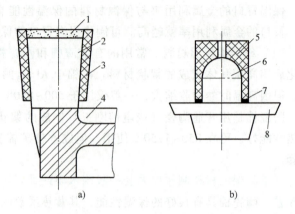

图 5-33 发热冒口
1—保温剂 2—明冒口 3、5—发热套
4、8—铸件 6—暗冒口 7—砂圈

状态成渣子浮在金属液面上，金属液被剧烈加热，温度升高，延长了冒口内金属液的凝固时间，大大提高了补缩效率。发热剂在 1250℃ 时反应如下：

$$8Al+3Fe_3O_4=4Al_2O_3+9Fe+3240kJ$$

$$2Al+Fe_2O_3=Al_2O_3+2Fe+837kJ$$

$$2Si+Fe_3O_4=2SiO_2+3Fe+557kJ$$

$$3Si+2Fe_2O_3=3SiO_2+4Fe+1377kJ$$

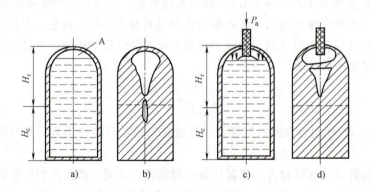

图 5-34 自重压力冒口与大气压力冒口
A—真空 H_r—暗冒口高度 H_c—铸件高度

3. 大气压力冒口

一般暗冒口结成外壳后，由于大多数合金液态收缩速度大于固态收缩，因此冒口内液面下降而在壳顶的下面形成真空区 A（图 5-34a）。这时往往依靠冒口中金属液柱的自重压力来补缩，因此称作"自重压力"冒口。当然由于金属凝固时会析出一些气体，壳顶此时并不致密，也会抽吸入一些空气，因此壳顶下即将形成的缩孔中还不是绝对的真空，尚有些气

体,但压力总是小于大气压力。这种冒口不能获得很致密的铸件,而且缩孔有侵入铸件中的危险(图 5-34b)。随着铸件的凝固,冒口内液态金属的高度下降,最后为零。所以在补缩过程中自重压力越来越小,金属液难以克服枝晶阻力补缩,从而不能获得致密铸件。所以在生产上应尽量避免采用这种"自重压力"暗冒口。同样,当明冒口未撒保温剂,顶面很快结壳,使金属液与大气隔绝时,也会形成这种"自重压力"冒口。

为了避免这种情况,可以在暗冒口顶上插一个细的型芯,将其伸到冒口最热的区域中。一般型芯中应扎出细孔。由于小型芯被金属液剧烈加热,因此型芯上不会结壳。当壳顶下出现空间时,外面空气就可以通过型芯中细孔以及砂粒间的空隙进入冒口中。这时冒口除靠自重压力外还有大气压力来进行补缩,因此称为"大气压力冒口"(图 5-34c、d),它的补缩效果就较好。

一般侧暗冒口由于有形成"自重压力"冒口倾向,因此它就不能放在铸件下部,否则由于铸件的金属液柱高,液态静压力大,有可能造成铸件来"补缩"冒口的情形,如图 5-35a 所示。所以在这种情况下最好应用"大气压力"侧暗冒口。铸件顶面可以高出冒口顶面之值,即容许超高 H 的值按下式计算:

$$H \cdot \rho_{金} \leqslant 1\text{atm} = 760 \cdot \rho_{Hg}$$

故
$$H \leqslant 760 \frac{\rho_{Hg}}{\rho_{金}} \tag{5-43}$$

式中,ρ_{Hg} 为水银密度,13.6g/cm^3;$\rho_{金}$ 为金属液密度,对于钢,$\rho = 7.8\text{g/cm}^3$;H 为铸件允许超高,对于钢,$H = 1325\text{mm}$。

因此对铸钢件理论上的容许超高 H 可达 1.32m。实际上并不允许超出这么多,因为还要考虑晶间阻力、压头损耗等,实际上 H 约为 215mm。

应该指出,这种从下向上补缩铸件的方式,适用于铸钢这种顶部结壳的金属。像灰铸铁结壳慢,当冒口顶面还未与大气压力隔绝前,就已经开始液态收缩,这种"大气压力"侧暗冒口就不起作用,仍然会产生铸件"补缩"冒口的现象。

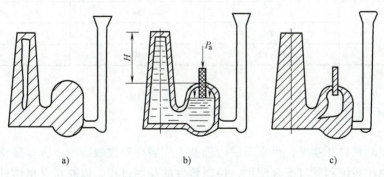

图 5-35 自重压力侧暗冒口与大气压力侧暗冒口比较
a)侧暗冒口 b)大气压力冒口 c)大气压力冒口凝固后

5.6.2 易割冒口

为便于铸钢件去除冒口,节省去除冒口劳动量,生产中常在冒口根部放置由耐火材料或油砂芯制成的冒口隔片,以形成冒口根部的缩颈,这种冒口叫做易割冒口,如图 5-36 所示。

这对于一些不能用机械方法切除而用气割又容易产生裂纹的高合金钢铸件（如高锰钢）具有特别重要意义。

易割冒口缩颈很小，合金液易于在此凝固而堵塞补缩通道，故合理地确定隔片缩颈直径大小和厚度是关键。在保证足够强度的前提下，隔片越薄越好。此外，在可能的条件下，尽量使内浇口设在隔片上方，让合金液通过隔片和缩颈进入型腔，以延缓缩颈处的凝固时间。

隔片通常用15%白泥（质量分数，后同），60%耐火泥，10%膨润土，15%耐火砖粉，外加12%的水配制而成。制成的隔片要经自然干燥24h后，再在1000～1100℃焙烧2～3h即可使用。

易割冒口尺寸可按以下关系确定：

1) 当铸件被补缩部分延续长度大于$8d$时，$D_r=(2\sim 2.5)d$。

2) 当铸件被补缩部分延续长度小于$8d$时，$D_r=(1.5\sim 1.8)d$。

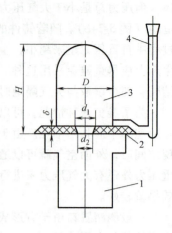

图 5-36　易割冒口示意图
1—铸件　2—隔片
3—暗冒口　4—浇口

3) 冒口高度：若为明冒口，$H_r=(1.5\sim 1.7)D_r$；若为暗冒口，$H_r=(2.0\sim 2.2)D_r$。

4) 冒口缩颈d_1和d_2以及隔片厚度与冒口直径D_r间的关系见表5-6。

研究结果表明，隔片孔（冒口缩颈孔）形状采用六角星等形状，效果更佳。

表 5-6　易割冒口缩颈、隔片厚度与冒口直径的关系　　　（单位：mm）

冒口直径 D	隔片厚度 δ	缩颈孔直径	
		小端 d_2	大端 d_1
80	6	25	30
100	7	30	34
120	7	34	40
150	8	34	40
180	10～12	40	46

5.7　冷铁及铸筋

为增加铸件局部冷却速度，可在型腔内部及工作表面安放激冷物，称作冷铁。铸造生产中常将冷铁、浇注系统和冒口配合使用，控制铸件的凝固过程，以获得合格铸件。

冷铁分为内冷铁和外冷铁两种。将金属激冷物插入铸件型腔中需要激冷的部位，使合金激冷并同铸件熔为一体，这种金属激冷物称为内冷铁，内冷铁主要用于黑色金属厚大铸件（如锤座、锤砧等）。外冷铁又分为直接外冷铁和间接外冷铁两类。直接外冷铁是只与铸件的部分内外表面接触而不熔接在一起的金属激冷物，实际上它成为铸型或型芯的部分型腔表面。航空工业常用的铸造铝镁合金，其大部分结晶温度间隔较大，合金密度较小，缩裂、缩松等倾向比较严重，生产中大量使用直接外冷铁来排除铸件的缩松等缺陷。间接外冷铁同被激冷铸件之间有 10~15mm 厚的砂层相隔,故又称隔砂冷铁和暗冷铁。间接外冷铁激冷作用弱,应用较少,本书主要讨论直接外冷铁。

5.7.1 冷铁的作用

冷铁的作用分为以下几个方面。

1. 与浇注系统和冒口配合控制铸件的凝固次序

铸件的缩孔、缩松、热裂等铸造缺陷,大多是在铸件凝固过程中产生的。为了获得合格铸件,必须根据铸件结构特点,确定正确的凝固次序,并控制铸件按此次序进行凝固。

(1) 形成凝固次序　铝、镁合金铸件常要求铸件按顺序凝固的方式进行凝固,以得到冒口的及时补缩,获得内部组织比较致密的铸件。但是,有时铸件结构本身难以形成顺序凝固,会在铸件内部出现缩松缺陷。如图 5-37 所示的减速机匣铸件,其底部环形安装边厚为 16mm,金属液流从侧部开设的内浇道引入,未放冷铁时,底部安装边为同时凝固,底部产生缩松缺陷。后来按顺序凝固的原则,在远离内浇道处放置冷铁,使铸件底部的凝固从远离浇道处向着内浇道方向进行,从而得到横浇道(尺寸较大)的补缩,消除了缩松缺陷。

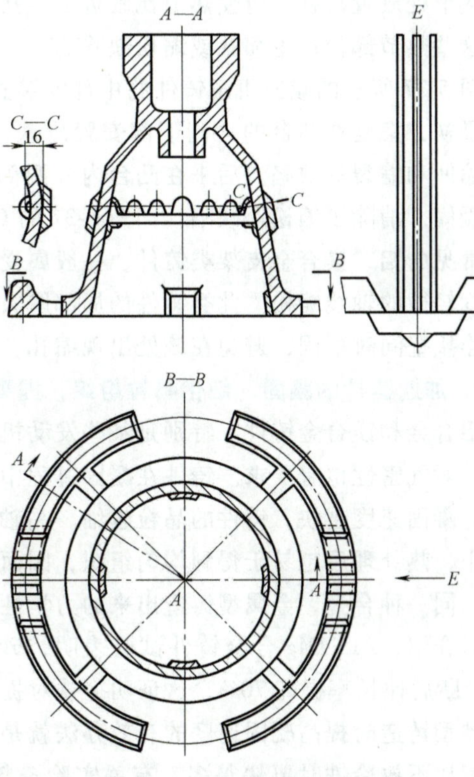

(2) 改变铸件的凝固次序,使之顺序凝固　常见的铝、镁合金铸件为图 5-38 所示的壳体类铸件(机匣等)。此类铸件两端常有安装边或凸台,壁厚较大,而中间部位连接壁较薄。根据铸件结构及浇注系统、冒口的设置情况,铸件中间部位最早凝固,下端法兰次之,上部厚大部位最后凝固。显然按这样的凝固次序,下端法兰的凝固将得不到上部冒口的补缩,在下部法兰边和转角处将会产生缩松。如果在下部法兰的底部设置尺寸足够大的冷铁,借助冷铁的激冷作用,改变原来的凝固次序,则下部法兰首先凝固,中部连接壁次之,上部法兰最后凝固。这种自下而上的顺序凝固,使铸件凝固时得到充分补缩,从而消除下部法兰处的缩松缺陷。

(3) 增大凝固过程的温度梯度,使凝固次序更加明显　铝、镁合金大部分都有较大的结晶温度间隔,如 ZM5(127℃)、ZL301(180℃)等。这些合金铸件在凝固时,凝固区宽度较大,补缩性能很差。即使有较大的冒口,铸件凝固时也是顺序凝固,

图 5-37　减速机匣的冷铁设置方案

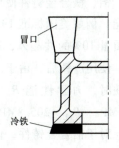

图 5-38　壳体类铸件的冷铁设置方案

但凝固次序不明显，凝固过程中温度梯度不够大，补缩通道不够畅通，凝固后仍会出现缩松缺陷。

对于这种情况，在铸件端部放冷铁，会加强铸件向着冒口方向的凝固次序，增大铸件凝固时的温度梯度，增强冒口的补缩作用。

(4) 加快铸件局部厚大部位的凝固速度，使之与周围部分同时凝固　由于使用上的需要，铸件上常有局部厚大部位，如凸台、法兰等。在凝固时，这些部位由于壁厚较大，往往比周围的连接壁凝固得晚，得不到足够的液态金属补缩，产生缩孔、缩松或热裂纹。在这些局部热节处放置冷铁，可使热节比临近的连接壁早凝固，或与周围的连接壁同时凝固，以防止在这些热节部位产生缩孔或缩松缺陷。

图 5-37 所示的减速机匣铸件的中部安装边有较多的凸台。每一个凸台都是一个小的热节。最初方案是在凸台的内侧下部安置冷铁，由于激冷作用不够，在凸台外侧经常出现缩松、缩凹和缩裂等缺陷。后来在凸台内外两侧均放置厚度为 5mm 的冷铁，使凸台与匣体壁同时凝固，消除了缩松等缺陷，如图 5-37 的 C-C 局部剖视图。

常见的铝、镁合金支架类铸件，一般属受力件，但往往对气密性要求不高，允许其中存在程度轻微的轴线缩松。此类铸件的局部厚大部位，一般常用尺寸合适的冷铁激冷，使之与周围连接壁同时凝固，避免在该处出现缩孔，影响铸件的使用。

2. 加速铸件的凝固，细化晶粒组织，提高铸件的力学性能

铝合金和镁合金铸件，特别是某些发动机铸件，往往要求整个铸件或局部有很高的力学性能，对气密性也有要求。铸件在凝固过程中不仅要有较大的温度梯度，还要求较快的凝固速度。凝固速度越快，铸件的晶粒越细，晶轴之间的次生相、缩松、气孔和夹杂也越弥散，越细小，热处理后越易于得到均匀组织，因而无论是铸态，还是热处理状态都有较高的力学性能。同一种合金，金属型铸造出来的力学性能比砂型铸造出来的高，就是这个道理。据有关资料介绍，AlSi7Mg 合金铸件试验表明，砂型铸造使用正确设计的冷铁，抗拉强度提高 50%，断后伸长率提高 70%，这证明冷铁对提高合金塑性的效果特别显著。

砂型铸造时提高凝固速度的有效办法就是放置冷铁，尤其是放置冷铁的板件端部，其凝固速度比不放冷铁时要快得多。有关实验资料认为，使用冷铁后凝固速度比湿态砂型提高 1.6 倍，比干砂型提高 1.7 倍。

铝、镁合金铸件使用冷铁后可使晶界上的金属夹杂物和杂质呈弥散分布，从而提高力学性能。例如美国标准 195 合金（相当于我国的 ZL203），糊状凝固方式时，在晶界上大约有占质量 10% 的共晶体，这种共晶体含有 33% 的 $CuAl_2$ 脆性化合物，使合金力学性能大大降低。使用冷铁后，由于冷却速度加快，有利于 $CuAl_2$ 呈较大的弥散析出。195 合金在未使用冷铁时，力学性能 R_m = 254.8MPa，R_{eL} = 171.5MPa，A = 3%，而使用冷铁之后，R_m = 392MPa，R_{eL} = 205.8MPa，A = 18%。对比证明，使用冷铁后力学性能大大提高。

对于铝合金铸件，使用冷铁还可降低其针孔度。因为铝铸件的厚大部位在砂型冷却的条件下，由于凝固速度慢，合金中的氢易于在晶界间析出而形成针孔。放置冷铁后，由于冷铁的激冷作用，凝固速度加快，氢将饱和于晶粒内而来不及析出，从而降低铸件的针孔度。例如，某铝铸件的厚大部位约为 40mm，薄壁处为 10mm 左右，在厚大部位放冷铁后，针孔度大大降低，低倍组织观察针孔度为 1~2 级，而未放冷铁的较薄部位，针孔度却高达 3~4 级。

5.7.2 冷铁材料

可以制作冷铁的材料很多，凡是比砂型材料的热导率、蓄热系数大的金属和非金属材料均可选用。生产中常用的冷铁材料有铸铁、铝合金、石墨和铜合金等，各种冷铁材料的热物理性能见表5-7。

表5-7 各种冷铁材料的热物理性能

材料种类 \ 热性能	温度/℃	密度 ρ/(kg/m³)	比热容 c/(J/kg·℃)	热导率 λ/(W/m·℃)	蓄热系数 b/(J/m²·℃·s$^{1/2}$)	导温系数 a/(m²/s)
铜	20	8930	385.2	392	3.67×10⁴	1.14×10⁻⁴
铝	300	2680	941.9	273.8	2.52×10⁴	1.1×10⁻⁴
铸铁	20	7200	669.9	37.2	1.34×10⁴	7.78×10⁻⁶
钢	20	7850	460.5	46.5	1.3×10⁴	1.28×10⁻⁵
钢	1200	7500	669.9	31.5	1.26×10⁴	6.3×10⁻⁶
人造石墨	—	1560	1356.5	112.8	1.55×10⁴	—
镁砂	1000	3100	1088.6	3.5	3.44×10³	1.03×10⁻⁶

从表5-7中可以看出，铸铁冷铁的蓄热系数较大，可以吸收较多的热量，有比较强的激冷能力。铸铁冷铁制作方便、成本低廉，在铝、镁合金铸造生产中得到广泛应用，尤其在铸件底部或末端以加强铸件的凝固次序时，一般用铸铁冷铁。但是，铸铁的热导率比较小，激冷速度比较慢，对于局部小的热节，要求激冷速度快时，使用铸铁冷铁，效果较差。

钢冷铁的激冷能力与铸铁相似，对于一些形状比较规则的矩形、圆形冷铁，常用型材直接加工制作。铸钢件生产中由于浇注温度高，大都使用钢冷铁。

铝质冷铁热导率比铸铁大，激冷速度快。一般工厂中，铝冷铁都在本车间生产，制造方便，成本低，周期短，应用广泛，尤其对要求快速激冷的局部热节，常用铝冷铁。由于铝冷铁制备容易，所以铸件的理论型面、转角处放置的成形冷铁一般都用铝制冷铁。但是铝冷铁熔点较低，所以在受金属液包围，热量不易扩散的部位尽量不使用，以免将冷铁和铸件熔焊在一起。铝的热容量比较小，所以在冷铁体积相同的情况下，其激冷能力比铸铁低，对于热节较大部位应使用铸铁冷铁。铝冷铁使用次数增多时，激冷效应会逐渐降低。这是由于铝冷铁在反复使用后，表面氧化和腐蚀，生成一层热导率比铝低几十倍的疏松氧化膜，造成很大的热阻而使激冷效果急剧下降。所以铝冷铁最好经过阳极化处理，使用过程中妥善维护、保管，并经常检查表面质量。

对石墨冷铁的激冷作用众说不一，这是由于不同种类石墨的晶体结构有很大差别，激冷效果也相差很大。石墨强度低，易于损坏，所制冷铁难以反复使用。

从表5-7可看出，铜冷铁的热导率和热容量都比较大，激冷作用很强。在金属型铸造中铜冷铁常用于某些要求迅速激冷的部位，以控制铸件的凝固次序。但铜合金价格贵，材料比较短缺，在砂型铸造中较少使用。

5.7.3 冷铁的设计

冷铁的设计是铸造工艺设计的一个重要组成部分，它对获得合格、优质铸件起着很大的作用。设计冷铁的主要内容是确定冷铁放置的位置、冷铁的形状和尺寸。

1. 冷铁安放位置的确定

冷铁能否充分发挥作用,关键在于安放的位置是否合理。确定冷铁在铸型中的位置,主要取决于要求冷铁所起的作用以及铸件的结构、形状,同时还需考虑冒口和浇注系统的位置。

(1) 冷铁所起作用的分析　确定冷铁在铸型中的位置,必须弄清要求该冷铁所起的作用。需要自下而上顺序凝固的铸件,一般将冷铁放在铸型的下部。即使铸件底部不是很厚大,为了加强铸件自下而上的顺序凝固次序,增加凝固过程的温度梯度,也在铸型底部放置冷铁。如图 5-39 所示的壳体铸件,其上下壁厚基本均匀,但为了加强顺序凝固,仍在铸型底部放置冷铁。

对于铸件上的某些局部热节,为使其早凝固或整个铸件同时凝固,冷铁自然应放于热节部位,或热节附近,如图 5-40 所示。

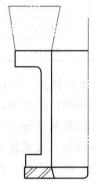

图 5-39　加强顺序凝固时冷铁的位置

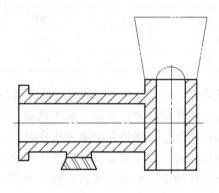

图 5-40　局部热节处的冷铁

结晶温度间隔宽的合金,常在转角处产生热裂和缩松,若在转角处设置冷铁,对防止热裂有明显的作用。

(2) 铸件结构的分析　为了确定冷铁的安放位置,必须先分析该铸件的结构特点,找出其厚大的部位。在不宜安放冒口的厚大部位一般均应放置冷铁。在分析铸件结构时,还应考虑浇注系统,冒口等的影响。有些部位从结构上看不算厚大,但由于大量合金液由此经过,如靠近内浇道处,或被金属液所包围的型芯部位,散热条件很差,也应放置冷铁。相反,铸件某些部位虽然比较厚大,但若该处散热条件极好,或距冒口很近,易于得到充分补缩,也可以不放冷铁。

壁厚较大的镁合金平板类铸件,水平浇注时,由于水平面积较大,易于燃烧,在铸件底部放置冷铁,可以减少铸件的燃烧缺陷。但对于薄壁平板件,则尽量少用或不用冷铁,即使非用不可时,也不应在大面积上使用冷铁,避免铸件产生浇不足缺陷。

(3) 与冒口配合使用　由于冷铁没有补缩作用,铸件和热节的补缩仍由冒口供给,所以冷铁位置的确定应和冒口的位置同时考虑。冷铁应与冒口有一定的距离,使铸件凝固时沿着从安放冷铁部位向冒口方向顺序凝固,有人称冷铁与冒口之间的距离为冷铁的作用距离。冷铁作用距离与冷铁材料的热物理性能、铸件的合金种类及壁厚尺寸有关。合金结晶温度间隔越宽,铸件壁厚越小,铸件技术要求越高,冷铁与冒口之间距离应相应缩小。实际生产中此距离究竟如何选定,由于铸件种类很多,生产条件差别很大,还缺少大家公认的参考数据。对于不同种类的铸件,可参照冒口中冒口有效补缩距离的有关经验数据,根据铸件的实际结构和技术要求予以选定。厚大部位放置冷铁时,必须考虑该部位是否能得到冒口的补缩。冷铁距冒口过远或补缩通道过早被堵塞,得不到液态金属的补缩时,即使放置冷铁也不能消除铸件的缩松,只不过使缩松缺陷移向别处而已。

(4) 浇注系统及引入位置的影响 选择冷铁安放位置时,还要考虑浇注系统及引入位置对铸件温度分布和冷铁作用的影响。采用底注式浇注系统时,一般均在铸件底部放置冷铁。采用缝隙式浇注系统时,除在铸件底部放置冷铁外,还应在远离缝隙处(两个立缝之间)放置冷铁,增大立筒的横向补缩作用。由于流路影响过热,在缝隙附近有时也会出现轻微缩松和裂纹,一般用增大缝隙厚度以增强立筒的补缩能力来解决,尽量不用冷铁,避免由于冷铁的激冷作用,使隙缝处先冷而破坏顺序凝固的次序,或者使缩松移位,并产生新的缩裂缺陷。图 5-41 所示的镁合金铸件,壁厚为 5mm,隙缝厚度为 6mm,在隙缝处产生缩松缺陷,在隙缝对面放置冷铁后,却在冷铁边缘出现热裂纹。后来增加隙缝厚度,并在隙缝对面开冷却筋后,缩松被排除。确需在缝隙处放置冷铁时,应严格控制冷铁尺寸,并精心设计冷铁的形状。

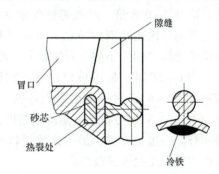

图 5-41 缝隙附近放冷铁示意图

铝、镁合金铸件采用底注式浇注系统时,若内浇道流量过大,在内浇道附近会因局部过热产生缩松缺陷。排除这种缺陷的有效途径是分散开设内浇道,减少热量集中,应尽量避免在内浇道下面放置冷铁。因为大量液流从冷铁上面流过,会使合金温度急剧降低,容易产生铸件冷隔和浇不足缺陷。必须设置冷铁时,也应放在内浇道的对面位置。

2. 冷铁形状的确定

冷铁的形状取决于使用冷铁部位铸件的形状和冷铁所应起的作用。常用冷铁分为成形冷铁和平面冷铁两类,其形状如图 5-42 所示。在铸件理论型面及转角处一般使用成形冷铁,冷铁的形状应与放置冷铁的铸件形状相符合。在铸件底部、端部和平面部分,常放置平面冷铁。实际生产中常使用长方形、圆形、方形的冷铁。其厚度一般为 10mm、12mm、15mm、20mm、30mm。也常制出一批长、宽尺寸不同,直径不同的标准冷铁供生产中选用。这样有利于管理、有利于缩短试制和生产周期。

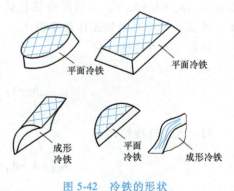

图 5-42 冷铁的形状

3. 冷铁尺寸的确定

(1) 冷铁的厚度 确定冷铁的尺寸主要是确定冷铁的厚度。虽然已有人提出了根据铸件凝固时的热分析或冷铁的激冷能力来计算冷铁厚度的方法,但与实际应用仍存在着较大的差距。目前生产中是根据冷铁的作用和冷铁处铸件热节的大小来确定冷铁的厚度。

为了实现和加强铸件的顺序凝固以提高冒口的补缩效率而设置的冷铁，特别是冷铁置于铸件底部或末端时，冷铁的厚度可选大一些：对铝镁合金铸件，采用铸铁冷铁时，冷铁厚度一般为铸件厚度的1~1.2倍，采用铝冷铁时，冷铁厚度为铸件厚度的1.2~1.5倍。冷铁的激冷效应随冷铁厚度的增加而增加。但到一定厚度后，激冷效应就不再增加了，因而不能无限制地增大冷铁厚度。

在铸件局部热节处安置冷铁，要求热节处和邻近连接壁同时凝固时，该冷铁的厚度应有严格的要求。对铝镁合金铸件，一般取热节处厚度的0.8~1.9倍，对铸钢件，取0.3~0.8倍，对灰铸铁件取0.25~0.5倍。至于采用单面冷铁还是双面冷铁，可根据热节处的厚度t与连接壁壁厚T的大小按下列经验公式确定（图5-43）。

当$t \leq 2T$时，采用单面冷铁，如图5-43a所示。当$2T \leq t \leq (3~4)T$时，采用双面冷铁，如图5-43b所示。当$t > 4T$时，只用冷铁已不能消除缩松，必须采用冒口补缩才行。一边放冷铁，另一边放冒口或暗冒口，将冒口和冷铁配合使用效果最好。

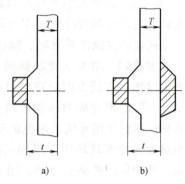

图5-43 单面冷铁和双面冷铁的应用

（2）冷铁的工作表面积　冷铁有一定的激冷面积，对铸件的大平面，尤其是铸钢件大平面不宜放置壁厚不变的大块冷铁。在大型铸钢件的厚壁平面上常散布若干小块冷铁来组成冷铁组，这样常要计算一个冷铁能激冷多大面积，即要计算冷铁的工作表面积。

设在铸件底面和内侧面的外冷铁，在重力和铸件收缩力的作用下同铸件表面紧密接触，称为无气隙外冷铁；设在铸件顶部和外侧的冷铁属于有气隙外冷铁。对于铸钢件，无气隙外冷铁的激冷效果，相当于在原有砂型的散热表面上，净增了两倍的冷铁工作表面积（$A_s = A_0 + 2A_{c1}$）；有气隙外冷铁的效果，相当于在原有的砂型散热面积上净增了一倍的冷铁工作表面积（$A_s = A_0 + A_{c2}$）。应用外冷铁使铸件凝固时间缩短，相当于使铸件模数由M_0减小为M_1，由此可导出外冷铁工作表面积A_c。

对无气隙外冷铁，有

$$A_{c1} = \frac{A_s - A_0}{2} = \frac{\frac{V_0}{M_1} - \frac{V_0}{M_0}}{2} = \frac{V_0(M_0 - M_1)}{2M_0 M_1} \tag{5-44}$$

对有气隙外冷铁，有

$$A_{c2} = A_s - A_0 = \frac{V_0}{M_1} - \frac{V_0}{M_0} = \frac{V_0(M_0 - M_1)}{M_0 M_1} \tag{5-45}$$

式中，V_0为铸件被激冷处的体积；A_c为冷铁工作表面积；A_s为砂型等效面积；A_0为铸件表面积；M_0为铸件原模数；M_1为使用冷铁后铸件的等效模数，$M_1 = \frac{V_0}{A_s} = \frac{V_0}{A_0 + A_{c2} + 2A_{c1}}$；其中，$A_{c1}$、$A_{c2}$分别为无气隙、有气隙冷铁工作面积。

铸造设计人员可依工艺需要确定M_1的大小，然后利用式（5-44）、式（5-45）计算出外冷铁的工作表面积。当实现同时凝固时，M_1等于热节四周薄壁部分的模数；实现顺序凝固时，$M_1 = (0.83~0.91)M_P$，M_P是热节旁补缩壁的模数。经验证明，只有在满足$M_P \geq$

$0.67M_0$ 的条件下，才能用外冷铁消除热节的影响。

(3) 转角处冷铁的尺寸　为了防止铸件转角处产生热裂或缩松而安置的冷铁，对冷铁尺寸要求不是很严格，但冷铁形状应与铸件圆角贴切，防止形成尖砂的型砂棱角，以避免合箱时掉砂，如图 5-44 所示。

L 形和 T 形连接壁的热节圆直径（d_y）随着内圆半径的增大而增大，为消除该处的内部缩松，设计冷铁时应保证热节与补缩通道相连。此时，对冷铁尺寸的要求较高，如图 5-45a、b

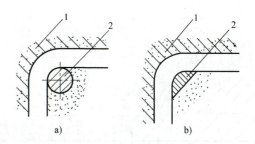

图 5-44　防止冷铁边缘形成尖砂的示例
a) 不正确　b) 正确
1—铸型　2—冷铁

所示，由于冷铁弧面过大，使热节两端较早凝固，堵塞了补缩通道，使热节最后凝固而产生缩松（图 5-45a）。实践证明，对于 L 形连接，冷铁弧面设计成内圆角弧长的 3/4，结果良好，热节处就没有缩孔和缩松（图 5-45b）。对于 T 形连接，由于热节圆直径大，形成缩孔和缩松倾向就大，特别当连接处圆角半径较大时更为严重（图 5-45c）。此时，只采用底部平面冷铁还不足以完全消除缩松，必须在两内圆角处设置成形冷铁，冷铁的弧长一般控制在内圆角弧长的 1/3～1/2 范围内（图 5-45d）。

各种冷铁的尺寸一般不宜过大，长度尺寸不大于 200mm。冷铁尺寸过大，反复使用后会出现变形，既降低了冷铁的激冷作用，又影响铸件尺寸精度。较长或面积较大的冷铁，应分块使用，冷铁与冷铁之间应留有间隙。

冷铁之间的间隙一般为 3～5mm。间隙过小，造型时间隙中的型砂不紧实，合箱时易掉砂，并易钻入金属液，形成披缝，阻碍铸件收缩而造成热裂缺陷。间隙过大，在间隙处易形成热节，出现缩松和缩裂缺陷。

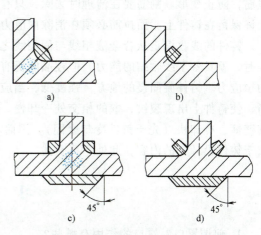

图 5-45　L 形和 T 形接头热节处冷铁的设置情况

冷铁的形状，除了应符合铸件激冷处的型面以外，还应将其厚度逐步向边缘处减薄（图 5-46b），使激冷作用缓和过渡。否则，在冷铁边缘处的铸件上很容易产生热裂。这种细微裂纹，有时肉眼不易发现。这一现象可用热裂形成的机理来解释。热裂是在铸件中有较大收缩应力，而表层又刚形成结晶骨架的地方，（图 5-46a 中冷铁端面附近），当结晶骨架被拉长的变形量超过了晶体间液膜能承受的拉长变形量时，将导致裂纹。当冷铁边缘逐渐减薄时（图 5-46b），铸件表层形成结晶骨架区域较宽，分摊到每层晶体间液膜上的拉长变形量比图 5-46a 中的小，故产生热裂的倾向就小。

冷铁工作表面一般应开设通气槽。回用冷铁应进行吹砂处理，以去除表面的旧砂、油污和氧化物。冷铁工作表面应涂敷石英砂，防止冷铁和铸件熔焊在一起。

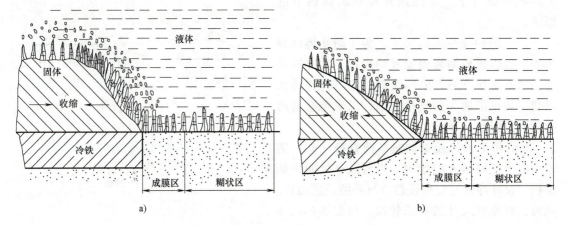

图 5-46 冷铁边缘形状对铸件表层凝固的影响

5.7.4 铸筋

防止铸件产生热裂纹和变形最常用的工艺措施是应用铸筋,有时与冷铁配合。

铸筋分为两类,<u>一类称割筋</u>(收缩筋),用于防止产生热裂;<u>另一类叫拉筋</u>,又称为加强筋,防止变形。割筋要在清理时去除,只有在不影响铸件使用并得到用户同意的条件下才允许保留在铸件上。而拉筋必须在消除内应力的热处理之后才能去除。

铸件的线收缩是从合金液相线与固相线之间某一温度开始的。当枝晶间搭成较完整的骨架时,就具备了线收缩的能力,但枝晶间仍有液相。当铸件收缩时受阻碍,会产生不同程度的拉应力。铸件凝固慢的地方,强度低,当应力超过凝固层所能承受的应力极限时,会被拉断,使铸件上出现裂纹,壁的相交处冷却慢,易在此处产生裂纹,如在此处加上铸筋。由于其壁薄、冷却快(先于铸件冷却凝固),因而承受了收缩时的应力,可避免热裂产生。拉筋属于铸件设计中的内容,此处不再赘述。

习　　题

1. 何谓冒口?冒口的作用有哪些?
2. 分析冒口补缩通道与补缩通道扩张角的关系,影响补缩通道扩张角的影响因素是什么?
3. 何谓冒口的有效补缩距离?如何增加冒口的有效补缩距离?
4. 由铸件的凝固方式讨论不同合金冒口的有效补缩距离的差异。
5. 冒口的计算方法有哪些?各有何特点?
6. 工艺补贴在什么条件下采用,其有何用途?
7. 轻合金冒口与铸铁实用冒口在设计要求上有何异同?
8. 试比较保温冒口与普通冒口的金属利用率。
9. 冷铁的作用是什么?为什么冷铁必须和冒口配合使用?

第 6 章
铸造工艺设计

6.1 概述

一个铸件的生产所需要经过的工序大致有：模具制造、造型材料和金属炉料的准备、造型和造芯、合金的熔炼和浇注、铸件落砂和清理、铸件的热处理和质量检验等工艺程序。在整个工艺过程中，只有进行科学规范的操作和管理，才能有效地控制铸件的成形，达到优质高产的目的。而要达到这一切，就离不开各种指导生产的工艺技术文件。因此，铸件在进行生产之前，一定要编制出一套铸件工艺过程的技术文件，这一过程叫做铸造工艺设计。

铸造工艺设计所得出的一系列技术文件既是重要的技术管理措施和指导生产的工艺技术文件，又是总结生产经验、分析铸件缺陷产生原因和提出解决办法的重要基础，还是铸件验收的重要依据。

6.1.1 设计依据

在进行铸造工艺设计前，设计者应掌握生产任务和要求，熟悉工厂和车间的生产条件，这些是铸造工艺设计的基本依据。此外，要求设计者有一定的生产经验和设计经验，并应对铸造先进技术有所了解，具有经济观点和发展观点，只有这样才能顺利地完成设计任务。

1. 生产任务

（1）铸造零件图样 提供的图样必须清晰无误，有完整的尺寸和各种标记。设计者应仔细审查图样，注意零件结构是否符合铸造工艺性要求。若认为有必要修改图样时，需与原设计单位或订货单位共同商议，取得一致意见后再以修改后的图样作为设计依据。

（2）零件的技术要求 技术要求包括金属材质牌号、金相组织、力学性能要求、铸件尺寸及质量公差及其他特殊性能要求，如是否经水压、油压、气压试验，零件在机器上的工作条件等。在铸造工艺设计时应注意满足这些要求。

（3）产品数量及生产期限 产品数量是指批量大小。生产期限是指交货日期的长短。对于批量大的产品，应尽可能采用先进技术。对于应急的单件产品，则应考虑使工艺装备尽可能简单，以缩短生产周期，并获得较大的经济效益。

2. 生产条件

（1）设备能力 设备能力包括起重运输机的吨位和最大起重高度、熔炉的形式、吨位和生产率、造型和制芯机种类、机械化程度、烘干炉和热处理炉的能力、地坑尺寸、厂房高度和大门尺寸等。

(2) 车间原材料的应用情况和供应情况。
(3) 工人技术水平和生产经验。
(4) 模具等工艺装备制造车间的加工能力和生产经验。

3. 经济性

对各种原材料、炉料等的价格，每吨金属液的成本，各类工种工时费用、设备费用等，都应有所了解，以便考核该项工艺的经济性。

6.1.2 铸造工艺设计的内容与程序

铸造工艺设计的内容与生产性质和规模有关。在小批或单件生产时，设计内容较简单；在大量或成批生产时，尤其是航空产品的铸件生产，铸造工艺设计的内容就比较繁多。较完整的铸造工艺设计，一般应包括下列内容：

1) 对产品零件图进行工艺性分析；
2) 铸件浇注位置和铸型分型面的选择；
3) 铸件机械加工初基准与划线基准的选择；
4) 铸造工艺设计的主要参数的确定；
5) 砂芯的设计；
6) 浇注系统与冒口和冷铁的设计；
7) 铸造工艺装备的设计（主要包括：模板、芯盒、垫板、烘芯板和检测工具等的设计；
8) 编制铸造工艺规程和工艺卡（更具体地规定有关工艺程序的操作过程及其注意事项）。

6.1.3 铸件的试制工作

铸件的试生产是检验和完善铸造工艺设计、保证铸件质量和建立正常生产秩序的一项重要工作。铸件的试制，一般应包括几何尺寸的试制和冶金质量的试制两个方面。

1. 铸件几何尺寸的试制

最大限度地减轻零件质量，是提高高速飞行器使用性能的一个重要途径。因此，航空铸件一般具有壁薄、形状和结构复杂的特点。为了达到这一要求，经常采用大量的固定凸缘、纵横分布的油路、中空夹层通道、具有气动理论型面以及大型骨架等复杂结构。铸造生产这些零件时，必须采用大量型芯和多层组合砂型，工艺复杂，容易造成铸件尺寸超差。在生产中，由于模具尺寸的偏差可能造成铸件大量报废。为了保证成批生产的铸件尺寸精度能符合图样的要求，必须通过铸件试制这一重要环节。试制前，首先要仔细验收模具，然后进行试制，鉴定铸件尺寸。

由于铸件结构复杂，许多尺寸（如油路通道的位置、中空夹层的壁厚等）不能直接测量，一般都采用在铸件表面或剖面上直接划线的方法，检查铸件的几何尺寸和机械加工余量等。根据划线结果，进行分析研究，寻找产生铸件尺寸偏差的原因并提出解决办法。若需返修模具或改变工艺，还需再进行试浇铸件。最后通过试加工，检查铸件的机械加工基准和加工余量是否符合加工要求。如此反复进行，直至符合图样的要求为止。

2. 铸件冶金质量的试制

为了保证成批生产的铸件的内部冶金质量能符合通用或专用技术文件规定的标准，也必须通过试制对铸件的冶金质量进行全面检查。检查项目主要根据铸件技术要求与具体生产条件而定，一般包括：化学成分、力学性能（室温与工作温度）、低倍或高倍组织、气密性试验、X射线、荧光和超声波检查等。

在实际生产中，上述两项试制工作是紧密结合进行的。在确定或修改重要的工艺方案时，都必须通过周密调查研究和广泛、认真的讨论，并且在试制过程中要仔细做好原始资料的记录和整理工作。

6.2 产品零件的铸造工艺性分析

航空产品零件毛坯的铸造方法，通常是由产品设计部门确定的。虽然产品零件的设计一般都要经过工艺性审查（审查该零件的结构及其各项技术要求，在目前生产技术条件下能否实现等问题），但是铸造车间在接到生产任务后，对零件仍需要进行铸造工艺性分析，其目的在于：熟悉零件图样，了解图中和有关技术文件中所提出的各项技术要求；根据已选定的铸造方法的基本工艺特点及结合生产、技术的具体条件，分析零件结构的铸造工艺，考虑如何实现零件所要求的各项技术性能指标；研究、处理在本车间的生产条件下不易达到的某些技术要求和铸造工艺性较差、容易产生缺陷的零件结构等问题。

产品零件的铸造工艺性分析，一般可分为零件的主要技术要求和零件结构的工艺性分析两方面。

6.2.1 零件技术要求的铸造工艺性分析

产品设计员根据产品的用途及其工作条件，对铸件所提出的各项技术要求，在一般情况下铸造工艺人员必须尽力设法满足。对于那些超出技术标准、目前又受生产技术条件的限制确实难以达到的特殊要求，应与设计部门共同协商，更改技术要求或委托外厂协作生产。

铝、镁合金铸件的主要技术要求和工艺性分析需要考虑的主要问题大致如下：

1. 铸件的化学成分和力学性能

铸造铝合金的化学成分和力学性能均应符合标准 GB/T 1173—2013 或 HB 962—2001 的规定，其验收方法应按铝合金铸件技术标准 GB/T 9438—2013 或 HB 963—2005 的规定执行。铸造镁合金的化学成分和力学性能均应符合标准 GB/T 1177—1991 或 HB 7780—2005 的规定，其验收方法应按镁合金铸件技术标准 GB/T 13820—1992 或 HB 7780—2005 的规定执行。

进行工艺性分析时，应注意如下几个问题：

1) 应尽量减少生产用的合金种类，以便于生产技术管理和降低成本。如需改变铸件的合金牌号，必须取得设计部门的同意；凡是采用未经生产定型的新合金，必须经过生产试制，才能投入正式生产。

2) 根据图样和其他技术文件，仔细了解该零件在化学成分和力学性能上是否有其他特殊要求，研究出实现这些特殊要求在工艺上应采取的措施。

3) 对所选用的铸造合金，尤其是新牌号的合金，进行物理、化学及铸造工艺性能的初步分析，如合金的熔点、氧化倾向、体收缩率、线收缩率和流动性（螺旋形）试样的数值；形成气孔、缩孔、缩松、热裂和偏析等的倾向。

2. 铸件的尺寸精度和表面粗糙度

（1）铸件的尺寸精度　我国铸件尺寸公差标准等效采用 ISO 8062—1984（E）《铸件尺寸公差制》。该标准适用于砂型铸造、金属型铸造、低压铸造、压力铸造、熔模铸造等铸造方法生产的各种铸造金属及合金的铸件，是设计和检验铸件尺寸公差的通用依据。所规定的公差是指正常生产情况下通常所能达到的公差，分 16 级，命名为 CT1 到 CT16（CT 是铸件公差的英文 Casting Tolerance 的缩写）。铸件公差总表详见国家标准 GB/T 6414—2017 或 HB 6103—2004）。成批生产的铸件尺寸公差等级见表 6-1。

毛坯铸件基本尺寸是指机械加工之前毛坯铸件的图样尺寸，因此包括了机械加工余量和拔模斜度。

表 6-1　成批生产的铸件尺寸公差等级

铸造方法	公差等级 CT					
	铸钢	铸铁	铜合金	锌合金	有色合金	高温合金
砂型　手工造型	11~13	11~13	10~12	10~13	9~11	11~14
砂型　机器造型 壳型	8~10	8~10	8~10	8~10	7~9	8~12
金属型		7~9	7~9	7~9	5~8	
压力铸造			6~8	4~6	5~7	
熔模铸造（硅溶胶）	4~6	4~6	4~6		4~6	4~6

（2）铸件的表面粗糙度　铸件表面粗糙度与铸造方法有密切关系，各种方法所能获得的表面粗糙度见表 6-2，表面缺陷对表面粗糙度有较大影响，一般会使粗糙度提高。

表 6-2　各种铸造方法的铸件表面粗糙度　　　　　　　　　　（单位：μm）

铸造方法	表面粗糙度 Ra 值	
	有色合金	黑色合金
砂型铸造	~12.5	~25
金属型铸造	25~6.3	~12.5
壳型铸造	25~3.2	25~6.3
熔模铸造	12.5~3.2(1.6)	12.5~3.2(1.6)
压力铸造	6.3~0.8	6.3~1.6

3. 铸件表面和内部的冶金质量

铸件表面和内部的冶金质量要求也是铸造工艺设计的主要依据之一。如无特殊要求，一般铝合金按标准 GB/T 9438—2013 或 HB 963—2005，镁合金按标准 GB/T 13820—2018 或 HB 7780—2005 进行验收。如有特殊要求则需要仔细分析研究，看是否能达到。

6.2.2　铸件结构工艺性分析

铸件结构是否合理，不仅直接影响铸件的力学性能、尺寸精度、质量要求和其他使用性能，还会对铸造生产过程产生很大的影响。工艺性良好的铸件结构，应该是铸件的使用性能容易保证，生产工艺过程及其所用的工艺装备简单，生产成本低。设计铸件结构时，如果只强调使用性能，而忽略铸造工艺的可能性和复杂性（值得注意的是铸造工艺复杂化不仅会增加铸件生产成本，同时铸件的使用性能也不易保证）；或只追求铸造工艺简单化，而不充分利用铸件结构的特点（即与其他成形方法相比可采用复杂结构）和发挥合金材料的性能都是错误的。不同的合金材料和不同的铸造方法对铸件结构的要求也有所不同。

产品零件设计定型后，其结构一般是不能随意更改的，在铸造工艺上必须采取各种措施，实现设计部门对零件提出的各项技术要求。只有当铸件质量得到保证，不影响使用性能的情况下，可较大程度地简化生产工艺，并征得设计和冶金部门的同意后，才能更改铸件结构。

下面讨论铸件结构的各要素（如壁厚、壁的连接、凸台、孔、内腔和外形等）与铸件表面、内部质量以及铸造工艺的关系。

1. 铸件的壁厚

在现代航空工业中，要求飞机的速度快、航程远和飞行高度高，为了满足这些要求，总希望铸件的壁厚尽可能薄，质量越轻越好。但是，铸件的最小壁厚往往受铸造工艺的限制。合金材料的铸造性能、铸件尺寸大小和铸造工艺是决定铸件最小壁厚的主要因素。在一定的工艺条件下，各种合金所能铸出的最小壁厚都有一定的范围。如果铸件的壁厚过小，可能使铸件产生冷隔和浇不足等缺陷。

（1）铸件最小壁厚　在砂型铸造中，各种合金铸件的最小壁厚可参考表 6-3 ~ 表 6-7。

表 6-3　砂型铸铁件最小壁厚　　　　　　　　　　　（单位：mm）

合金种类＼轮廓尺寸	≤200	>200~400	>400~800	>800~1250	>1250~2000	>2000
灰铸铁	3~4	4~5	5~6	6~8	8~10	10~20
孕育铸铁	5~6	6~8	8~10	10~12	12~16	16~20
球墨铸铁	3~4	4~8	8~10	10~12		
高磷铸铁	2					

合金种类＼轮廓尺寸	50×50	100×100	200×200	350×350	500×500
可锻铸铁	2.5~3.5	3~4	3.5~4.5	4~5.5	5~7

表 6-4　砂型铸钢件最小壁厚　　　　　　　　　　　（单位：mm）

合金种类＼轮廓尺寸		≤200	>200~400	>400~800	>800~1250	>1250~2000	>2000~3200
碳素钢		5	6	8	12	16	20
低合金结构钢	低锰	6	8	12	16	20	25
	其他	8	8	12	16	20	25
高锰钢		8	10	12	16	20	25
不锈钢		8~10	10~12	12~16	16~20	20~25	
耐热钢		8~10	10~12	12~16	16~20	20~25	

表 6-5　砂型铸铝件最小壁厚　　　　　　　　　　　（单位：mm）

合金种类＼轮廓尺寸	≤100	>100~200	>200~400	>400~800	>800~1250
铝合金	3	4~5	5~6	6~8	8~12

表6-6 砂型镁合金及锌合金铸件最小壁厚 （单位：mm）

种类	小件	中件(≤400)	大件(>400)
镁合金	3~4	4~6	8~10
锌合金	≥3		

表6-7 砂型铜合金铸件最小壁厚 （单位：mm）

合金种类		轮廓尺寸 ≤50	>50~100	>100~250	>250~600
锡青铜		3	5	6	8
无锡青铜		≥6		≥8	
黄铜		≥6		≥8	
特殊黄铜	硅黄铜	≥4			
	其他	≥6			

在特殊情况下，可通过在铸件壁上开孔（这项措施已属更改铸件结构的问题，不能随意采用）、增设工艺筋或工艺余量（图6-1b、c）以及采用其他铸造工艺措施，来改善铸件充填的条件，可铸出更薄的铸件。

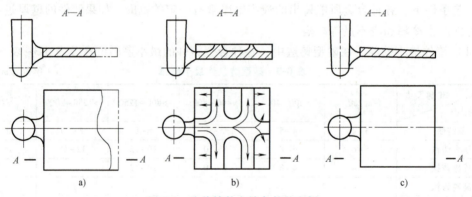

图6-1 改善铸件充填条件的实例

（2）铸件的临界壁厚 在进行铸件结构设计时，单纯用增加壁厚的方法来提高铸件的强度是不科学的。因为，厚壁铸件容易产生缩孔、缩松及结晶组织粗大等缺陷，致使铸件的力学性能下降。因此，各种铸造合金都存在着一个临界壁厚。在最小壁厚和临界壁厚之间的壁厚，才是适宜的壁厚。

据资料推荐，各种铸造合金砂型铸件的临界壁厚可按其最小壁厚的3倍来计算，也可参照表6-8所列数据确定，而碳素钢砂型铸件的临界壁厚可按含碳量确定（表6-9）。但是各种资料推荐的临界壁厚数据不尽相同，设计人员应根据具体条件参照选用。

表6-8 各种铸造合金砂型铸件的临界壁厚 （单位：mm）

合金种类及牌号		铸件质量/kg 0.1~2.5	2.5~10	>10
灰铸铁	HT-100,HT-150	8~10	10~15	20~25
	HT-200,HT-250	12~15	12~15	12~18
	HT-300	12~18	15~18	25
	HT-350	15~20	15~30	25

（续）

合金种类及牌号		铸件质量/kg 0.1~2.5	2.5~10	>10
可锻铸铁	KTH300-06,KTH330-08	6~10	10~12	
	KTH350-10,KTH370-12	6~10	10~12	
球墨铸铁	QT400-18,QT450-10	10	15~20	50
	QT500-7,QT600-3	14~18	18~20	60
碳素钢	ZG200-400	15	25	
	ZG230-450,ZG270-500 ZG310-570,ZG340-640	18	20	
铝合金		6~12	6~10	10~14
镁合金		10~14	12~18	
锡合金			6~8	

表 6-9　碳素钢砂型铸件的临界壁厚　　　　　　　　　　　　（单位：mm）

碳的质量分数(%)	0.1	0.2	0.3	0.4	0.5
临界壁厚/mm	11	13.5	18.7	27	39

因此，在考虑铸件的结构时，应尽量避免采用厚壁铸件。若减小铸件壁厚不能满足铸件的结构强度和刚度的要求时，则可采用增设加强筋的措施（图 6-2）。

采用成形断面结构，既可减小铸件壁厚，又可提高铸件的结构强度和刚度，这是航空铸件尤其是镁合金铸件的结构特点。图 6-3 所示为断面呈椭圆形、工字形、槽形和箱形的四种杠杆铸件。当其断面面积相同时，后两种形式的断面壁薄而均匀，热节较小，刚度也较大。所以，航空用的杠杆铸件主要采用后两种形式。

在铸件壁上铸出或加工孔洞时，都会削弱该处的结构强度，并使孔的边缘形成危险断面而产生应力集中现象，缩短铸件使用寿命。因此，在这些孔的部位就应该采取加强措施。图 6-4 是镁合金铸件孔洞加强结构的两种常见形式。

铸件壁应尽量防止合金局部厚大的现象。图 6-5a 所示的结构不合理，容易产生缩孔、缩松或裂纹等缺陷，若改成图 6-5b 所示的形式，就可避免这些缺陷的产生。

铸件上各处壁厚，应尽量保持均匀，以免由于壁厚差造成温度分布不均匀和线收缩不一致，引起较大的铸造应力，使铸件产生翘曲、变形或裂纹等缺陷。图 6-6 是铸件壁厚均匀化的实例。

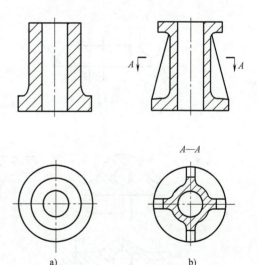

图 6-2　避免采用厚壁结构的实例

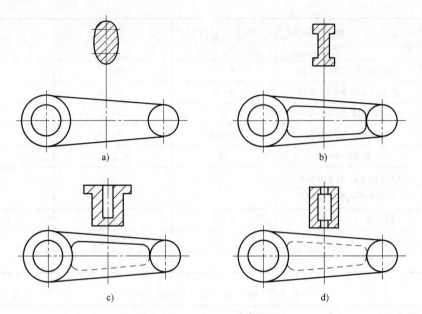

图 6-3 杠杆铸件的四种结构形式

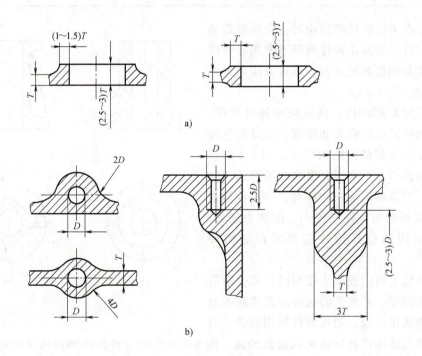

图 6-4 镁合金铸件凸缘和螺钉孔的加强结构
a) 凸缘 b) 螺钉孔

如不能避免铸件上有局部厚大部分时，应使薄壁逐渐平滑过渡到厚壁，防止断面厚度急剧转变，否则将在连接处产生裂纹。轻合金铸件在同一水平方向的厚、薄壁的过渡方法，可参照图 6-7 所示的形式，即当厚壁断面的厚度 T 与薄壁断面厚度 t 之比值小于 1.5 时，厚、薄两壁最好用圆弧连结，如图 6-7a 所示，圆弧半径 $R=(2t+T)/2$；当 $T/t>1.5$ 时，两壁的连结可用斜坡逐渐过渡，如图 6-7b 所示，其斜坡部分的长度 $L=4(T+t)$，斜坡与薄壁连接的圆弧半径 $R=4t$，如果斜坡部分的长度 L 受到限制，则厚壁与斜坡之间的连接再取适当的圆弧半径 R_1 如图 6-7c 所示。

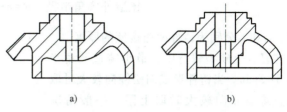

图 6-5　消除铸件局部厚大结构的实例

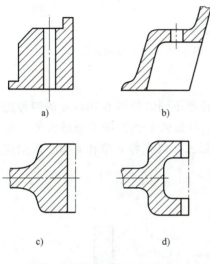

图 6-6　铸件壁厚均匀化的实例

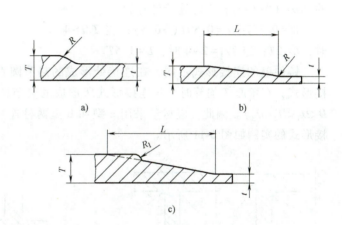

图 6-7　壁厚的过渡形式

2. 铸件壁的连接

铸件壁的连接处应呈圆弧状，若是尖角连接，会在该处形成结晶脆弱面，降低强度并出现应力集中现象，易产生裂纹缺陷。同时在交接处又是热节点（内圆角散热困难，热节圆直径增大），易产生缩孔或缩松（图 6-8a）。此外，在造型时，连接壁的内、外交角处容易产生掉砂，难以保证清晰的轮廓形状，为防止产生上述的缺陷，铸件壁的连接应选择合理的圆弧半径（又称铸造圆角半径或铸造圆角）。圆角半径太小，消除应力集中现象的效果差；圆角半径过大，热节圆直径又增大，对防止缩孔或缩松不利。铸造内、外圆角半径通常可按下式计算

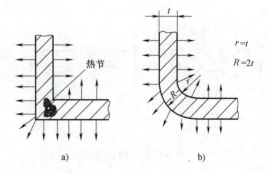

图 6-8　铸件壁的连接

$$铸造内圆角半径 \quad r=\left(\frac{1}{2} \sim \frac{1}{6}\right)(t_1+t_2) \qquad (6-1)$$

铸造外圆角半径 $\quad R = r + \dfrac{1}{2}(t_1 + t_2)$ （6-2）

式中，t_1 和 t_2 分别为铸件两连接壁的厚度。

在轻合金砂型铸造中，最小铸造圆角半径为 3~5mm。当铸件形成缩松倾向较大时取下限，热裂倾向较大时取上限。一般情况下，铸造圆角半径应采用有关工业部门或企业制定的通用标准。

如果铸件相连两壁的厚度相差较大时（即 $T/t \geq 2$ 时），对于铸造性能较差的合金，单采用圆角连接还不够，还需采用逐渐过渡的办法（图6-9），以防连接处开裂。$W = 0.75T$；$r = 0.50T(>0.5)$；当 $T/t > 4$ 时，$L = 2T$；当 $T/t = 2~4$ 时，$L = 1.5T$。

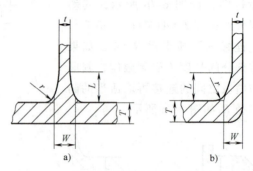

图 6-9　不同壁厚的连接

铸件壁的连接形式不同，在连接处形成的热节圆直径也不同。如图 6-10a~d 的四种连接形式，在壁厚 T 均等时，各连接形式所形成的热节圆直径是依上述次序逐渐增大的（即 $D < D_1 < D_2 < D_3$）。因此，应尽量采用 a 型和 b 型两种连接形式，以代替 c 型和 d 型。改变连接形式的实例如图 6-11 所示。

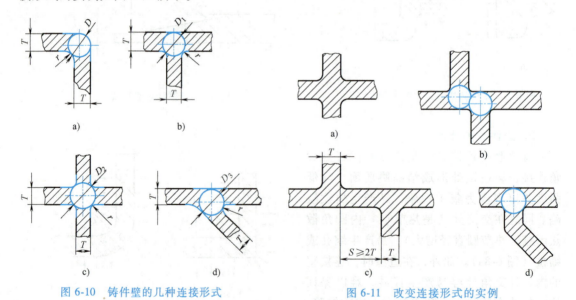

图 6-10　铸件壁的几种连接形式　　　　图 6-11　改变连接形式的实例

当某些铸件的厚、薄壁连接不能逐渐过渡时，为预防铸件产生裂纹，就必须从铸件结构或铸造工艺上采取相应的措施。例如轮形铸件的结构，一般是轮辐最薄、轮缘较厚、轮毂最厚；在凝固过程中，轮辐冷却最快，轮缘次之，轮毂冷却最慢；在轮毂最后冷却收缩时，先凝固的轮辐就会拉住轮毂，使它不能自由收缩，当应变、应力超过一定值时，就可能使轮毂（或轮毂与轮辐的连接处）形成热裂或造成轮辐因应力开裂（冷裂）。通常情况下，为避免轮辐开裂，常采用弯曲的轮辐条或板状轮辐代替直条状轮辐（图 6-12）。因为弯辐条有变形的余地，能降低轮辐所受的拉应力；板辐可使应力分散，相对值减小，所以弯辐和板辐的轮形铸件不易开裂，尤其是有孔的斜板辐防裂效果更好。

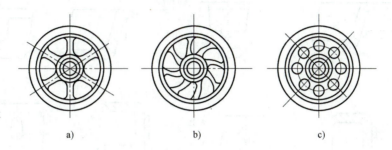

图 6-12　轮辐的形式

a）直辐条　b）弯辐条　c）板辐

3. 铸件的结构形状

铸件的结构形状，对铸件质量和生产成本有很大影响，如果铸件形状设计不合理，不仅会使模具制造、造型、造芯和清理等工序复杂化，还会增加铸件的废品率。在设计铸件形状时，应注意以下几点：

1）铸件结构形状应符合造型工艺的要求，尽量减少分型面、分模面、模型活块和砂芯数量。如图 6-13a 所示的铸件，由于其外形在垂直于分型面的取模方向有"内凹"部分阻碍取模，所以需要采用活块模型或砂芯成形。若将铸件外形改成图 6-13b 所示的形式，就可简化模型、铸型结构和生产过程。

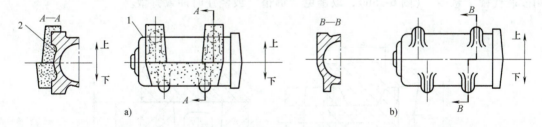

图 6-13　铸件外形设计实例之一

又如图 6-14a 所示的铸件，为了取模必须把模型从上部法兰处分开，中间的凸台做成活块，采用三箱造型方法。若将其结构改成图 6-14b 所示的形式，就可用整体模两箱造型。显然，后者大大地简化了模具制造和造型工艺，铸件精度也能得到保证。

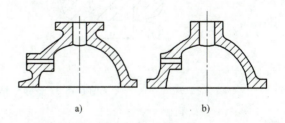

图 6-14　铸件设计外形实例之二

2）铸件上的凸台或其他凸出部分的设计，应考虑造型时取模是否方便。图 6-15a 和图 6-15c 铸件的凸台妨碍取模，必须把它做成活块或采用砂芯，但模型上活块和铸型中砂芯越多，则铸件尺寸精度愈差、生产率越低。若将铸件的凸台设计成如图 6-15b、d 所示的形式，就可避免上述缺点。

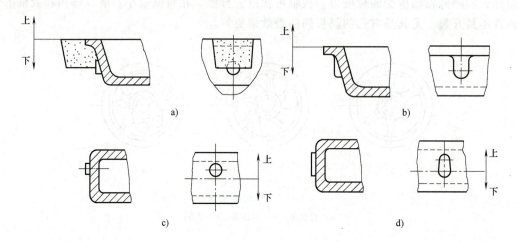

图 6-15 凸台设计的实例

3) 湿砂型的强度较低，为了避免在造型和浇注过程中发生"塌箱"，在设计铸件结构时，应尽量避免砂型带有"悬砂"（又称吊砂）部分，实在不可避免时，应把"悬砂"的尺寸控制在最小范围，即铸件中与分型面相垂直的两平行壁（或两加强筋）之间的距离 a（图 6-16a）应不小于 10mm，当"悬砂"位于上半型时，其高度 h 不应过大，一般情况下不超过宽度 a。当"悬砂"位于下半型时，其高度 h 可适当提高到等于或略大于宽度 a。若"悬砂"高度（即垂直壁或筋的高度）过大，则需采用插入钉子等加强"悬砂"的措施或用砂芯代替"悬砂"（图 6-16b），以避免"塌箱"或浇注时冲毁铸型。

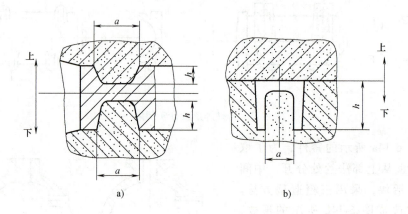

图 6-16 "悬砂"结构示意图

4) 铸件上应尽量不采用大的水平面。因为在大水平面上，容易产生气孔和夹杂等缺陷（图 6-17a），若采用斜面结构（图 6-17b），则有利于气体和杂质浮入冒口，同时也可改善铸型充填条件和减小铸造应力。

5) 为了便于制造模具和简化造型、造芯等工艺，铸件的结构应尽量不采用曲线形状和不必要的转接圆弧。如托架铸件由于采用了曲线型的内腔和外形结构（图 6-18a），使模具制造困难，加工工时增加。若用金属模具，还需在专用机床上进行加工。因此，该铸件的结构应改成图 6-18b 所示的形式。又如图 6-19a、c 所示的两种不必要的转接圆弧，使模具制造复杂化，不便于造型和造芯，又使披缝（又称毛刺）离开铸件棱边，造成清理困难，正确的结构应如图 6-19b、d 所示。

6）设计铸件内腔结构时，应尽量不用或少用砂芯成形。需要用砂芯时，必须保证砂芯在铸件中的位置稳定和排气、清理方便。图 6-20a 所示的撑架铸件，由于右边大砂芯像悬臂梁一样，位置极不稳定，为此必须采用型芯撑或增设工艺孔等措施。对于铝、镁合金铸件很少采用型芯撑，因为它不仅难以与铸件本体熔合在一起，在其周围还容易产生气孔和夹杂等缺陷。如将此结构改成图 6-20b 所示的形式，则可不用型芯撑和工艺孔等附加措施。

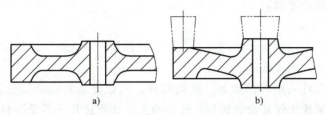

图 6-17 避免采用大平面的实例

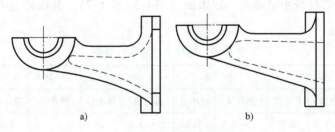

图 6-18 托架铸件的两种形式

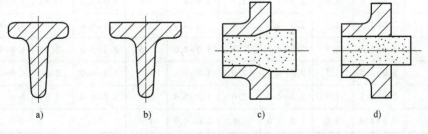

图 6-19 多余的转接圆弧示意图
a)、c)—不合理　b)、d)—合理

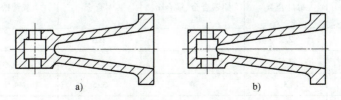

图 6-20 撑架铸件的两种形式

6.3 铸造工艺方法的选择

6.3.1 铸造方法的选择

目前铸造方法种类繁多，按生产方法可分为砂型铸造和特种铸造两类。按浇注时砂型是否经过了烘干又分为湿型、干型与表面干型铸造。特种铸造也可分为金属型铸造、压力铸造、低压铸造、离心铸造、壳型铸造、熔模铸造和陶瓷型铸造等。各种铸造方法都有各自的特点和应用范围。采用哪一种方法，应根据零件特点、合金种类、批量大小、铸件技术要求的高低以及经济性综合考虑。

1. 零件的结构特点

零件的结构特点主要包括铸件的壁厚大小、形状及质量大小等，应根据不同铸件的结构特点选择合适的铸造工艺方法。

砂型铸造由于有可采用内部砂芯、活块模样、气化模及其他特殊的造型技术等有利条件，可以生产结构形状比较复杂的铸件。铸件的大小和质量几乎不受限制。铸件质量一般是几十克到几百千克。湿型铸造目前已能成功铸出 3150kg 的铸件，干型已生产出 200t 以上的铸件。砂型铸造对铸件最小壁厚有一定限制（表 6-3～表 6-7）。其他铸造方法的最小壁厚参见表 6-10～表 6-13。

表 6-10 熔模铸件的最小壁厚　　　　　　　　　　（单位：mm）

轮廓尺寸 合金种类	10~50 推荐值	10~50 最小值	50~100 推荐值	50~100 最小值	100~200 推荐值	100~200 最小值	200~350 推荐值	200~350 最小值	>350 推荐值	>350 最小值
铅锡合金	1.0~1.5	0.7	1.5~2.0	1.0	2.0~3.0	1.5	2.5~3.5	2.0	3.0~4.0	2.5
锌合金	1.5~2.0	1.0	2.0~3.0	1.5	2.5~3.5	2.0	3.0~4.0	2.5	3.5~5.0	3.0
铸铁	1.5~2.0	1.0	2.0~3.5	1.5	2.5~4.0	2.0	3.0~4.5	2.5	4.0~5.0	3.5
铜合金	2.0~2.5	1.5	2.5~4.0	2.0	3.0~4.0	2.5	3.5~5.0	3.0	4.0~6.0	3.5
镁合金	2.0~2.5	1.5	2.5~4.0	2.0	3.0~4.0	2.5	3.5~5.0	3.0	4.0~6.0	3.5
铝合金	2.0~2.5	1.5	2.5~4.0	2.0	3.0~5.0	2.5	3.5~6.0	3.0	4.0~7.0	3.5
碳钢	2.0~2.5	1.5	2.5~4.0	2.0	3.0~4.0	2.5	3.5~6.0	3.0	5.0~7.0	4.0
高温合金	0.9~2.0	0.6	1.5~3.0	0.8	2.0~4.0	1.0				

表 6-11 金属型铸件的最小壁厚　　　　　　　　　　（单位：mm）

合金种类 铸件尺寸	铝硅合金	铝镁合金、镁合金	铜合金	灰铸铁	铸钢
50×50	2.2	3	2.5	3	5
100×100	2.5	3	3	3	8
225×225	3	4	3.5	4	10
350×350	4	5	4	5	12

表 6-12　各种合金压铸件的推荐壁厚

压铸件投影面积/cm²	推荐壁厚/mm		
	铝合金、镁合金	锌合金、铅锡合金	铜合金
<25	1~4.5	0.8~4.5	1.5~4.5
<25~100	1.5~4.5		
>100~400	2~4.5	1.5~4.5	2.5~4.5
>400	2.5~4.5		

表 6-13　各种合金压铸件的最小壁厚

压铸件投影面积/cm²	最小壁厚/mm				
	铝合金	镁合金	锌合金	铅锡合金	铜合金
≤25	1.0	1.3	0.8	0.5	1.5
>25~100	1.5	1.8	1.0	0.8	2.0
>100~250	2.0	2.3	1.5	1.0	2.5
>250~400	2.5	2.8	2.0	1.5	3.0
>400~600	3.0	3.5	2.5		4.0
>600~900	3.5	4.0	3.0		5.0
>900~1200	4.0	5.0	3.5		
>1200~1500	5.0		4.0		
>1500	6.0		5.0		

熔模铸造可以铸出形状极为复杂的铸件，其复杂程度是其他方法难以做到的。虽然一个压型所能制出的熔模形状较简单，但可用几个压型分别制出复杂零件的不同部分，然后焊合在一起，组成复杂零件的熔模。熔模铸造可铸出清晰的花纹、文字；能铸出孔的最小直径可达 0.5mm，铸件的最小壁厚为 0.3mm，但不宜铸造壁厚大的铸件。其比较适宜生产质量为几十克到几千克的铸件，它能生产的铸件质量为几克至几十千克。

金属型铸造的铸件质量范围一般为 0.1~135kg，个别可达 225kg。而比较合适的铸件质量，对于铜合金铸件为 0.5~10kg，对于铝合金铸件为 15kg 以下。由于金属型的型腔是用机械加工方法制出的，所以铸件的结构形状不能很复杂，更应考虑从铸型中取出铸件的可能性。采用金属型芯时，也要考虑抽出型芯的可能性，因而铸件的结构多限于采用形状简单的型芯。

压力铸造中金属液是在高速高压下充填铸型，所以，可以铸出形状复杂而壁薄的铸件。许多由重力（砂型、金属型）铸造无法生产的铸件，大多数可以采用压铸。压铸工艺比较适宜生产小而壁薄、壁厚相差较小的铸件。最小的压铸件为 2g，最大的铝合金压铸件为 15~40kg，最大壁厚为 12mm。

离心铸造工艺最适合铸造各种旋转体形状的管、筒铸件。壁厚为 4~125mm，长度不宜大于内径的 15 倍。

2. 合金种类

各种铸造工艺方法对铸件的合金种类有一定的限制。任何可熔化的金属都能采用砂型铸造，最常用的金属是铸铁、铸钢、黄铜、青铜、铝合金和镁合金。熔模铸造可以铸造任何合金，高熔点合金效果更为突出，飞机上的导向叶片等用不易加工的高熔点合金铸造，一般用熔模铸造工艺。不锈钢零件、工具等常用熔模铸造。金属型铸造工艺比较适合于铸造铝合金、镁合金及铜合金铸件。至于黑色合金也可采用水冷金属型和挂砂金属型铸造。目前适用于压铸工艺的合金有锌、铝、镁、铜、铅、锡等六个合金系列，其中铝、锌合金应用最广泛。黑色金属由于熔点太高，压铸型的使用寿命低，通常不采用压铸成形。

3. 批量大小及交货期限

砂型铸造的生产批量不受限制，可用于成批、大量生产，也可用于单件生产。由于砂型铸造的生产准备周期较短，所以特别适合交货期限较短、批量不大的铸件的生产。

熔模铸造的主要生产设备比较简单，对生产批量限制不大。但熔模铸造工艺工序较多，且需制作压型，故生产周期比砂型长。

金属型铸造需设计制造金属模型，一次投资较大，且金属型寿命长，对铝镁合金铸件可使用上千万次，故适用批量生产，批量少时不能充分发挥金属型的潜力。金属型制造周期长，对交货期短的任务难以满足。

压铸工艺设备投资大，压铸型的制造周期较长，成本高。但生产效率高，故仅适于成批大量生产。

4. 铸件技术要求

铸件的技术要求包括外观质量要求（尺寸精度、表面粗糙度）及内部质量（力学性能、致密度等），不同的铸造工艺方法能达到不同的水平。各种铸造方法能达到的尺寸精度等级见表 6-1，能达到的表面粗糙度见表 6-2。

砂型铸造的铸件在凝固冷却到室温后组织无层状结构，性能无方向性，其强度、韧性、刚度在各方向都相当，这一点对某些要求各方向性能均衡的铸件十分重要。砂型铸造中铸件凝固收缩受到的阻力较小，铸件内应力小。可采用冷铁等不同的铸型材料来调整和控制铸件的凝固过程，铸件内部缩孔缩松较少，内部质量易于得到保证。砂型铸造铸件尺寸精度较差，表面粗糙度较大。

熔模铸造没有分型面，由压型制出的熔模的披缝也易消除，也没有砂型铸造那样的起模合箱等操作，所以铸件尺寸精度较高，可达 CT5 级，表面粗糙度较小。熔模铸造涡轮叶片的精度和粗糙度可满足无需机械加工的要求。

金属型铸造的铸件尺寸精度和表面粗糙度优于砂型铸件。由于金属型传热迅速，所以铸件的晶粒较细。同时，凝固过程易于控制，使铸件形成顺序凝固，减少缩孔和缩松的产生。所有这些都使金属型铸件的强度得到提高。一般比砂型铸件高 20% 以上。

压铸的显著优点是能生产精密铸件，压铸件的尺寸精度和表面粗糙度均优于金属型铸件，尺寸精度可达 4 级，表面粗糙度值可达 $Ra0.80\mu m$。大多数压铸件无需机械加工即可直接使用。压铸件晶粒细小、强度较高。压铸件主要缺陷之一是气孔，由于有气孔存在，不但降低了压铸件的力学性能（特别是延伸率）和气密性，同时也不能对其进行焊接和热处理。因此，需经热处理强化的合金，就不能压铸。

6.3.2 砂型铸造方法的选择

1. 优先采用湿型

当湿型不能满足要求时再考虑使用表面干砂型、干砂型或其他砂型。

在考虑应用湿型时应注意以下几种情况：

1) 铸件过高，金属静压力超过湿型的抗压强度时，应考虑使用干砂型或自硬砂型等。要具体分析：如果铸件壁薄，虽然铸件很高大，但出现胀砂、黏砂、跑火的倾向小，可以把此限制适当放宽。因为在浇注结束前，金属静压力尚未达到最高值时，铸件下部表面已凝结一层金属壳。此外，采用优质钠基膨润土型砂或活化膨润土型砂，其砂型湿压强度较高，为铸造较高大的铸件创造了条件。

2) 浇注位置上铸件有较大水平壁时，用湿型容易引起夹砂缺陷，这时应考虑使用其他砂型。

3) 造型过程长或需长时间等待浇注的砂型不宜用湿型。例如在铸件复杂、砂芯多、下芯时间长且铸件尺寸大等条件下，湿型放置时间过长会风干，使表面强度降低，易出现冲砂缺陷。因此湿型一般应在当天浇注。如需次日浇注，应将造好的上、下半型空合箱，以防止水分散失，并于次日浇注前开箱、下芯，再合箱浇注。更长的过程应考虑用其他砂型。

4) 型内放置冷铁较多时，应避免使用湿型。如果湿型内有冷铁时，冷铁应事先预热，放入型内要及时合箱浇注，以免冷铁生锈或变冷而凝结"水珠"，浇注后产生气孔缺陷。

认为湿型不可靠时，可考虑使用表面干砂型，砂型只进行表面烘干，根据铸件大小及壁厚，烘干深度为 15~80mm。表面干砂型具有湿型的许多优点，性能也比湿型好，还减少了气孔、冲砂、张砂、夹砂的倾向。表面干砂型多用于手工或机器造型的中大件。

对于大型铸件，可以应用树脂自硬砂型、水玻璃砂型等。用树脂自硬砂型可以获得尺寸精确、表面光洁的铸件，但成本较高。

2. 造型、造芯方法应和生产批量相适应

生产量大的企业应创造条件采用技术先进的造型、造芯方法。老式的震击式或震压式造型机生产线生产率不够高，工人劳动强度大，噪声大，不能适应大量生产的要求，应逐步加以改造。对于小型铸件，可以采用水平分型或垂直分型的无箱高压造型机生产线、实型造型线，其生产效率高，占地面积也少；对于中型件，可选用各种有箱高压造型机生产线、气冲造型线。为适应快速、高精度造型生产线的要求，造芯方法可选用冷芯盒、热芯盒及壳芯等造芯方法。

中等批量的大型铸件可以考虑应用树脂自硬砂造型和造芯、抛砂造型等。

单件小批生产的重型铸件手工造型仍是重要的方法，手工造型能适应各种复杂的要求，比较灵活，不要求很多工艺装备。可以应用水玻璃砂型、VRH法水玻璃砂型、有机酯水玻璃自硬砂型、黏土干型、树脂自硬砂型及水泥砂型等；对于单件生产的重型铸件，采用地坑造型法成本低，投产快。批量生产或长期生产的定型产品采用多箱造型、劈箱造型法比较合适。虽然模具、砂箱等开始投资高，但可从节约造型工时、提高产品质量方面得到补偿。

3. 造型方法应适合工厂条件

如有的工厂生产大型机床床身等铸件，多采用组芯造型法。着重考虑设计、制造芯盒的通用化问题，不制作模样和砂箱，在地坑中组芯；而另外的工厂则采用砂箱造型法，制作模

样。不同的工厂生产条件、生产习惯、所积累的经验各不一样。如果车间内吊车的吨位小、烘干炉也小，而需要制作大件时，用组芯造型法是行之有效的。

每个铸造车间只有很少的几种造型、造芯方法，所选择的方法应切合现场实际条件。

4. 要兼顾铸件的精度要求和成本

各种造型、造芯方法所获得的铸件精度不同，初投资和生产率也不一致，最终经济效益也有差异。因此，要做到多、快、好、省，就应当兼顾各个方面。对所选用的造型方法进行初步的成本估算，既能确保经济效益又能满足铸件要求的造型、造芯方法。

6.4 铸件浇注位置和分型面的选择

铸件的浇注位置是指浇注时铸件在铸型中所处的位置；铸型分型面是指铸型相互分开、组合接触的表面。选择的正确与否，对铸件质量、铸造工艺、劳动生产率和铸件生产成本，均有很大的影响，它们是铸造工艺设计时首先要解决的两个问题。进行工艺设计时，首先应根据铸件的结构特点、技术要求并综合其他铸造工艺因素等来确定浇注位置；随后，再设计、解决其余的铸造工艺问题。

6.4.1 选择铸件浇注位置的主要原则

1. 铸件上的重要工作面和大平面应尽量朝下或垂直安放

铸件在浇注时，朝下或垂直安放部位的质量一般都要比朝上安放的高。这是因为铸件下部的组织致密，夹杂、砂眼和气孔等缺陷少。根据某铝合金铸件（图 6-21）的实验结果，下部的抗拉强度为 180MPa，而上部的抗拉强度只有 80MPa。

如图 6-22 所示的飞机壁板型铸件，其弧形表面要求平整光洁，不能有表面缺陷；对带筋的一面要求相对较低，所以该铸件的浇注位置应将弧形表面朝下安放。

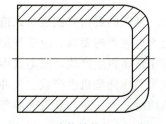 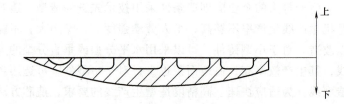

图 6-21　壳体铸件的浇注位置　　　　图 6-22　壁板铸件的浇注位置

根据铸件处于浇注位置的上、下部位质量不均匀的特点，在选择质量要求较高、结构形状又相对称的铸件的浇注位置时，应尽量保证铸件的相对称部分的质量也对称，将铸件对称壁置于垂直位置。图 6-23、图 6-24 和图 6-25 都是常见的航空发动机铸件的典型浇注位置。这种垂直的浇注位置对保证铸件尺寸精度和采用底注式浇注系统等都是有利的。

2. 应保证铸件有良好的液态金属引入位置

确定浇注位置时，应根据铝、镁合金铸件经常采用的底注式或垂直缝隙式浇注系统，内浇道均匀地设置在铸件的四周和要求液态金属平稳地流入型腔等特点，选择合理的浇注位置。

图 6-24 为壳体铸件浇注位置的两种方案，图 6-24a 所示的浇注位置不合理，因为合金液

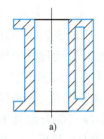 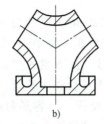 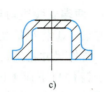 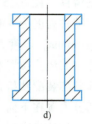

图 6-23　使铸件性能对称的浇注位置
a) 气缸套　b) 上机匣　c) 气缸排头　d) 发动机外壳

在型腔中的下落高度大，容易引起冲击、飞溅现象造成冲毁砂型和产生二次氧化夹杂。同时，该浇注位置还有砂芯安放不便和稳定性差的缺点。若采用图 6-24b 所示的浇注位置，就可消除上述缺点。对于铸件尺寸较大、精度要求又高时，为了便于安放砂芯、准确检验和控制型腔尺寸以及避免由于错箱引起铸件尺寸超差现象，可采用三箱造型方法。

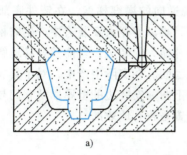 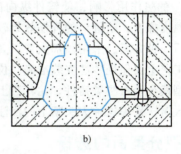

图 6-24　壳体铸件浇注位置方案

3. 保证铸件能自下而上的顺序凝固

为满足这条原则，应尽量将铸件的厚大部分朝上安放，以便在其上部安置冒口，使铸件自下而上地向冒口方向顺序凝固。这一原则对体收缩较大的铝、镁合金铸件尤为重要。

但是，在航空产品的铸件生产中，砂型铸件的结构都比较复杂，并且铸件上局部加厚的凸台、安装边较多，有时很难将铸件所有厚大部分都安放在上部位置。在此情况下，为了使铸件整体的顺序凝固原则不变，可对中、下位置的局部厚大处采用冷铁或侧暗冒口等工艺措施解决其补缩问题。

4. 尽量少用或不用砂芯，若需要使用砂芯时，应保证其安放牢靠，以通气顺利和检查方便

铸件浇注位置的选择，除了要考虑上述几个原则外，还应尽量简化造型、造芯、合箱和浇冒口的切割等工艺，以减少模具制造工作量和合金液的消耗。

在实际生产中，情况是复杂的，上述各原则既有联系又有矛盾，所以在应用这些原则时，一定要结合实际生产情况，不能生搬硬套。下面以镁合金（ZM-5）尾部

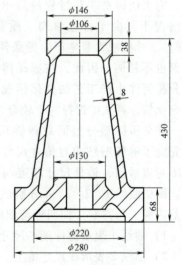

图 6-25　镁合金尾部机匣铸件

机匣铸件（图 6-25）的浇注位置选择情况来说明：

铸件高度为 430mm，大端安装边的外径为 φ280mm，厚度为 30mm，小端安装边的外径为 φ146mm，厚度为 20mm，两端安装边均与厚度为 8mm 的匣体壁相连接。按此铸件的结构特点，其浇注位置有两种方案：①将小端朝上安放，此方案的主要优点是砂芯位置稳定、铸型和砂芯装配及检查方便、铸件尺寸稳定，也便于开设浇注系统，其最大的缺点是将铸件厚大部分安置在下面，不利于铸件自下而上的顺序凝固，不容易解决大端厚实部分的补缩问题，在该处易产生缩松缺陷。②将大端朝上安放，其优缺点正好与上一种方案相反。究竟应选择哪一种方案呢？这是在确定结构与此相类似的航空发动机机匣铸件的浇注位置时常会遇到的问题。根据该铸件的具体结构和生产工艺条件，主要应妥善解决大安装边的补缩问题。

若采用第一种方案，由于大小两端的壁厚相差甚大（大端安装边的体积约为小端的 5 倍多），铸件下厚上薄，不利于自下而上的顺序凝固，也不能用顶冒口通过厚度只有 8mm 而高度为 324mm 的外锥体对大安装边进行补缩。这样，势必要在大安装边的四周设置足够数量的暗冒口，但是在采用底注式浇注系统的情况下，大量的金属液流通过下端大安装边，由于这种"流路"的热作用影响，使铸件纵向出现逆向的温度梯度，在铸件底部的水平方向也没有足够的温度梯度，暗冒口的补缩效果较差，难以避免大安装边中产生缩松缺陷。

如果选择后一种方案，采用顶部大冒口直接补缩大安装边，就能较容易地解决该处的缩松，但在铸型工艺上要保证砂芯安装准确和位置稳固。在实际生产中，对于具有一定高度和锥度的中、大型镁合金机匣类铸件，尤其当上、下两端安装边的壁厚以及它们与中间锥体的壁厚相差都较大时，采用这种大头朝上的浇注位置是较有成效的。

6.4.2 铸型分型面的选择

在砂型铸造中，为完成造型、取模、设置浇冒口和安装砂芯等需要，砂型型腔必须由两个或两个以上部分组合而成，砂型的分割或装配面称为分型面。浇注位置确定后，铸型分型面在很大程度上取决于铸件的结构形状。

铸型分型面的选择，应在保证铸件质量的前提下，力求使铸造工艺过程最简单；在铸件结构相同的情况下，由于合金材料、质量要求和生产方式（单件、成批或大量生产）等条件的不同，分型面的位置也不相同。因此，在选择铸型分型面时，应全面分析铸件生产工艺的具体情况，对各种方案进行综合比较，再从中选择一个较合理的方案。

在分析铸型分型面对铸件尺寸精度的影响时，首先应了解铸型结构对铸件尺寸精度的影响。从图 6-26 可以看出，铸件尺寸精度与铸型组元数目的关系。图中曲线 1、2、3、4 分别表示形成铸件某一尺寸的四种工艺方案（即四种铸型结构）。

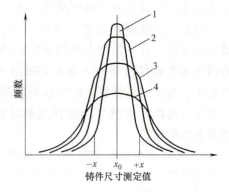

图 6-26 铸型组元数目对铸件尺寸精度的影响

1) 曲线 1 表示铸件某一尺寸完全由一个半型（上半型或下半型）成形。
2) 曲线 2 表示该尺寸由上、下两个半型共同成形。
3) 曲线 3 表示该尺寸由一个半型和固定在同一半型中的砂芯共同成形。

4) 曲线 4 表示该尺寸由一个半型和固定在另一半型中的砂芯共同成形。

从图中可以明显地看出：第一种工艺方案（即曲线 1）所得到的尺寸接近于平均测定值 x_0 的发生次数最多，曲线最陡，标准正偏差 $+x$ 和标准负偏差 $-x$ 最小，即铸件尺寸精度最高。其余三种工艺方案（曲线 2、3、4）所得的尺寸接近于平均测定值 x_0 的次数就依次递减，其正、负偏差值逐渐增大，铸件尺寸精度降低。

因此，为保证铸件尺寸精度，在选择铸型分型面时，应尽量满足下列要求：

1) 最好将整个铸件安置在同一半型中成形。

2) 若铸件不能在同一半型中成形时，应力求将铸件上机械加工面或若干重要的加工面与机械加工基准面安置在同一个半型中成形。

3) 应尽量不用或少用砂芯。

4) 在必须采用砂芯时，除了要保证砂芯位置稳定、装配和检查方便外，还应力求将砂芯安置在同一个半型中，以保证铸件的某些重要尺寸精度。

图 6-27 表示了环形架铸件的铸型分型面的几种方案：其中方案一如图 6-27a 所示，铸件的外形和内腔由上、下两半型和置于其中的砂芯成形，此方案不易保证铸件尺寸精度（比图 6-26 所示例子的第四种工艺方案还差），同时还有铸型装配困难和在铸件表面形成披缝、增加清理的工作量等缺点。方案二如图 6-27b 所示，铸件外形由上半型成形，其内腔由置于下半型中的砂芯成形；显然，铸件外形尺寸精度较高；但由于砂芯位置尺寸不易检查，尤其是高度尺寸与上半型型腔深度不易控制一致（需采用专用检验样板），所以内腔尺寸精度较差。方案三如图 6-27c 所示，整个铸件由下半型和固定在同一半型的砂芯成形，砂芯位置稳定、装配和检查方便，上、下半型即使有错箱，对铸件尺寸也没有影响，所以方案三比前两种方案好。如果铸件上四个通孔尺寸较小（孔径小于 15mm）或孔的相对位置尺寸精度要求较高时，这些孔可以不铸出，由机械加工成形，此时铸件内腔可以不用砂芯（图 6-27d）。这一方案不仅铸件尺寸精度最高，而且也简化了铸造工艺过程。

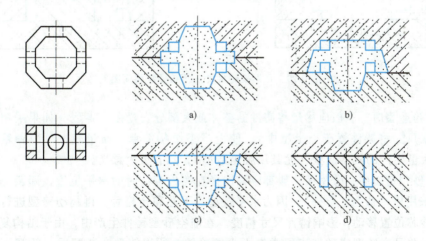

图 6-27　环形架铸件铸型分型面的选择

图 6-28 所示的轮毂铸件，由于其最大横断面在中间部位，铸件不能在同一半型中成形。在此情况下，考虑到铸件机械加工工艺，中间法兰盘（$\phi278$mm）的外圆表面是铸件机械加工的初基准（首次加工下圆柱体 $\phi161$mm 时的定位基准），而下圆柱体又是铸件的加工基准

（或称精基准）。为了保证铸件尺寸精度和满足机械加工要求，铸型分型面应选择在 A-A 面，使法兰盘和下圆柱体在同一半型中成形。如果在 B-B 面分型，上述两部分的同心度就不易保证，或因某些加工尺寸达不到图样要求，使铸件报废。

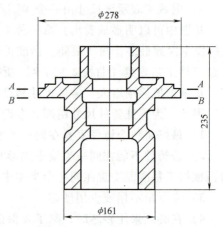

图 6-28　轮毂铸件分型面的选择

在实际生产中，铸型分型面的选择还要考虑各种工艺和生产条件等因素，例如：

1）在轻合金铸造中，常采用底注式浇注系统，一般难以实现将砂芯安置在同一半型中形成整个铸件或铸件上某些重要的尺寸。如图 6-27c、d 所示，均无法采用底注式浇注系统，除非增加砂芯或在原砂芯中开设浇注系统，而这又将使砂芯的通气和芯盒结构复杂化。为了保证环形架铸件的内部质量和尺寸精度要求，既要采用底注式浇注系统，又要使整个铸件由一个半型和固定在同一半型的砂芯成形，同时还要避免增加砂芯或在砂芯中开设浇注系统。在此情况下，需要增加一个分型面，采用（上、中、下）三箱的铸型结构（图 6-29），把砂芯安置在底箱，整个铸件在中箱成形，横、内浇道开设在中箱的下分型面处。此种方案造型工艺虽较复杂，但是铸件质量有保证。这种三箱铸型结构，在航空发动机机匣、壳体和框架类等铸件生产中应用较多。

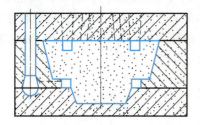 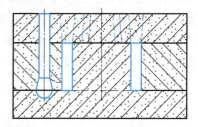

图 6-29　环形架铸件的三箱铸型结构简图

2）两箱造型时，一般应尽量将铸件的整体或大部分安置在下半型（如果采用底注式浇注系统，就只能将铸件置于上半型中），使上半型结构简单、质量轻，以便翻箱、合箱操作。这对大量生产的机器造型（尤其用脱箱造型），具有更大意义。

3）在砂型铸造中，分型面一般都应该选择在铸件浇注时的水平位置，即避免采用垂直分型面（采用劈模造型法除外）。因为水平造型、下芯和合箱后，再翻动铸型进行浇注，就可能引起砂芯位置移动，影响铸件尺寸精度。在航空砂型铸件生产中，由于结构复杂、砂芯数量较多，并且在铸型或砂芯表面常有不少的冷铁，所以铸型在装配后一般都不允许再次翻动。

4）铸型分型面最好避免选择在铸件非加工表面和加工初基准面上。这是因为，前者会增加铸件清理的劳动量并有损铸件表面美观；而后者将会影响铸件划线和加工的尺寸精度。

6.5 铸件机械加工初基准和划线基准的选择

铸件在机械加工时，作为首次装夹、定位用的基准面称为加工初基准面（又称初基准或粗基准等）。如果铸件加工初基准选择不当或初基准本身尺寸精度低、表面不平整，将使铸件装夹、定位困难，加工精度难以保证；尤其在成批、大量生产中，铸件依靠初基准定位、装夹在专用夹具上进行首次加工，如果初基准选择不当，将使铸件大量报废。

对铸件机械加工初基准面的选择，既要考虑加工时铸件装夹、定位稳固、准确等加工工艺要求，又要考虑铸造工艺能否保证初基准的尺寸精度和与其他尺寸相对位置的精确性、稳定性等问题。铸件加工的初基准，一般应根据零件图，由铸造和机械加工工艺技术部门共同协商确定。初基准确定后，就成为铸造工艺和机械加工工艺设计的共同依据，不能随意更改。

铸件加工初基准面的数量，必须满足对该铸件六个自由度具有约束作用的要求。通常在铸件上下、前后和左右三个方向各选一个，圆形铸件只需两个初基准即可。选择初基准时应注意下列问题：

1. 应尽量选择铸件非加工面为初基准

铸件上往往有些表面需要加工，有些表面不需要加工。铸件加工表面在加工过程中，其尺寸将受加工公差的影响而变动。若以加工面为初基准面，则铸件上某些非加工表面到加工表面之间的尺寸精度就不易保证，并且在加工过程中也不易测定铸件的机械加工余量。如图 6-30 所示的铸件，A 和 B 为两个加工表面，C 为非加工表面。两加工表面之间的最终尺寸按图样要求由机械加工保证；加工表面 A 在加工后到非加工表面 C 的高度尺寸"b"的精度则与初基准的选择有关。如果选 B 面为初基准，其加工工序如图 6-30a 所示，"b"的尺寸精度不易保证，并且在加工时的切削量要换算，检测也不便；如果选非加工表面 C 为初基准面，其加工工序如图 6-30b 所示，则"b"的尺寸精度将得到保证。如果 C 面由于其他原因（如表面不平整、有凸台等）不能作为初基准时，应选加工表面 A 为初基准较好。

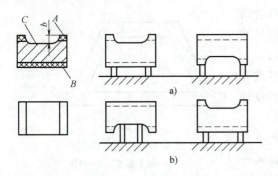

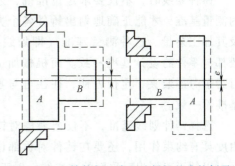

图 6-30　选择铸件机械加工初基准的示意图　　图 6-31　在铸件加工表面选择初基准的例子

2. 应选择加工余量最小或尺寸公差最小的表面为初基准面

如果铸件内外表面均需加工时，应选择加工余量最小或尺寸公差最小的表面作为初基准，这可保证该加工表面与其他加工表面之间的尺寸精度。如图 6-31 所示的铸件，外圆表

面 A 的加工余量 δ_a 小于外圆表面 B 的加工余量 δ_b，如果以 A 表面为初基准装夹在卡盘上，当 A 与 B 两表面的偏心量 $e<\delta_b/2$ 时，则 B 表面仍有一定的加工余量，能保证零件尺寸精度；如果选 B 表面为加工初基准面时，偏心量仍为 $e<\delta_b/2$，由于 A 面加工余量小，造成加工困难甚至无法加工，而使零件报废。

3. 应选择铸件尺寸最稳定的表面作为加工初基准面

初基准最好是由砂型成形的表面；如果是由砂芯成形的表面，则应保证砂芯的定位稳定可靠。在砂芯数量较多时，初基准应选择由基础砂芯（即组装其他砂芯的那个砂芯）成形的表面。有时还需要在上部组装的其他砂芯的成形表面上，选择一个辅助基准，供划线或加工定位时作校正用。

为了保证初基准与加工面或主要加工面相对位置的稳定，初基准应尽可能选择与加工面（或主要加工面）在同一个半型或同一个砂芯成形的表面。如图 6-32 所示的壳体铸件，原初基准选择在铸件的外壁，加工后其内腔两个分油盘孔（由砂芯成形）的尺寸精度经常发生超差现象，后将初基准改在铸件的内腔（如图 6-32 所示），它与两个分油盘孔都由同一个砂芯成形，由于它们的相对位置较稳定，就克服了尺寸超差现象。

活块形成的面尺寸不稳定，一般不应选为初基准面。

铸件设置内浇口和冒口的面，最好不作为初基准面，因为浇口残余和冒口残余会使装夹、定位的精度受到很大的影响。

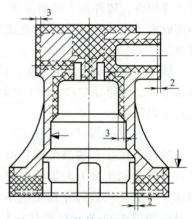

图 6-32 壳体铸件初基准的选择

4. 当铸件上没有合适的初基准时，可增设工艺凸台作为"辅助"基准（图 6-33）

铸件尺寸检查和机械加工（单件、小批生产时）划线时所需的测量基准称为划线基准。铸件的划线基准应尽量与机械加工初基准一致，否则容易造成铸件各部分相对位置尺寸和加工余量的不稳定，使铸件因尺寸超差而大量报废。

铸件划线时，不仅要求定位准确，还要有合适的测量基准，才能正确地划出铸件各个方向的尺寸及其加工余量。这种测量基准（即划线基准），一般都与零件的设计基准一致。而机械加工初基准有时为了考虑装夹、定位方便，往往可与零件的设计基准不一致。

选择铸件划线基准，不仅要考虑对铸件六个自由度具有约束作用，还要在铸件对称部位选择两个面，以便正确划出对称面的中心线；对于圆形结构，有时还要增加角向基准，才能正确划出中心线。

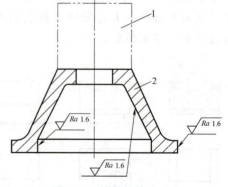

图 6-33 铸件的辅助基准
1—辅助基准 2—铸件

图 6-34 所示为多管形铸件，其划线基准的选择及划线程序大致如下：

首先按三个凸台平面基准"B"找平，根据图样尺寸"X"分别划出各导管中心线（图中 $A-A$ 剖面），然后按此中心线可划出铸件高度方向上的全部尺寸；按"Φ"的内、外表面找出铸件中心点（"Φ"又称定心基准）；按三角块两斜边基准"A"平分求出交点，并按此交点与"Φ"基准所找到的中心点作连线，再根据图样要求的角度，找出两条十字中心线。由于基准"A"是确定铸件中心位置与各导管角向尺寸，故称为方向（或角向）基准。有了上述高度"B"、中心"Φ"，和角向"A"三个基准，就可划出形状复杂的多管形铸件的全部尺寸。

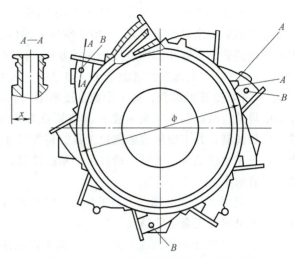

图 6-34　选择多管形铸件划线基准的实例

在生产中，对于形状、结构复杂和尺寸精度要求较高的铸件，都必须经过划线检查后再送往机械加工车间。加工车间不再另行划线，只需通过复查划线尺寸，就可按零件图和所划的线条进行加工。

选择铸件划线基准与选择加工初基准一样，要考虑铸造工艺因素对其准确性和稳定性的影响。

6.6　铸造工艺设计的主要参数

铸造工艺设计参数（简称工艺参数）是指铸造工艺设计时需要确定的某些数据，这些工艺数据一般都与铸件的精度有密切关系。工艺参数选取得准确、合适，才能保证铸件尺寸精确，为造型、制芯、下芯、合箱等提供方便，提高生产率、降低生产成本。工艺参数选取不准确，则铸件精度降低，甚至因尺寸超过公差要求而报废。下面着重介绍这些工艺参数的概念和应用条件。

6.6.1　铸件机械加工余量

在铸件加工表面上留出的，准备切削去的金属层厚度，称为机械加工余量。

加工余量过大，将浪费金属和机械加工工时，增加零件成本；加工余量过小，则不能完全除去铸件表面的缺陷，甚至露出铸件表皮，达不到设计要求。因此选择合适的加工余量有着很重要的意义。

加工余量的选择与下列因素有关：

（1）铸造合金的种类　不同的铸造合金具有不同的物理、化学、铸造以及切削性能，铸件的表面质量和生产成本也不相同，所以铸件的机械加工余量的选择也应该有所不同。例如，铸件表层组织致密、力学性能好，在能满足表面粗糙度和尺寸精度要求的前提下，应尽量减少加工余量。这对于壁厚效应较好的镁、铝铸件和气密性要求较高的铸件具有更大的意义。对于熔点高的合金（钢、铁）铸件，由于其表面黏结有坚硬的砂粒或白口层（铸铁件），加工余量过小将会大大降低刀具的寿命。同时对于贵重合金材料的铸件加工余量应相应缩小些，以降低生产成本。

(2) 铸造方法和生产批量　铸造方法不同，得到铸件的表面粗糙度和尺寸精度也不同，所以铸件的加工余量也应不同。GB/T 6414—2017 或 HB 6103—2004 规定了各种铸造方法生产的铸件的公差等级和加工余量的选择方法。同样是轻合金铸件，压力铸造的尺寸精度最高（为 CT3~CT6），其加工余量也最小，熔模铸造尺寸精度为 CT4~CT6，金属型铸造为 CT6~CT8，尺寸精度逐渐降低，加工余量也逐渐增大。与其他铸造方法相比，普通砂型铸件的尺寸精度最低，所以其加工余量要比其他铸造方法大。铸件在成批生产时，一般采用金属模具、机器造型，并有专用检验测量工具，铸件尺寸精度较高，表面粗糙度值较低；而单件生产时，采用木模的手工造型，铸件尺寸精度较低，表面粗糙度值较高。因此前者的加工余量要比后者的小。

(3) 铸件尺寸大小和加工精度要求　铸件尺寸越大、形状越复杂和加工精度要求越高，则铸件的机械加工余量就越大。

(4) 铸件加工面在浇注时的位置　由于在浇注时朝下或垂直位置的铸件表面质量较高，所以这些表面的加工余量比朝上安放的表面要小。

铸件的机械加工余量，一般按 GB/T 6414—2017 或 HB 6103—2004 规定的方法和表格选用。有时为了消除铸造缺陷或由于其他工艺要求，而增加的工艺余量以及切割浇冒口后的残留量，均不属于加工余量的范围，这些应在铸件图上标注清楚。

6.6.2　铸件工艺余量

铸件工艺余量，是为了满足工艺上的某些要求而附加的金属层。工艺余量一般都在机械加工时被切除，所以应在铸件图上标注清楚。在个别情况下，如果已取得设计和使用单位的同意，工艺余量也可不加工而保留在铸件上，因为这已属于更改铸件结构的问题，所以在铸件图上不必再作任何标注。

铸件工艺余量的大小应根据工艺要求的实际情况而定。工艺余量主要用于如下情况：

1) 为保证铸件顺序凝固，利于冒口补缩，在铸件上附加工艺余量（即补贴），如图 6-35 所示。一般情况下，工艺补贴余量应尽量附加在加工表面，若在非加工表面，就需要另行安排机械加工。

2) 为保证铸件机械加工精度和简化铸造工艺、模具结构，对一些需要进行加工、尺寸精度要求较高的小孔、凸缘、台阶以及难以铸造的狭窄沟槽等均以工艺余量的形式，由机械加工直接成形。图 6-36 是铸件凸缘加工成形的例子。

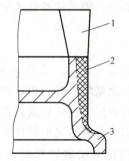

图 6-35　铸件工艺余量实例之一
1—冒口　2—工艺余量　3—铸件

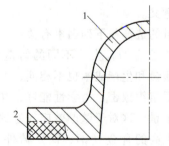

图 6-36　铸件工艺余量实例二
1—铸件　2—工艺余量

铸件工艺余量除上述两种主要形式外，有的还将机械加工所需的工艺凸台（辅助基准）、为防止铸件变形或热裂而增设的工艺筋、为改善合金液充填条件而在铸件薄壁处增大厚度以及为防止铸件由于变形造成加工余量不足或达不到加工精度要求而增大的加工余量等，都当作铸造工艺余量处理，并在铸件图上标注。

6.6.3 工艺补正量

在单件、小批生产中，由于选用的收缩率与铸件的实际收缩率不符等原因，使得加工后的铸件某些部分的厚度小于图样要求。为了防止零件因局部尺寸超差而报废，需要把铸件上这种局部尺寸加以放大，铸件被放大的这部分尺寸，称为铸件工艺补正量（曾称为铸件保证余量和保险余量等）。它与工艺余量最显著的区别在于铸件上被放大的部分不必加工掉，可以保留在铸件上。因此，铸件工艺补正量一般都会使铸件局部尺寸超出公差范围（有时由于铸件工艺补正量较小，也可能刚好控制在公差范围内），所以在铸件上加放工艺补正量，应取得设计、使用单位同意。如果有些部位不允许有超差现象，则应用机械加工去除。铸件工艺补正量通常应用于下列情况：

1) 铸件上加工表面到非加工表面之间的壁厚不易保证时，需要加放工艺补正量。如图6-37所示的两个带有法兰的铸件，经常在加工后发现法兰厚度小于图样的要求，为了保证法兰强度，在法兰的非加工表面上附加工艺补正量 e。

2) 在铸件上需要钻孔的凸耳、耳座，由于铸造工艺造成的位置尺寸偏差或加工引起的偏差，常使孔的边距尺寸小于图样的要求，为保证凸耳和耳座的强度，控制其边距尺寸不小于负偏差，在不加工表面加放工艺补正量。如图6-38所示，就表示边距尺寸加厚2mm（即为R10）的工艺补正量；有的也用圆弧半径尺的正偏差表示（即 $R8^{+2}$），但是这种表示方法容易与铸件上有特殊公差要求的表示形式相混淆。

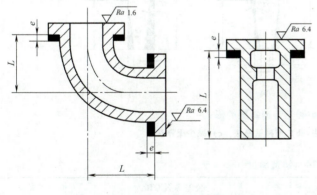

图6-37 铸件工艺补正量实例之一

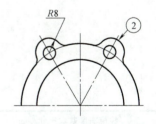

图6-38 铸件工艺补正量实例之二

3) 铸件上某处由于壁厚薄或对该壁厚的尺寸偏差要求较严而在铸造工艺上又难以保证时，就需采用工艺补正量。图6-39所示为凸帘框架铸件的工艺补正量。由于外廓尺寸较大，而不加工的最小壁厚只有4mm，在铸造时就有困难。为此，在该处加放2.5mm的工艺补正量。

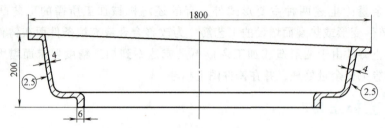

图 6-39 凸帘框架铸件的工艺补正量

6.6.4 铸造斜度

为了方便起模或铸件出型，在模样、芯盒或金属铸型的出模（型）方向留有一定的斜度，以免损坏砂型或铸件。这个斜度称为铸造斜度。

铸造斜度一般有增加壁厚法（图 6-40a）、增减壁厚法（图 6-40b）和减少壁厚法（图 6-40c）三种形式。铸造斜度一般用角"α"表示，对于金属模具 α 可取 $0.5°\sim1°$，木模可取 $1°\sim3°$；在用手工加工木质模具时，铸造斜度最好用宽度"a"表示，便于加工。在上、下两半模型高度不同时，或两个高度不同的零件相配合时，为了避免分型面（或零件配合面）处不平齐，最好在上、下模型上都用同一宽度"a"来表达铸造斜度。

铸造斜度应小于或等于产品图上所规定的拔模斜度值，以防止零件在装配或工作时与其他零件相妨碍。按 HB 6103—2004 规定：当产品图未作特殊规定时，铸造斜度可按表 6-14 选取，未注明者均按增加壁厚法。

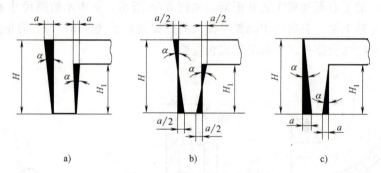

图 6-40 铸造斜度的形式

a) 增加壁厚法　b) 增减壁厚法　c) 减少壁厚法

表 6-14 铸造斜度（不大于）

拔模高度基本尺寸/mm		公差等级 CT			
大于	至	3~5	6~8	9~12	13~15
—	16	2°50′	4°	5°	5°30′
16	25	2°	3°	4°	4°30′
25	40	1°30′	2°30′	3°	3°30′
40	63	1°15′	2°	2°30′	3°
63	100	0°45′	1°45′	2°	2°30′
100	—	—	1°15′	1°30′	2°

6.6.5 铸件线收缩率

铸件在凝固和冷却过程中会发生线收缩而造成各部分尺寸缩小。为了使铸件的实际尺寸符合图样要求，在制造模具时，必须将模样尺寸放大到一定的数值。这个放大的数值称为铸件收缩余量。铸件收缩余量，由铸件图所示的尺寸乘上铸造线收缩率求出。铸造线收缩率简称铸造收缩率，其表达式为

$$K = \frac{L_{模} - L_{件}}{L_{件}} \times 100\% \tag{6-3}$$

式中，K 为铸造线收缩率（%）；$L_{模}$ 为模样（或芯盒）工作面尺寸；$L_{件}$ 为铸件图所示尺寸。

正确选取铸造收缩率，对于提高铸件尺寸精度有着重要的意义。影响铸造收缩率的因素有：铸造合金种类、铸件结构、铸型种类、型（芯）材料的退让性以及浇冒口系统的布置和结构形式等。不同的铸造合金的线收缩率不同（表6-15）。虽然合金成分相同，但由于铸件结构形状、铸型和型芯的结构及其退让性等条件不同，铸件收缩受阻情况也不同，所以也影响到铸件的线收缩。因此不同铸件或者同一个铸件的不同方向应选取不同的铸造收缩率。例如，发动机的镁合金机匣类铸件，有的工厂统一选取1%的收缩率；有的在水平方向选取0.8%、垂直方向选取1%的收缩率。选定的收缩率应在铸件图的附注栏中作统一的说明，以供模具设计与制造时使用。

表 6-15　铸造合金的线收缩率

铸造合金	线收缩率(%)	铸造合金	线收缩率(%)
灰铸铁	0.5~1.2	铝硅合金	0.8~1.2
碳钢（$w_C = 0.44\% \sim 0.75\%$）	2~2.5	铝镁合金	1~1.3
锡青铜	1~1.5	铝铜合金	1~1.25
铝青铜	1.2~1.8	镁铝合金	1.1~1.3
黄铜	1~1.5	镁锌合金	1.1~1.3
锌合金	1~1.5	—	—

如果生产批量较大，对于结构复杂、尺寸精度要求高的铸件，往往需要多次试制、反复划线测量铸件各部分的尺寸，以检查铸件的实际收缩率。在寻找到一定的规律后，再修改模样和芯盒尺寸，最后才可正式投入生产。

6.7 砂芯设计

砂芯设计的主要内容包括：确定砂芯形状、个数和下芯顺序，设计芯头结构和核算芯头大小等，还要考虑型芯的通气、加强、型芯制作和材料选择等。

6.7.1 确定砂芯形状、个数

在铸件浇注位置和分型面等工艺方案确定后，就可根据铸件结构来确定砂芯如何分块（即采用整体结构还是分块组合结构）和各个分块砂芯的结构形状。总的原则是：使制芯到下芯的整个过程方便，铸件内腔尺寸精确，不易造成气孔等缺陷，芯盒结构简单。

1) 保证铸件内腔尺寸精度。凡铸件内腔尺寸要求较严的部分应由同一砂芯形成，不宜划分为几个砂芯。在航空铸件生产中，铸件尺寸精度要求很高的地方，尽管结构很复杂，但仍采用整体砂芯。

2) 复杂的大砂芯、细而长的砂芯可分为几个小而简单的砂芯。大而复杂的砂芯，分块后芯盒结构简单，制造方便。细而长的砂芯，应分成数段，并设法使芯盒通用。砂芯上的细薄连接部分或悬臂凸出部分应分块制造，待烘干后再装配黏结在一起。

3) 砂芯应有较大的填砂、舂砂平面和运输及烘干时的支撑面。

4) 在砂芯分块数量较多时，为便于砂芯组合、装配和检查，最好采用"基础砂芯"（其本身不是成形部分或只起部分铸型作用），在它的上面预先组合大部或全部砂芯，然后再整体下芯。在航空发动机铸件生产中，常用的铸型装配底板也兼有"基础砂芯"的作用。

除上述几条原则外，还应使每块砂芯有足够的断面，保证其有一定的强度和刚度，并能顺利排出砂芯中的气体；芯盒结构简单，便于制造和使用等。

6.7.2 芯头的设计

芯头是砂芯的定位、支撑和排气结构，在设计时需要考虑：如何保证定位准确、能承受砂芯自身质量和液态合金的冲击、浮力等外力的作用以及将浇注时在砂芯内部产生的气体引出铸型等问题。

1. 芯头尺寸的确定

芯头可分为垂直芯头和水平芯头两大类。由于芯头的直径（或宽度）通常与砂芯的直径（或宽度）相同。所以确定芯头承压面积，确定芯头尺寸，对于垂直砂芯实际上只是确定芯头的高度；对于水平砂芯就是确定芯头的长度。在一般情况下，芯头的尺寸可通过查表确定，不需要繁琐的计算。

当砂芯本体尺寸较大，其出口处（即芯头部分）又较狭窄时，应对芯头的尺寸进行验算，以保证在金属液的最大浮力作用下不超过铸型的许用压力。芯头的承压面积应满足下式

$$F \geqslant \frac{KP}{[\sigma]} \tag{6-4}$$

式中，F 为芯头的承压表面积（cm^2）；P 为作用在芯座上实际压力（N），对于上芯座 P 为液态合金的最大浮力（按砂芯结构等实际情况定）减去砂芯的质量；对于下芯座，P 就等于砂芯的质量；$[\sigma]$ 为芯座允许的抗压强度，一般湿型，$[\sigma]$ 可取 $40\sim60$kPa，活化膨润土砂型可取 $60\sim100$kPa，干型可取 $0.6\sim0.8$MPa；K 为安全系数，取 $1.3\sim1.5$。

有时芯座承压面积的扩大受到限制，为提高其单位面积的抗压强度，防止该处受压变形，通常可采取附加砂芯、耐火砖和金属垫板等措施。在扩大芯座承压面积不受限制时，仍应采用增大芯头与芯座的承压面积而不采用上述附加措施；如在用垂直砂芯时，为增加芯座的承压面积和使砂芯位置稳定（特别当 H/D 或 $2H/(A+B) \geqslant 5$ 时，式中，H 为砂芯高度，D 为砂芯直径，A 和 B 分别为砂芯的长度和宽度），可采用增大下芯头的措施（图 6-41）。

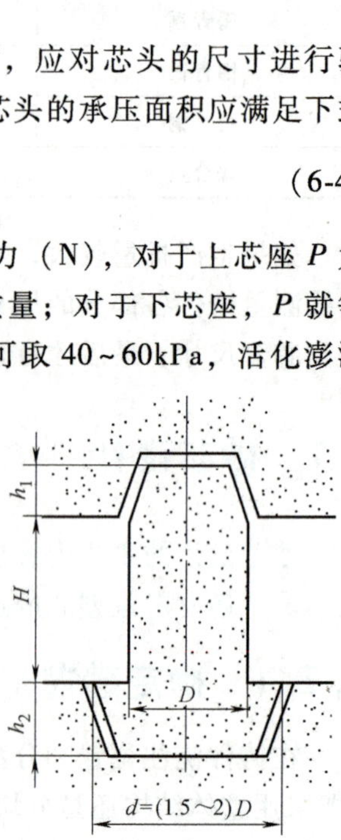

图 6-41 增大下芯头的措施

2. 芯头斜度的确定

为了便于造型、造芯、下芯和合箱操作，芯头和芯座在造型取模和下芯方向应有一定的斜度。对于垂直砂芯，其芯头和芯座的上部斜度（α_1）一般要比下部斜度（α）大（图6-42）；对于水平砂芯，有时为了简化芯盒结构和制造方便，只在芯座（或模样芯头）上带有斜度（图6-43）。上芯座斜度 α_1 一般约取 10°，下芯座斜度 α 约取 5°；为了保证芯头与芯座的配合，形成芯座的模样芯头的斜度应取正偏差（如 $\alpha = 5°+15'$），芯盒中芯头部分的斜度取负偏差（如 $\alpha = 5°-15'$）。

3. 芯头与芯座的配合间隙的确定

芯头与芯座的配合关系和轴与轴承的配合相似，必须有一定的装配间隙。如果间隙过大，虽然下芯、合箱较方便，但是铸件尺寸精度较低，甚至合金液会流入间隙中造成大量"披缝"，使铸件落砂、清理困难，或堵塞芯头的通气孔道，使铸件造成气孔等缺陷；如果间隙过小，将使下芯、合箱操作困难，易产生掉砂或塌箱等缺陷。

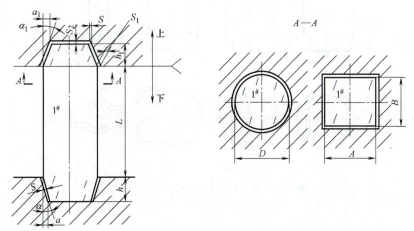

图 6-42　垂直芯头结构

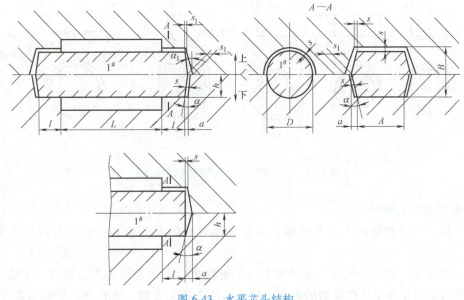

图 6-43　水平芯头结构

选择芯头与芯座的装配间隙，应根据模样和芯盒的材料及其制造精度、砂型和砂芯精度，砂芯在运输、烘干过程中变形的大小以及下芯时是否采用检验样板和测具等实际生产情况而定。如果采用金属模具、机器造型和制芯时，装配间隙可取小些；在砂芯组合、装配中采用样板和量具检测时，则装配间隙可适当放大些以便于调整。芯头和芯座的配合间隙如图 6-42、图 6-43 所示，具体数据可查表。

4. 芯头定位结构的设计

为防止圆形砂芯在下芯、合箱和浇注时产生转动或水平位置偏移，或者对砂芯的角向位置有要求、在下芯易搞错方位时，芯头应有良好的定位结构。生产中常用垂直和水平圆形芯头的定位结构，如图 6-44、图 6-45 所示。图中垂直芯头的图 6-44a、b 两种定位方式应用最多，在芯头承压面积不足时，可选用图 6-44c、d 两种形式；水平芯头图 6-45a、b 两种形式用于大砂芯，其余形式用于小砂芯。

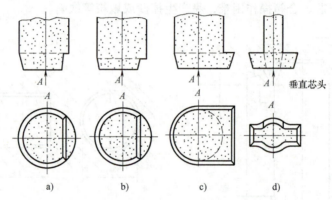

图 6-44　垂直圆形芯头的定位结构形式

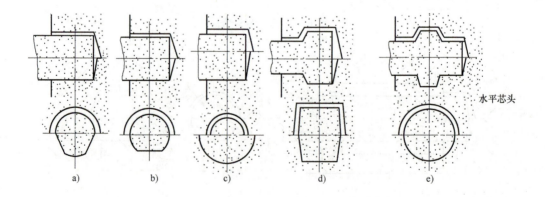

图 6-45　水平圆形芯头常用定位结构形式

5. 特殊芯头的设计

由于铸件结构和铸造工艺等原因，需要采用特殊的芯头结构，其常见的形式有如下几种：

（1）悬臂砂芯的芯头结构　水平砂芯一般有两个以上的芯头作为支撑点，才能保持砂芯位置稳定。但是如受铸件结构的限制，只能用单个芯头支撑，这种砂芯就称为悬臂砂芯。

为了保证悬臂砂芯安放稳定，常将芯头加长或加大断面尺寸，使砂芯的重心移向芯座，如图 6-46 所示。图 6-46a~d 四种悬臂砂芯的芯头尺寸，可参考下列经验数据。

当 D（或 H）≤150mm，$h=D$（或 $h=H$）则 $l=1.25L$；

当 D（或 H）>150mm，$h=(1.5~1.8)D$ [或 $h=(1.5~1.8)H$]，则 $l=L$。

（2）管接头砂芯的设计　为了避免某些砂芯由于自重力矩或合金液的作用造成不稳定现象，可采用一个联合芯头，将两个不稳定的砂芯串联起来。这种方法在小型铸件上应用较多，其典型例子就是呈 90°的两通管接头砂芯的芯头结构（图 6-47），管接头砂芯芯头尺寸可查表确定。

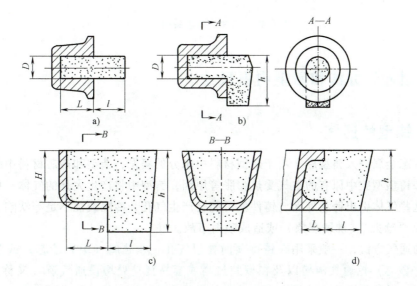

图 6-46　悬臂砂芯的芯头结构

（3）补砂芯头的设计　在模样芯头或模样上局部凸起（如搭子等）部分处于铸型分型面以下位置阻碍取模时，为了简化分型面，可增大芯头尺寸或采用侧面砂芯，以代替部分砂型，如图 6-48 所示。这些砂芯位置较稳定，芯头设计主要考虑取模和下芯方便，在取模、下芯方向应有较大的斜度。图 6-48b 的形式仍可参照悬臂砂芯的芯头设计。

6. 芯座的附加机构

在大量生产、机器造型流水作业时，为了提高生产率和进一步保证铸件质量，一般在湿型的芯座上作出相应的附加结构。例如，为了防止合金液侵入芯座与芯头的间隙中，将芯头的通气孔道堵塞而增设压紧环；为避免下芯和合箱时压坏芯座边缘产生掉砂，而增设防压肩（环）；为收集造型或下芯时落下的散砂，以免垫在芯头下造成砂芯位置偏斜而增设集砂沟等结构。

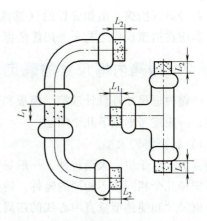

图 6-47　管接头砂芯芯头结构

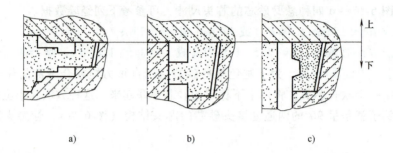

图 6-48 三种补砂芯头的示意图

6.8 铸型通气方法和砂型内框尺寸

6.8.1 铸型的通气

高温液态金属浇入铸型后，由于造型材料中水分的蒸发，造型和造芯材料中附加物的燃烧、分解和铸型型腔中原有的空气受热膨胀等原因，铸型中将产生大量的气体。如果不及时迅速地将这些气体引出铸型外面，铸件就可能会产生气孔、冷隔或浇不足等缺陷，严重时甚至还会出现"呛火"（沸腾现象）或造成喷射事故。

铸型的通气方法，一般采用在铸型顶面扎通气孔、在芯座（垂直砂芯）或芯座的分型面处（水平砂芯）挖通气沟槽以及在型腔最高或容易窝气处增设通气道（又称通气冒口）等措施。通气道的高度按上砂箱高度确定，其直径按经验可取铸件厚度的 1/2~3/4，通气道的垂直斜度一般不小于 5°。

各种通气措施，诸如安置通气道或扎通气孔的部位、大小和数量以及扎通气孔的深度等，都应在造型操作工艺卡上用简图标出。

6.8.2 砂箱内框尺寸的确定

砂箱内框尺寸是设计砂箱、模板和造型底板等工艺装备的主要依据之一。确定砂箱内框尺寸，一般需考虑以下几个问题：

1) 根据铸件大小、工艺方案和本厂造型设备等情况，确定砂型中安置的铸件件数及其排列方法。对于中、大型铸件，一般每个铸型只安排一个铸件；对于小型铸件，在一个铸型里可安排几个相同或不相同的铸件。铸件在铸型中的位置排列应考虑有效利用砂箱面积、减小内框尺寸和使铸型垂直中心线的四周质量平衡，以便于起模、搬运和合箱操作。

2) 为保证砂型有足够的强度，防止"塌箱""跑火"（即合金液流出铸型）和便于舂砂紧实，型腔（包括浇冒口系统）与砂箱的内壁、顶面和底面应保持一定的距离，即型壁（或砂层）有一定的厚度。一般把砂型壁（砂层）的厚度称为砂型的"吃砂量"。如果砂型吃砂量太小，容易产生"塌箱"、"冲砂"和"跑火"等缺陷；如果吃砂量过大，则浪费型砂，增加劳动量和劳动强度，降低生产率。

6.9 铸造工艺技术文件的绘制

在铸造工艺设计过程中需要绘制和制订的工艺技术文件有：铸造工艺方案草图（又称铸造工艺图）、铸件图（又称毛坯图）、铸型装配图、铸造工艺装备图、铸造工艺规程和工艺卡等。在上述工作蓝图、工艺规程和工艺卡上应清晰地表示出铸造工艺设计的全部内容和具体操作说明，它们是指导铸造生产的主要工艺技术文件。

6.9.1 铸造工艺图的绘制

在零件图上，用 JB/T 2435—2013《铸造工艺符号及表示方法》规定的符号表示出：浇注位置和分型面、机械加工余量、铸造收缩率、拔模斜度、模样的反变形量、分型负数、工艺余量、工艺补正量、浇注系统和冒口、内外冷铁、铸筋、砂芯形状、数量和芯头大小等。它们是用于制造模样、模板、芯盒等工艺装备依据，也是设计这些金属模具的依据，还是生产准备和铸件验收的根据，适用于各种批量的生产。

铸造工艺图的设计程序：①零件的技术条件和结构工艺性分析；②选择铸造及造型方法；③确定浇注位置和分型面；④选用工艺参数；⑤设计浇冒口，冷铁和铸筋；⑥砂芯设计。

铸造工艺图在航空行业标准中称作铸造工艺方案草图（铸造方法图）。

6.9.2 铸件图的绘制

在航空行业标准体系中，铸件图有专门的标准，即 HB 6992—1994《铸件图绘制规定》。铸件图是铸造工艺设计过程中，在初步确定铸造工艺方案（画出铸造工艺方案草图）后首先要完成的工作蓝图。它是设计铸型工艺及其装备、编制铸造工艺规程和铸件验收的重要依据。绘制铸件图时，需要参考的资料有：产品零件图、铸造工艺方案草图（有时可在零件图上直接描画出铸件浇注位置、铸型分型面、浇冒口系统形式及其位置和砂芯的大概结构等工艺方案）、铸件专用或通用的技术标准和由各厂自定的铸造工艺设计标准等。

铸件图是反映铸件实际形状、尺寸和技术要求的图样，是铸造生产、铸件检验与验收的主要依据。根据已定的铸造工艺方案，在铸件图上一般应表示下列内容：铸件的浇注位置、铸型分型面、机械加工余量、工艺余量（包括工艺凸台和工艺筋）和工艺补正量、机械加工初基准和划线基准、不铸出的孔槽、浇冒口切割后的残留量、铸件力学性能的附铸试样和需打印标记的部位等。同时，在附注栏中还应说明，铸件精度等级、铸造斜度（拔模斜度）、铸造线收缩率、铸造圆弧半径、铸件热处理类别、硬度检查位置和某些特殊要求等铸件验收技术条件。

铸件图的视图选择应将铸造毛坯的形状完全表达清楚。主视图的选择，除了应符合形状特征原则外，铸件在主视图中的位置应力求符合铸件的浇注位置（即铸件在铸型中的位置）。

铸件图上只需注出铸件主要外廓的长、宽、高尺寸以及加工余量和需要加工切除的工艺余量、工艺筋等尺寸；铸件尺寸公差除有特殊要求必须标注外，其余一般公差不必在每个尺寸上标注。但也有些工厂习惯于将铸件的全部尺寸都标注在铸件图上，以便于铸型设计、划线检验及机械加工。铸件图实例如图 6-49 所示，铸件图的常用符号见表 6-16。

在机械行业标准体系中，铸件图反映铸件实际形状、尺寸和技术要求，要用标准规定符号和文字标注，反映内容：加工余量、工艺余量、不铸出的孔槽、铸件尺寸公差、加工基准、铸件金属牌号、热处理规范、铸件验收技术条件等，是铸件检验和验收、机械加工夹具设计的依据，适用于成批、大量生产或重要的铸件，要在完成铸造工艺图的基础上画出铸件图。

表 6-16　铸件图上常用符号的表示方法（摘自 HB 6992—1994）

符号名称	表示方法	说　明
浇注位置和分型面	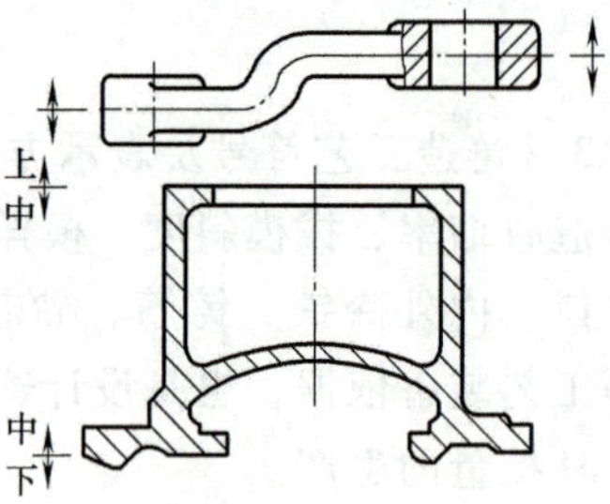	铸件图上的主视图的位置应尽可能选取铸件在浇注时的位置，当浇注位置与分型面位置一致时，可以不再表示，也可另加文字说明
机械加工初基准和划线基准	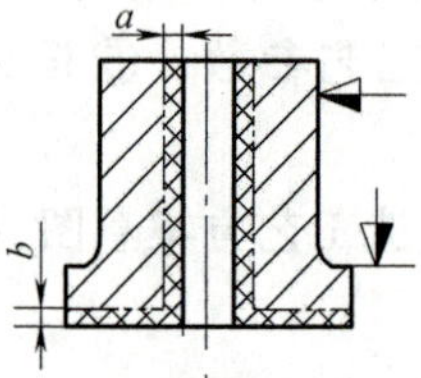	用符号"↑"指向加工初基准，有时在俯视图平面上可用符号"⊙"表示，划线基准的表示方法与加工初基准相同
机械加工余量	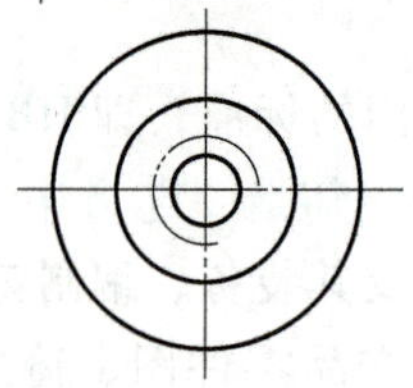	在铸件剖面上用互相垂直交叉的细实线表示机械加工面，原铸件的轮廓线用假想线表示，在视图上铸件未剖到的部分也用假想线表示原轮廓线。在图上应注明加工余量的大小
铸件上不加工的孔槽	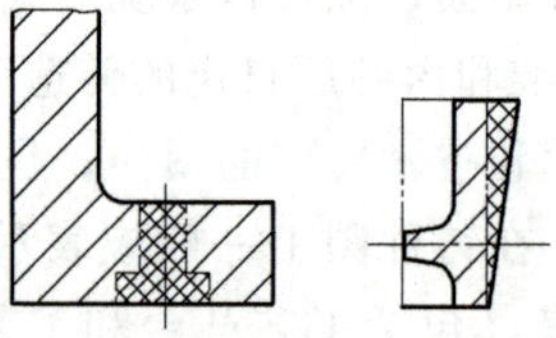	不铸出的小孔和槽在图中不必画出，而尺寸较大的孔、槽须表示出来，其方法与机械加工余量相同
工艺余量		与机械加工余量表示的方法相同
工艺补正量	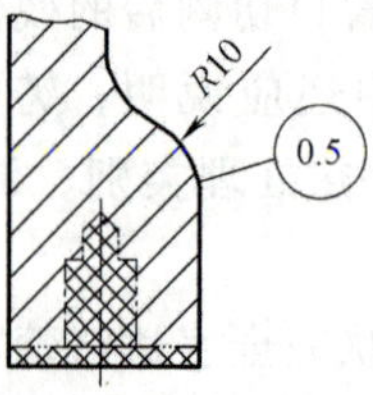	在需要增加工艺补正量部位的旁边画个圆圈，圆圈内填写补正量的数值，并用箭头指向补正部位
浇冒口残留量	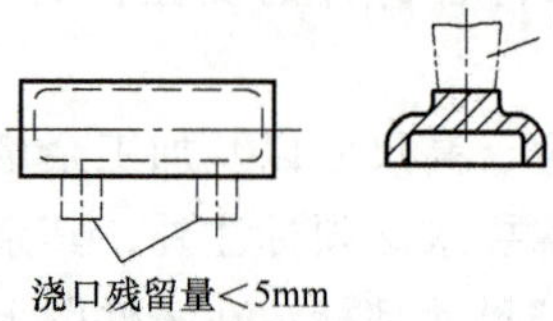	在内浇道和冒口根部用断裂线表示，并用文字标出规定的残留量

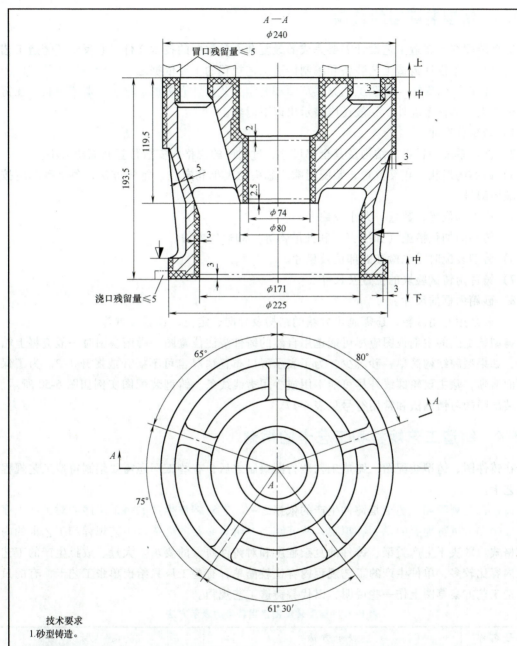

技术要求
1. 砂型铸造。
2. 铸件收缩率1.2%。
3. 拔模斜度：外表面1°30′，内表面2°。
4. 铸件尺寸公差按HB 6103—2004的CT10。
5. 未注铸造圆角R5。
6. 铸件按HB 963—2005验收。
7. 铸件经T5热处理，合金的化学成分及力学性能按HB 962—2001验收。
8. 特种检验项目：X射线、液压试验。

图 6-49 铸件图实例

6.9.3 铸型装配图的绘制

铸型装配图是铸造工艺设计需要完成的最复杂而又重要的技术文件，它反映了铸造工艺方案的全貌，是设计铸造工艺装备和编制铸造工艺规程的主要依据之一。绘制铸型装配图的依据：零件图、铸件图、铸造工艺方案草图和铸型工艺设计有关的标准、手册或资料。在铸型装配图上除铸件型腔外，一般还应表示出以下内容：

1）铸型分型面。
2）浇注系统和冒口的结构及其全部尺寸，过滤网的规格、安放位置和面积大小。
3）砂芯的形状、相互位置、装配间隙、芯头的大小和定位、排气方法，各个砂芯应按下芯顺序编号。
4）冷铁的位置、数量、大小及编号。
5）铸型的加强措施（如插钉子和挂吊钩等）和通气方法。
6）铸型装配时需要检查的部位及尺寸。
7）铸件附铸试验块的位置及尺寸。
8）砂箱内框的尺寸。
9）若是用专用砂箱，还需画出砂箱的结构及导向、定位、锁紧装置等。

铸型装配图的主剖视图应尽可能选用自然的铸件浇注位置图。画俯视图时一般应将上箱揭开，如果型腔结构简单、砂芯少，为了表示冒口布置情况也可不揭开或揭开 1/2。为了保持图面清晰，除主要轮廓线外尽可能不用或少用虚线线条。铸型装配图实例如图 6-50 所示。铸型装配图的习惯画法和常用符号见表 6-17。

6.9.4 铸造工艺规程和工艺卡的编制

在铸件图、铸型装配图、铸造工艺装备图绘制之后，有些工厂还需要编制铸造工艺规程和工艺卡。

铸造工艺规程和工艺卡是铸件生产的依据之一，它对铸件生产的每道工序或对某些工序的主要操作，进行扼要的说明和拟定某些守则，并附有必要的简图。工艺规程和工艺卡的内容及格式，取决于生产类型、铸件的复杂程度和对铸件质量的要求。大量、成批生产的工艺规程内容比较多，单件生产的工艺规程内容比较简单，有些工厂只给出单张工艺卡，有的只在铸造工艺方案草图上作一些说明，以代替铸造工艺规程。

表 6-17 铸型装配图常用符号的表示方法

符号名称	表示方法	说明
铸型剖面和未剖部分		铸型剖面部分需画剖面线，画法与制图标准相同，剖面线之间的距离约取 5~15mm，在剖面上按习惯再画上一些点 铸型未剖部分在型腔和砂箱的周围画上一些密集的点，其中间部位的点应稀疏些

(续)

符号名称	表示方法	说　　明
砂芯	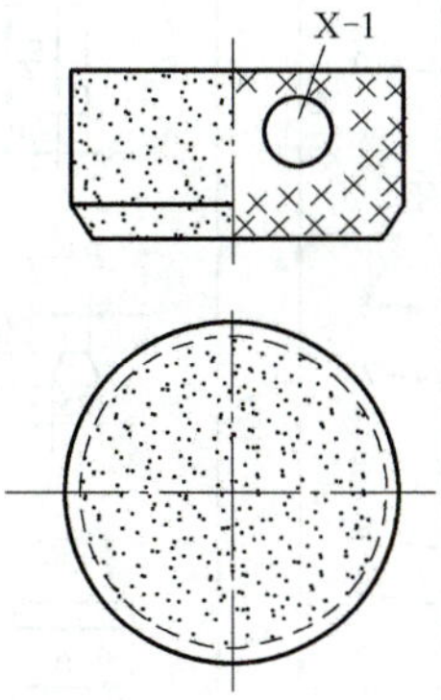	砂芯的剖面用等距离垂直交叉的细实线表示，如果砂芯较大，其中间部分可以不画剖面线，在剖面上也应画出点 砂芯未剖部分，只在其边缘画些密集的点，中心部位点子稀疏些即可 各个砂芯都应按下芯的顺序编号，最先下入的砂芯为"芯-1"或"X-1"
砂芯黏合面和芯头装配间隙	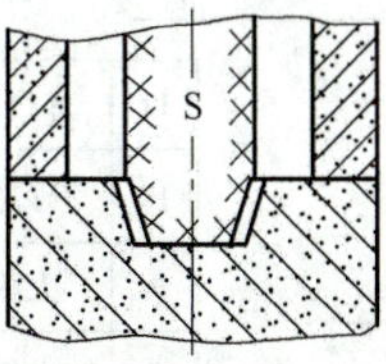	对分别造芯，经烘干后再黏合成整体的砂芯，其黏合面用粗实线和符号"S"表示 芯头与芯座之间的装配间隙应放大画出，并注上间隙尺寸
冷铁	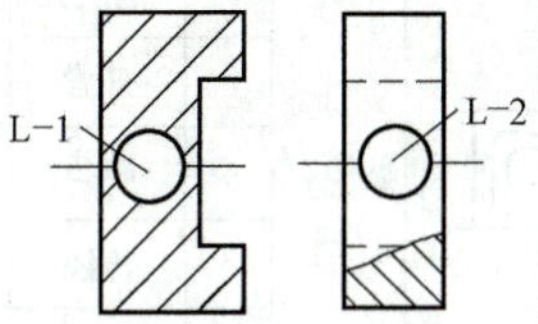	冷铁的截面按机械制图规定的标准画，未剖部分用加粗的粗实线画出其外廓形状 各冷铁也应按其在铸型或砂芯中的位置顺序编号，如"冷-1"或"L-1"等；采用组合冷铁时，还应标注冷铁间的间隙尺寸
芯骨	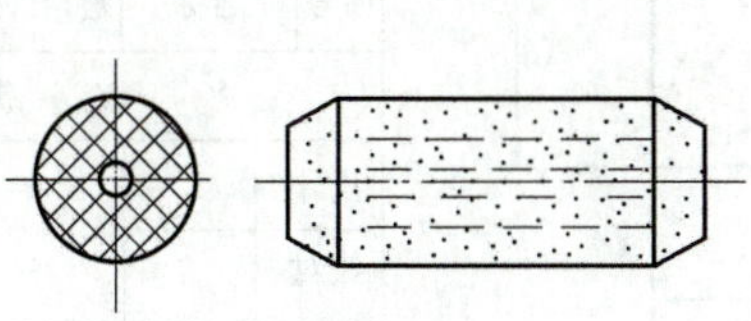	铸铁或铸铝的大芯骨在剖视图上用剖面画出，未剖部分用较粗的虚线画出其外廓形状，用铁丝弯成的小芯骨，在剖视图上用粗实线画出，不必画剖面线，复杂砂芯采用几种不同规格的铁丝作芯骨时，也分别编号表示
砂芯通气孔道	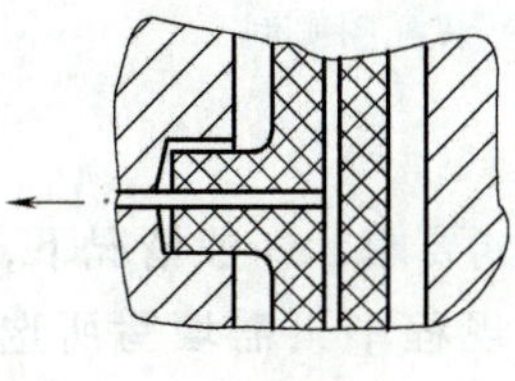	主要或较大的通气道应在图中表示出来，在造芯时用气孔针扎出的小的通气孔道，只在造芯工艺卡上注明，铸型装配图上可省略

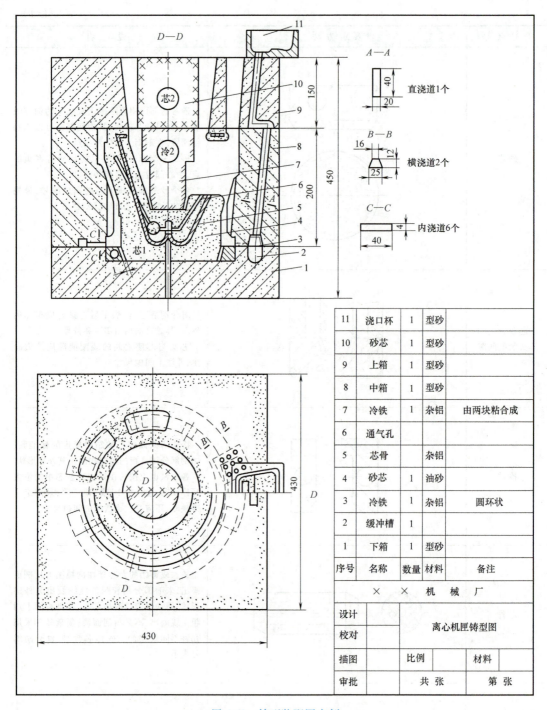

图 6-50 铸型装配图实例

铸造工艺规程一般应包括以下内容：

1) **型砂和芯砂的成分、制备工艺及其性能要求。**一般情况下，各厂都有自己的型砂和芯砂的技术标准，如果无特殊要求，在工艺规程中只需填写所选定的型砂或芯砂的编号（如1号型砂或4号芯砂等），其余均按技术标准的规定，不必具体说明。

2）造型、造芯过程所需要的模具、设备及性能要求。

3）造型、合箱与浇注工艺卡，并画出工艺简图，表示有关的形状、尺寸、装配检查部位及检验测具和样板等。

4）砂芯制造工艺卡，说明砂芯制造中的工艺问题，画出砂芯草图，表示砂芯的形状和主要尺寸、芯骨、冷铁的位置、形状与数量、通气孔的形状及位置、样板的形状及其检查部位、砂芯的烘干工艺规范等。

5）铸件清理及热处理工艺卡。

6）铸件检验卡，说明检验项目，具体检验方法及其使用的设备、工具均按铸件检验技术标准的规定。

如果工厂没有合金熔炼的技术标准或采用某种新牌号的合金，则铸造工艺规程和工艺卡中还应包括合金熔炼操作工艺规程。

习　题

1. 铸造工艺设计的依据是什么？铸造工艺设计的内容是哪些？
2. 零件技术要求的铸造工艺性分析包括什么内容？应符合的相关标准有哪些？
3. 铸件的最小壁厚和临界壁厚是什么关系？
4. 铸件试制时，应对冶金质量检测哪些内容？
5. 选择铸造方法时，应考虑哪些方面的问题？
6. 浇注位置的选择应遵循哪些原则？
7. 为什么要设置分型面？如何选择分型面？
8. 选择铸件机械加工初基准时应考虑哪些方面的问题？
9. 铸造工艺设计的主要工艺参数有哪些？如何选择？
10. 砂芯设计的主要内容有哪些？芯头斜度、间隙和定位作用应如何考虑？

参 考 文 献

[1] 林再学,张延威. 轻合金砂型铸造［Z］. 北京:航空专业教材编审组,1982.
[2] 王文清,李魁盛. 铸造工艺学［M］. 北京:机械工业出版社,2002.
[3] 曲卫涛. 铸造工艺学［M］. 西安:西北工业大学出版社,1994.
[4] 孟爽芬. 造型材料［M］. 哈尔滨:哈尔滨工业大学出版社,1992.
[5] 石德全. 造型材料［M］. 北京:北京大学出版社,2009.
[6] 李弘英. 实用铸造应用技术与实［M］. 北京:化学工业出版社,2015.
[7] 卡尔金. 轻合金铸件浇注系统［M］. 王乐仪,译. 北京:国防工业出版社,1982.
[8] 李魁盛. 铸造工艺及原理［M］. 北京:机械工业出版社,1989.
[9] 曹文龙. 铸造工艺学［M］. 北京:机械工业出版社,1989.
[10] 魏兵,袁森,张卫华. 铸件均衡凝固技术及应用［M］. 北京:机械工业出版社,1998.
[11] 北京钢铁学院铸工教研组,哈尔滨工业大学铸工教研组. 铸造工艺学［M］. 北京:中国工业出版社,1961.
[12] 李庆春. 铸件形成理论基础［M］. 北京:机械工业出版社,1982.
[13] 李荣德,米国发. 铸造工艺学［M］. 北京:机械工业出版社,2013.
[14] 朱纯熙,何培之. 铸型材料化学［M］. 北京:机械工业出版社,1990.
[15] 许维德. 流体力学［M］. 北京:国防工业出版社,1979.
[16] VADIM S ZOLOTOREVSKY, NIKOLAI A BELOV, MICHAEL V. GLAZOFF. Casting Aluminum Alloys［M］. New York:Elsevier Ltd,2008.
[17] JOHN CAMPBELL. Complete Casting Handbook［M］. New York:Elsevier Ltd,2011.
[18] DORU MICHAEL STEFANESCU. Science and Engineering of Casting Solidification［M］. 3rd ed. Berlin:Springer,2015.
[19] F C CAMPBELL. Manufacturing Technology for Aerospace Structural Materials［M］. New York:Elsevier Ltd,2006.